W0269279

Teubner Studienbücher Fortsetzung

Mathematik Fortsetzung

Kochendörffer: **Determinanten und Matrizen**
IV, 148 Seiten. DM 17,80

Kohlas: **Stochastische Methoden des Operations Research**
192 Seiten. DM 24,80 (LAMM)

Krabs: **Optimierung und Approximation**
208 Seiten. DM 26,80

Müller: **Darstellungstheorie von endlichen Gruppen**
IX, 211 Seiten. DM 24,80

Rauhut/Schmitz/Zachow: **Spieltheorie**
Eine Einführung in die mathematische Theorie strategischer Spiele
400 Seiten. DM 29,80 (LAMM)

Schwarz: **FORTRAN-Programme zur Methode der finiten Elemente**
208 Seiten. DM 21,80

Schwarz: **Methode der finiten Elemente**
320 Seiten. DM 32,— (LAMM)

Stiefel: **Einführung in die numerische Mathematik**
5. Aufl. 292 Seiten. DM 26.80 (LAMM)

Stiefel/Fässler: **Gruppentheoretische Methoden und ihre Anwendung**
Eine Einführung mit typischen Beispielen aus Natur- und Ingenieurwissenschaften
256 Seiten. DM 26,80 (LAMM)

Stummel/Hainer: **Praktische Mathematik**
2. Aufl. 368 Seiten. DM 36,—

Topsøe: **Informationstheorie**
Eine Einführung. 88 Seiten. DM 14,80

Uhlmann: **Statistische Qualiiätskontrolle**
Eine Einführung. 2. Aufl. 292 Seiten. DM 38,— (LAMM)

Velte: **Direkte Methoden der Variationsrechnung**
Eine Einführung unter Berücksichtigung von Randwertaufgaben bei partiellen
Differentialgleichungen. 198 Seiten. DM 26,80 (LAMM)

Walter: **Biomathematik für Mediziner**
2. Aufl. 206 Seiten. DM 19,80

Witting: **Mathematische Statistik**
Eine Einführung in Theorie und Methoden. 3. Aufl. 223 Seiten. DM 26,80 (LAMM)

Preisänderungen vorbehalten

Numerische Methoden der Approximation und semi-infiniten Optimierung

Von Dr. Rainer Hettich
Professor an der Universität Trier

und Dr. rer. nat. Peter Zencke
wiss. Mitarbeiter an der Universität Trier

Mit 51 Figuren und zahlreichen Beispielen

 Springer Fachmedien Wiesbaden GmbH 1982

Prof. Dr. Rainer Hettich

Geboren 1941 in Stuttgart. Von 1961 bis 1968 Studium
der Mathematik und Physik an den Universitäten Tübingen
und Hamburg, Diplom 1968 in Hamburg. Von 1969 bis 1977
wiss. Mitarbeiter an der Technical University Twente,
Enschede, Niederlande, 1973 Promotion in Enschede.
Von 1977 bis 1980 wiss. Rat und Professor an der
Universität Bonn, 1980 Berufung als Professor für das
Fach Numerische Mathematik an die Universität Trier.

Dr. rer. nat. Peter Zencke

Geboren 1950 in Frankfurt/Main. Studium der Mathematik
und der Volkswirtschaftslehre zwischen 1968 und 1977
an der Universität Bonn, 1977 Diplom in Bonn. Von 1977
bis 1980 wiss. Mitarbeiter am Sonderforschungsbereich 72
an der Universität Bonn, 1980 Promotion in Bonn. Seit
1980 wiss. Mitarbeiter für das Fach Mathematik an der
Universität Trier.

CIP-Kurztitelaufnahme der Deutschen Bibliothek

Hettich, Rainer:
Numerische Methoden der Approximation und
semi-infiniten Optimierung / von Rainer Hettich
u. Peter Zencke.
  (Teubner-Studienbücher : Mathematik)
  ISBN 978-3-519-02063-9   ISBN 978-3-322-93108-5 (eBook)
  DOI 10.1007/978-3-322-93108-5

NE: Zencke, Peter:

Gesamtherstellung: Beltz Offsetdruck, Hemsbach/Bergstr.
Umschlaggestaltung: W. Koch, Sindelfingen

Vorwort

Zur Theorie der Chebyshev-Approximation stetiger Funktionen gibt
es eine Reihe ausgezeichneter Lehrbücher. Behandelt werden dort
vor allem Probleme, die in Verallgemeinerung des klassischen Problems der Approximation durch Polynome eine spezielle Voraussetzung - die sog. Haar-Bedingung - in irgendeiner Form erfüllen, was
eine ganze Reihe angenehmer Konsequenzen hat hinsichtlich der Charakterisierung und der Eindeutigkeit der Lösungen. Dies setzt sich
fort in den numerischen Verfahren zur Berechnung bester Approximationen, die, wie etwa die bekannten Remes-Verfahren, auf diese
speziellen Probleme zugeschnitten sind und bei nicht erfüllter
Haar-Bedingung entweder völlig versagen oder nicht mehr effizient
sind. Auf der anderen Seite führt eine ganze Reihe wichtiger Anwendungen auf Probleme, die für die Haar-Bedingung nicht erfüllt
ist; sei es, daß Funktionen in mehreren Variablen zu approximieren
sind, was die Haar-Bedingung grundsätzlich ausschließt, oder daß
man wie bei der Behandlung gewisser Randwertprobleme in der Wahl
der Ansatzfunktionen nicht frei ist, oder daß die approximierenden
Funktionen noch zusätzliche Nebenbedingungen erfüllen sollen.

Das hauptsächliche Anliegen dieses Buches ist es, diese Lücke zu
schließen und eine Palette derzeit verfügbarer Methoden darzustellen, die unter praxisnäheren Voraussetzungen arbeiten. Hierzu bietet es sich an, das Approximationsproblem als Optimierungsaufgabe
zu formulieren und zu behandeln, da einerseits bei Wegfall der
Haar-Bedingung das Chebyshev-Approximationsproblem kaum mehr
Struktur als allgemeine Optimierungsprobleme aufweist, und andererseits auf diese Art die weit entwickelten, leistungsfähigen Methoden der Optimierung für die Approximation nutzbar werden. Die
auftretenden Optimierungsprobleme zeichnen sich durch die Beson-
derheit aus, daß zwar die Zahl der Variablen endlich bleibt, jedoch unendlich viele Nebenbedingungen auftreten, weshalb man diese
Probleme semi-infinit nennt. Neben der Chebyshev-Approximation, in
die sich nun auch problemlos zusätzliche Nebenbedingungen einfügen
lassen, gibt es zahlreiche weitere Anwendungen der semi-infiniten
Optimierung.

Nach einer Einführung in die Problematik und der Präsentation einiger Anwendungsbeispiele im ersten Kapitel folgen drei Kapitel zur

Theorie. Kapitel 2 hat einführenden Charakter und soll dem Leser
eine geometrische Vorstellung einiger wesentlicher Sachverhalte
vermitteln. Kapitel 3 behandelt die wesentlichen Bestandteile der
Theorie, wobei wir uns vielfach bemüht haben, Brücken zum numerischen Teil zu schlagen, der wesentlich auf dieser Theorie aufbaut.
In Kapitel 4 wenden wir die Ergebnisse von Kapitel 3 auf die Chebyshev-Approximation an und ergänzen die sich ergebende Theorie
durch auf der Haar-Bedingung beruhende Teile. Kapitel 5 und 6 sind
der Numerik gewidmet. In Kapitel 5 behandeln wir numerische Methoden, die allgemein für lineare und nichtlineare Probleme einsetzbar sind. Kapitel 6 schließlich enthält praktische Beispiele sowie
spezielle Verfahren zur Exponential- und zur rationalen Approximation.

Vom Leser werden Kenntnisse der Analysis, der linearen Algebra sowie einer Einführung in die Numerik vorausgesetzt, wie sie von
Mathematikern, Physikern aber auch Ingenieuren üblicherweise im
Grundstudium erworben werden. Hilfreich, wenn auch nicht unbedingt
notwendig, sind weiter Kenntnisse in der Optimierung, etwa der linearen Optimierung. Durch diese Beschränkung auf elementare Vor-
kenntnisse hoffen wir, das Buch auch mathematisch vorgebildeten
Vertretern anderer Fachgebiete als potentiellen Anwendern zugänglich zu machen.

Das Buch hat vor allem im numerischen Teil wesentliche Impulse aus
der Tätigkeit der beiden Autoren am Sonderforschungsbereich 72 an
der Universität Bonn erhalten, innerhalb dessen sich eine Arbeitsgruppe mit der Entwicklung, Implementierung und praktischen Erpro-
bung solcher Verfahren beschäftigt hat. Wir wollen an dieser Stelle allen danken, die durch ihre Mitarbeit in dieser Arbeitsgruppe
dieses Buch direkt oder indirekt bereichert haben. Insbesondere
gilt unser Dank Herrn dipl.math. G. Speich sowie den Herren B.
Heidelmann, R. Rudolph und M. Zencke und zahlreichen Diplomanden,
die viele Beispiele und reiches Vergleichsmaterial beigesteuert
haben. Unser Dank gilt weiter Frau U. Morbach und Frau E. Henning
für die sorgfältige Durchführung der Schreibarbeiten und Herrn K.
Becker für das Anfertigen eines Teils der Figuren.

Dem Teubner-Verlag schließlich danken wir für die angenehme, ver-
ständnisvolle Zusammenarbeit.

Trier, November 1981   R. Hettich, P. Zencke

Inhalt

1. Einführung

In diesem einleitenden Kapitel stellen wir im ersten Abschnitt die
im folgenden behandelten Aufgaben vor und erläutern sie anhand
einfacher Beispiele. In 1.1.A und 1.1.B formulieren wir zunächst
Approximationsprobleme, die in diesem Buch nahezu ausschließlich
Approximationen von Funktionen betreffen. In 1.1.C schlagen wir
die Brücke zur Optimierung, in die sich die Approximation in verschiedener Weise als Spezialfall einordnen läßt. Insbesondere
tauchen in diesem Zusammenhang in natürlicher Weise semi-infinite
Optimierungsprobleme auf, die sich dadurch auszeichnen, daß eine
Funktion endlich vieler Variabler unter i.a. unendlich vielen Restriktionen zu minimieren ist.

Nach der allgemeinen Formulierung semi-infiniter Probleme in 1.1.D
betrachten wir in 1.1.E speziell die Klasse der linearen semi-infiniten Optimierungsprobleme. Formal können diese in konvexe Optimierungsprobleme im $\mathbb{R}^n$ (unter endlich vielen Restriktionen) über-
führt werden, jedoch ist diese neue Beschreibung i.a. einer praktischen Behandlung nur sehr schwer zugänglich, z.B. weil ursprünglich gegebene Differenzierbarkeitseigenschaften verlorengehen.

Der zweite Abschnitt enthält eine Reihe ausgewählter Anwendungsbeispiele, auf die wir später zum Teil noch ausführlicher zurückkommen (Kapitel 6).

1.1. Problemstellungen

1.1.A. Das allgemeine Approximationsproblem (AP)

Im folgenden sei V ein normierter, (reeller) linearer Raum. In V
seien eine Teilmenge A und ein Element f gegeben. Ist $f \notin A$, so
kann man fragen, "wie weit f von A wegliegt". Dies führt auf das
Approximationsproblem

Bestimme ein $\bar{a} \in A$, für welches

$$||f - \bar{a}|| \leq ||f - a|| \text{ für alle } a \in A. \tag{1}$$

Ein $\bar{a} \in A$ mit (1) heißt eine (global) beste Approximation an
f in A. Gilt mit einer Umgebung $\bar{U} = U(\bar{a})$ von $\bar{a}$ an Stelle von (1)
nur

$$||f - \bar{a}|| \leq ||f - a|| \quad \text{für alle } a \in A \cap \bar{U}, \qquad (1')$$

so heißt $\bar{a}$ eine <u>lokal beste Approximation.</u>

<u>1.1.1. Beispiel</u>. Sei $V = \mathbb{R}^2$, $||v|| = ||v||_2 := \sqrt{v_1^2 + v_2^2}$ die euklidische Länge von v. Sei weiter $f = \begin{pmatrix} 0 \\ 2 \end{pmatrix}$ und (vgl. Fig. 1.1)

$$A = \{v = \begin{pmatrix} v_1 \\ v_2 \end{pmatrix} \mid ||v||_2 < 1\}.$$

Dann gilt $\inf_{v \in A} ||f - v|| = 1$, jedoch gibt es kein $\bar{a} \in A$ mit $||f - \bar{a}|| = 1$. Das Approximationsproblem ist somit nicht lösbar.

<u>1.1.2. Beispiel</u> Sei wieder $V = \mathbb{R}^2$, $||v|| = ||v||_2$. In der in Fig. 1.2 dargestellten Situation sind die Punkte v^1 und v^2 lokal beste Approximationen, v^1 ist die global beste.

Fig. 1.1 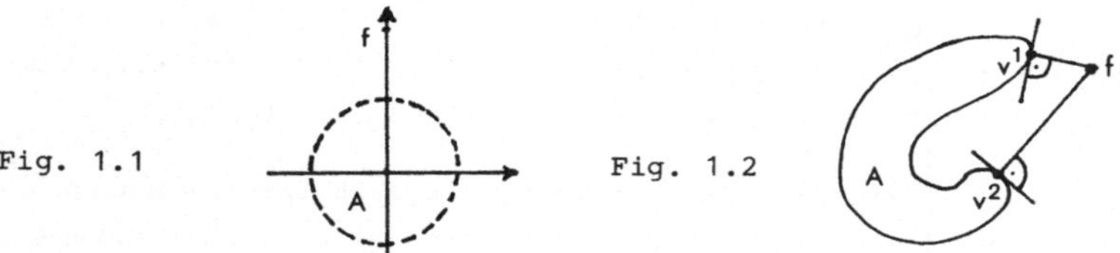 Fig. 1.2

In diesem Buch werden wir ausschließlich Approximationsprobleme des folgenden Typs betrachten:

<u>1.1.3. Problem (AP)</u> Es sei $B \subset \mathbb{R}^m$ eine kompakte (d.h. beschränkte und abgeschlossene) Menge. C[B] sei der Vektorraum der auf B stetigen reellwertigen Funktionen und $||\cdot||$ eine Norm auf C[B]. Weiterhin sei $A \subset C[B]$ eine gegebene Funktionenfamilie und $f \in C[B]$ eine Funktion. Dann ist ein $\bar{a} \in A$ zu bestimmen mit

$$||f - \bar{a}|| \leq ||f - a|| \text{ für alle } a \in A.$$

V = C[B] liegt somit fest. Da man auf C[B] in verschiedener Weise eine Norm definieren kann, erhält man bei festem A und f entsprechend verschiedene Probleme. Die drei wichtigsten (und nahezu ausschließlich benutzten) Normen sind:

<u>Die Maximumnorm</u>

$$||\varphi||_{\infty} = \max_{x \in B} |\varphi(x)|, \qquad (2)$$

gelegentlich auch, mit einer Gewichtsfunktion $w(x) > 0$, $w \in C[B]$,

$$||\varphi||_{\infty}^{W} = \max_{x \in B} |w(x)\varphi(x)|. \qquad (2')$$

Bei Verwendung der (gewichteten) Maximumnorm spricht man von (gewichteter) <u>Chebyshev-Approximation</u> (auch inkonsequenterweise <u>T-Approximation</u> in Anlehnung an die deutsche Schreibweise Tschebyscheff des Namens Chebyshev). Da die Einarbeitung einer Gewichtsfunktion weder theoretisch noch praktisch Schwierigkeiten bereitet, werden wir uns auf (2) beschränken. Zu minimieren ist dann also das über B erstreckte Maximum des Betrags der Fehlerfunktion f - a.

- <u>Die L_1-Norm</u>

$$||\varphi||_1 = \int_B |\varphi(x)| dx, \qquad (3)$$

bei der das Volumen zwischen f und der Näherungsfunktion zu minimieren ist (L_1-Approximation).

- <u>Die L_2-Norm</u>

$$||\varphi||_2 = \{\int_B \varphi^2(x) dx\}^{1/2}. \qquad (4)$$

Statt von <u>L_2-Approximation</u> spricht man hier auch von <u>Approximation im Sinn der kleinsten Quadrate.</u>

In (3) und (4) nehmen wir an, daß B ein meßbarer Bereich mit $\int_B dx > 0$ ist. In den Anwendungen ist B in der Regel ein einfacher Bereich (Intervall, Rechteck, Ellipse etc). Ein weiterer wichtiger Fall ist der, daß B endlich ist, $B = \{x_1, .., x_M\}$. L_1- und L_2-Norm werden dann definiert durch

$$||\varphi||_1 = \sum_{j=1}^{M} |\varphi(x_j)| \qquad (3')$$

bzw.

$$\|\varphi\|_2 = \{ \sum_{j=1}^{M} \varphi^2(x_j) \}^{1/2}. \tag{4'}$$

Wie die Maximumnorm kann man auch die anderen Normen gewichten, was wieder nur offensichtliche Änderungen zur Folge hat.

Es hängt vom Problem ab, welche Norm man am geeignetsten wählen sollte. Wir werden bei einzelnen Anwendungen noch darauf zurückkommen. Das folgende Beispiel illustriert, daß die Wahl der Norm erheblichen Einfluß auf die Lösung haben kann.

<u>1.1.4. Beispiel</u>. Es sei B = $\{x_i = (i-1)/(M-1) \mid i=1,\cdots,M\}$ mit $M \geq 3$. Die Funktion f sei gegeben durch $f(x_i) = 0$, $i=1,\cdots,M-1$, $f(x_M) = 1$. Weiter sei A die Menge der konstanten Funktionen,

$$A = \{a(x) \equiv c \mid c \in \mathbb{R}\}.$$

<u>T-Approximation</u>: Offensichtlich ist $a_T(x) \equiv \frac{1}{2}$ die Lösung.

<u>L_1-Approximation</u>: Nach (3') ist die Funktion

$$\psi(c) = \|a - f\|_1 = \sum_{i=1}^{M-1} |a(x_i)| + |1 - a(x_i)|$$

$$= (M-1)|c| + |1 - c|$$

zu minimieren. Die Lösung ist $c = 0$, also $a_1(x) \equiv 0$.

<u>L_2-Approximation</u>: Nach (4') ist

$$\|a - f\|_2 = \{ \sum_{i=1}^{M-1} c^2 + (1 - c)^2 \}^{1/2}$$

zu minimieren, bzw. äquivalent

$$\psi(c) = \|a - f\|_2^2 = (M-1)c^2 + 1 - 2c + c^2 = Mc^2 - 2c + 1.$$

Es wird $\psi'(c) = 2Mc - 2 = 0$ für $c = \frac{1}{M}$. Somit hat $\psi(c)$ ein Minimum für $c = \frac{1}{M}$.

Fig. 1.3 zeigt die Verhältnisse für $M = 11$. Während die T-Approximation den aus der Reihe tanzenden Wert $f(1) = 1$ unabhängig von M

sehr stark berücksichtigt, ist dies bei der L_2-Approximation mit
wachsendem M immer weniger der Fall. Bei der L_1-Approximation wird
er überhaupt nicht berücksichtigt.

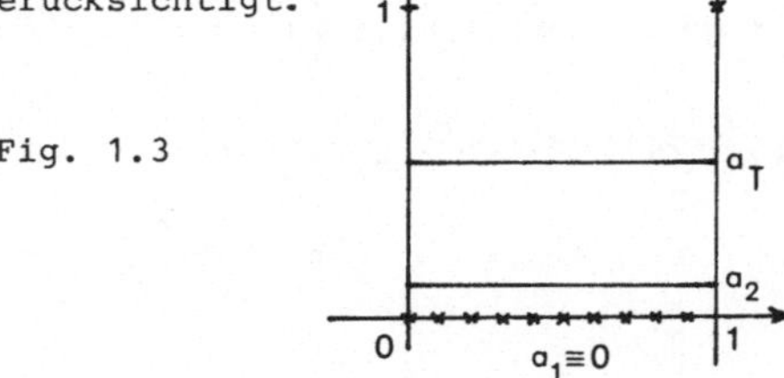

Fig. 1.3

Im obigen Beispiel ist A ein linearer Teilraum (der Dimension 1)
von C[B]. Man spricht in diesem Fall von <u>linearer Approximation</u>.

1.1.B. Approximationsprobleme in parametrisierter Form.

In der Praxis wird die Menge A in der Regel in parametrisierter
Form vorliegen (alle numerischen Verfahren gehen davon aus):

$$A = \{a(p,\cdot) \mid p \in P\} \subset C[B], \tag{5}$$

wobei $P \subset \mathbb{R}^N$ eine Menge von Parametern ist und $a : P \times B \rightarrow \mathbb{R}$ eine
stetige Funktion. Jedem $p \in P$ entspricht also eine Funktion in A.
Umgekehrt können einer Funktion in A mehrere Parameter entsprechen,
d.h. $a(p_1,\cdot) \equiv a(p_2,\cdot)$. Bezeichnet man zu besten Approximationen
$\bar{a} = a(\bar{p},\cdot)$ gehörige Parameter wieder einfach als beste Approximationen, so ist zu beachten, daß die beste Approximation im Funk-
tionenraum A eindeutig sein kann, es aber im Paramterraum mehrere
beste Approximationen geben kann, wenn die Parameterabbildung $P \rightarrow A$
nicht injektiv ist.

Bezeichnet man wieder ein $\bar{p} \in P$ mit der Eigenschaft

$$||f - a(\bar{p},\cdot)|| \leq ||f - a(p,\cdot)|| \text{ für alle } p \in P \cap U(\bar{p})$$

$(U(\bar{p})$ eine Umgebung von $\bar{p}$) als lokal beste Approximation (im Parameterraum), so vergegenwärtige man sich, daß die zugehörige Funktion $a(\bar{p},\cdot)$ keine lokal beste Approximation zu sein braucht. Man
mache sich also stets bewußt, ob man im Funktionen- oder im Parameterraum arbeiten will. Da letzteres für die numerische Behandlung erforderlich ist, verfolgen wir in diesem Buch vorwiegend den
parametrischen Ansatz.

Wir wollen einige Standardfamilien approximierender Funktionen
auflisten, die wir später immer wieder heranziehen werden.

Zunächst einige lineare Familien:

1.1.5. Polynom-Approximation. $B = [\alpha, \beta]$, $P = \mathbb{R}^N$, $N = k + 1$,

$$a(p,x) = P_k(p,x) = \sum_{i=0}^{k} p_{i+1} x^i. \tag{6}$$

Entsprechend kann man Polynome in mehreren Variablen bilden:

$$P_k(p; x_1, x_2) = \sum_{i=0}^{k} \sum_{i_1+i_2=i} p_{i_1 i_2} \cdot x_1^{i_1} x_2^{i_2}. \tag{7}$$

k heißt der (totale) Grad von P_k. Die Dimension des zugehörigen
Raumes A ist gegeben durch $N = (k+1)(k+2)/2$. Für $k = 2$ erhält
man z.B.

$$A = \{P_2(p; x_1, x_2) = p_{00} + p_{10} x_1 + p_{01} x_2 + p_{20} x_1^2 + p_{11} x_1 x_2 + p_{02} x_2^2$$

$$| \ p = (p_{00}, p_{10}, p_{01}, p_{20}, p_{11}, p_{02})^T \in \mathbb{R}^6 \},$$

einen Teilraum der Dimension $3 \cdot 4/2 = 6$.

1.1.6. Trigonometrische Approximation. Sei wieder $B = [\alpha, \beta]$ sowie
$k \in \mathbb{N} \cup \{0\}$, $P = \mathbb{R}^N$ mit $N = 2k + 1$. Dann sind die $a(p,x)$ trigonometrische Summen

$$a(p,x) = T_k(p; x) = p_1 + \sum_{j=1}^{k} [p_{2j} \sin(jx) + p_{2j+1} \cos(jx)]. \tag{8}$$

1.1.7. Spline-Approximation mit festen Knoten. In $B = [\alpha, \beta]$ seien
k feste Punkte ξ_i gegeben mit

$$\alpha < \xi_1 < \cdots < \xi_k < \beta.$$

$l \geq 0$ sei eine natürliche Zahl und $N = k + l + 1$. Unter dem Raum
der Splines vom Grad l mit k festen Knoten ξ_i versteht man den
N-dimensionalen linearen Raum der Funktionen

$$a(p,x) = S_{1,k,\xi}(p;x) = \sum_{j=1}^{k} p_j (x-\xi_j)_+^{1} + \sum_{j=0}^{1} p_{k+1+j} x^j \quad (p \in \mathbb{R}^n).\qquad(9)$$

Hierbei ist

$$(x - \xi_j)_+^{1} = \begin{cases} (x - \xi_j)^{1} & \text{für } x \geq \xi_j \\ 0 & \text{sonst} \end{cases}.\qquad(10)$$

Man beachte, daß für $1 \geq 1$ aufgrund von (10) $S_{1,k,\xi}(p;\cdot) \in C^{1-1}[B]$ i.a. jedoch $S_{1,k,\xi}(p,\cdot) \notin C^{1}[B]$. Für $1 = 0$ erhält man unstetige stückweise konstante Funktionen mit Sprungstellen in den ξ_i (Fig. 1.4 a)), für $1 = 1$ stetige, stückweise lineare Funktionen mit Knickstellen in den ξ_i (Fig. 1.4 b)).

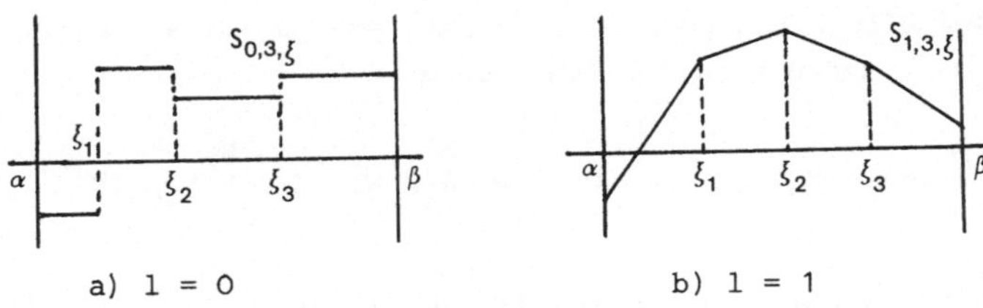

Fig. 1.4

Wir werden uns in diesem Buch mit Splines nicht speziell beschäftigen. Der Leser sei auf die umfangreiche Spezialliteratur verwiesen [11].

1.1.8. Exponentialapproximation bei festen Frequenzen. Sei wieder $B = [\alpha,\beta]$, $P = \mathbb{R}^N$. Dann sind die $a(p,x)$ Exponentialsummen der Gestalt

$$a(p,x) = E_{N,\lambda}(p,x) = \sum_{j=1}^{N} p_j e^{\lambda_j x}\qquad(11)$$

mit festen rellen $\lambda_1 < \lambda_2 < \cdots < \lambda_N$.

Nun noch einige wichtige Beispiele nichtlinearer Approximationsprobleme, bei denen A also kein linearer Teilraum von C[B] ist.

1.1.9. Rationale Approximation. Seien $\varphi_1,\cdots,\varphi_{N_1}$ und $\psi_1,\cdots,\psi_{N_2}$ $(N_1,N_2 \in \mathbb{N})$ gegebene, jeweils linear unabhängige Funktionen in C[B]. Für $p \in \mathbb{R}^N$, $N = N_1 + N_2$, sei

$$a(p,x) = \sum_{i=1}^{N_1} p_i \varphi_i(x) \Big/ \sum_{j=1}^{N_2} p_{N_1+j}\, \psi_j(x). \tag{12}$$

Um $a(p,\cdot) \in C[B]$ zu garantieren, kann man jetzt nicht mehr jedes $p \in \mathbb{R}^N$ zulassen. Üblich ist die Wahl

$$P = \{p \in \mathbb{R}^N \mid \sum_{j=1}^{N_2} p_{N_1+j}\psi_j(x) > 0 \text{ für alle } x \in B\}. \tag{13}$$

P ist also der Durchschnitt unendlich vieler offener Halbräume

$$H_x = \{p \mid \sum_{j=1}^{N_2} p_{N_1+j}\, \psi_j(x) > 0\}$$

und wieder offen. Besonders wichtig ist der Spezialfall $\varphi_i(x) = x^{i-1}$, $\psi_j(x) = x^{j-1}$ und $B = [\alpha,\beta]$. Dann ist also

$$a(p,x) = R_{N_1-1,N_2-1}(p,x) = \sum_{i=1}^{N_1} p_i x^{i-1} \Big/ \sum_{j=1}^{N_2} p_{N_1+j} x^{j-1} \tag{14}$$

der Quotient eines Polynoms (N_1-1)-ten und eines positiven Polynoms (N_2-1)-ten Grades. Man spricht in diesem Fall auch von gewöhnlicher rationaler Approximation.

Ist $a(p,x)$ durch (12) oder (14) definiert und $c \in \mathbb{R}$, $c > 0$, eine Konstante, so gilt offensichtlich $a(cp,\cdot) = a(p,\cdot)$, d.h. die Parameterabbildung ist nicht bijektiv! In der Praxis ist es deshalb üblich, eine Normierungsbedingung vorzuschreiben, wie etwa $\sum_{j=1}^{N} p_j^2 = 1$ oder (einfacher, aber einschränkender, da $p_1 = 0$ ausschließend) $|p_1| = 1$.

1.1.10. Spline-Approximation bei freien Knoten. Im Ansatz (9) werden nun außer p auch noch die Knoten $\xi_1,\cdots,\xi_k$ als Parameter aufgefaßt (d.h. also $P \subset \mathbb{R}^{2k+1+1}$), üblicherweise mit der Einschränkung $\alpha < \xi_1 <\cdots < \xi_k < \beta$.

1.1.11. Exponentialapproximation bei freien Frequenzen. Im Ansatz (11) werden außer den p_j auch die λ_j als Parameter behandelt (also $P \subset \mathbb{R}^{2N}$) etwa unter der Bedingung $\lambda_1 < \cdots < \lambda_N$. Allgemeinere Definitionen mit "mehrfachen" Frequenzen sind ebenfalls üblich (vgl. Kapitel 6).

Von praktischer Bedeutung sind auch <u>Probleme unter Nebenbedingun-</u>
gen,bei denen die Familien durch zusätzliche Forderungen eingeschränkt werden. Diese können den Wertebereich der approximierenden Funktion ("restricted range" Approximation) betreffen wie
auch den ihrer Ableitungen. Beispiele sind die für Integralab-
schätzungen,aber auch im Zusammenhang mit monotonen Randwertproblemen (vgl. [23]) wichtige, einseitige Approximation, bei der
a(p,x) immer unterhalb oder immer oberhalb von f(x) verlaufen
soll,wie auch die Approximation mit positiven, monotonen oder konvexen Funktionen. Ein Vorteil des von uns verfolgten Zugangs über
die semi-infinte Optimierung ist, daß solche Typen von Approximationsproblemen automatisch mit erfaßt sind. Wir beschränken uns
auf ein Beispiel (vgl. auch 1.2.A):

<u>1.1.12. Approximation mit monotonen Polynomen.</u> Manchmal möchte
man, daß die Näherungsfunktion gewisse Eigenschaften der zu approximierenden Funktion f erhält, z.B. die Monotonie. Statt
$A = \{P_{N-1}(p,\cdot) \mid p \in \mathbb{R}^N\}$ (vgl. (6)), den linearen Raum der Polynome, betrachtet man dann

$$A = \{P_{N-1}(p,\cdot) \mid p \in P\},$$

wo P nun definiert ist durch

$$P = \{p \mid \frac{d}{dx}(P_{N-1}(p,x)) \geq 0 \text{ für jedes } x \in [\alpha,\beta]\}. \tag{15}$$

P wird also durch unendlich viele lineare Nebenbedingungen

$$p_2 + 2p_3x + \cdots + (N-1)p_Nx^{N-2} \geq 0, \; x \in [\alpha,\beta] \tag{16}$$

eingeschränkt.

<u>1.1.C. Approximation und semi-infinite Optimierung.</u>

Unter einer Optimierungsaufgabe (O) im $\mathbb{R}^n$ wollen wir das Problem
verstehen, eine Funktion $F : D \to \mathbb{R}$, $D \subset \mathbb{R}^n$ offen, zu minimieren
unter Nebenbedingungen

$$f_i(z) \leq 0, \; i \in I, \; f_i : D \to \mathbb{R}.$$

I ist dabei eine gegebene Indexmenge. F und die f_i werden i.a. mindestens als stetig vorausgesetzt. Wir schreiben auch kurz

$$\text{(O)} \qquad \text{Min } \{F(z) \mid f_i(z) \leq 0,\ i \in I\}. \tag{17}$$

Ist die Indexmenge I endlich, so sprechen wir von einem <u>finiten Problem</u>. Soll dies besonders hervorgehoben werden, schreiben wir auch (FO) anstatt (O). Ist I nicht endlich, sprechen wir von einem <u>semi-infiniten Problem</u>.

Jedes in parametrisierter Form gegebene Approximationsproblem (A) geht in ein Problem (O) über, wenn man (mit p=z) definiert

$$F(z) = ||f - a(z, \cdot)||.$$

Im nächsten Kapitel werden wir hierauf noch näher eingehen. Hier wollen wir spezieller einige wichtige Problemklassen betrachten, welche sich als semi-infinite Probleme formulieren und erfolgreich behandeln lassen, was die Betrachtung semi-infiniter Optimierungsprobleme motiviert.

An erster Stelle ist hier ganz generell die Chebyshev-Approximation zu nennen, das Problem also, zu gegebenem $f \in C[B]$, $B \subset \mathbb{R}^m$ kompakt, und gegebener Familie

$$A = \{a(p,x) \mid p \in P\} \subset C[B]$$

($P \in \mathbb{R}^N$ offen) die Maximumnorm $||f - a(p, \cdot)||_\infty$ der Fehlerfunktion zu minimieren. Beachtet man, daß ein d, für welches

$$|f(x) - a(p,x)| \leq d \text{ für alle } x \in B$$

gilt, eine obere Schranke für $||f - a(p, \cdot)||_\infty$ ist, so sieht man sofort die Äquivalenz dieser Approximationsaufgabe mit dem folgenden Optimierungsproblem ein:

Sei $z = \begin{pmatrix} p \\ d \end{pmatrix} \in \mathbb{R}^n$, $n = N + 1$. Minimiere die Funktion

$$F(z) = d \tag{18}$$

unter den Nebenbedingungen $z \in P \times \mathbb{R}$ und

$$g^1(z,x) := f(x) - a(p,x) - d \leq 0$$
$$g^2(z,x) := -f(x) + a(p,x) - d \leq 0$$

für alle $x \in B$. $\qquad(19)$

Ist B eine unendliche Menge (etwa $B = [\alpha,\beta]$)so ist (18),(19) ein semi-infinites Optimierungsproblem.

Weitere wichtige Klassen von Approximationsproblemen, die unmittelbar auf semi-infinite Optimierungsprobleme führen, sind solche, bei denen Nebenbedingungen an den Wertebereich der approximierenden Funktion a(p,x) bzw. einer ihrer Ableitungen gestellt werden (vgl. 1.2.A). Als Beispiel betrachte man die L_2-Approximation mit monotonen Polynomen (vgl. 1.1.12) die offensichtlich auf das folgende semi-infinite Problem führt:

Minimiere die Funktion (vgl. (4), (6))

$$F(p) = \int_\alpha^\beta [f(x) - \sum_{i=0}^{N-1} p_{i+1}x^i]^2 dx$$

unter den Nebenbedingungen (vgl.(16))

$$p_2 + 2p_3 x + \cdots + (N-1)p_N x^{N-2} \geq 0, \ x \in [\alpha,\beta].$$

1.1.D. Das allgemeine semi-infinite Problem (SIP).

Wir wollen nun das im weiteren zentrale Problem (SIP) mit den durchgehend gemachten Voraussetzungen formulieren.

Es sei $Z_0 \subset \mathbb{R}^n$ eine offene Menge, die - abgesehen von konkreten Problemen - nicht näher spezifiziert wird. Weiterhin sei $B \subset \mathbb{R}^m$ eine weitere Menge, die grundsätzlich kompakt vorausgesetzt wird. In einigen Abschnitten wird angenommen, daß B durch ein endliches System von Ungleichungen beschrieben wird

$$B = \{x \in \mathbb{R}^m \mid h^j(x) \leq 0, \ j = 1,\cdots,k\}, \qquad(20)$$

wobei die $h^j : \mathbb{R}^m \to \mathbb{R}$ gegebene Funktionen sind, die in der Regel zweimal stetig differenzierbar vorausgesetzt werden.

Es seien weiter

$$F : Z_O \to \mathbb{R} \ , \ g : Z_O \times B \to \mathbb{R}$$

gegebene und zumindest stetige Funktionen. Generell sei $g(z,x)$ partiell nach den z_i differenzierbar, d.h. der Gradient

$$g_z(z,x) = (\frac{\partial g}{\partial z_1}(z,x), \cdot\cdot, \frac{\partial g}{\partial z_n}(z,x))^T$$

existiere in $Z_O \times B$ und $g_z : Z_O \times B \to \mathbb{R}^n$ sei stetig. In weiten Teilen wird vorausgesetzt, daß F und g sogar zweimal stetig partiell differenzierbar sind nach allen Variablen.

Hiermit definieren wir das semi-infinite Problem

(SIP) Minimiere $F(z)$ unter den Nebenbedingungen $z \in Z_O$ und

$$g(z,x) \leq O \quad \text{für alle } x \in B. \tag{21}$$

Kurz schreiben wir auch

$$\text{Min } \{F(z) \mid g(z,x) \leq O, \ x \in B\}. \tag{22}$$

Im Fall $|B| < \infty$ ($|B|$ bedeutet die Mächtigkeit der Menge B, bei endlichen Mengen also die Zahl der Elemente) wird (SIP) ein finites Optimierungsproblem.

Beispiele für solche Probleme haben wir bereits in 1.1.C kennengelernt.

Den Bereich

$$Z = \{z \in Z_O \mid g(z,x) \leq O, \ x \in B\} \tag{23}$$

nennen wir den <u>zulässigen Bereich</u> von (SIP), jedes $z \in Z$ einen <u>zulässigen Punkt.</u>

In üblicher Weise sind <u>globale und lokale Lösungen</u> $\bar{z}$ definiert, die wir auch <u>(lokal) optimale Punkte</u> oder auch einfach <u>(lokale) Minima</u> nennen.

Vergleicht man obiges Problem (SIP) mit dem, das wir in (18), (19) für Chebyshev-Approximationsprobleme erhalten haben, so fällt auf, daß dort zwei Bedingungen vom Typ (21) auftraten. Um solche

Probleme zu erfassen, hätten wir also streng genommen
$g: Z_o \times B \to \mathbb{R}^q$ voraussetzen müssen. Darüber hinaus werden wir Beispielen begegnen (vgl. 1.2.C), bei denen verschiedene Funktionen
g^i über verschiedenen Bereichen (also $g^i: Z_o \times B_i \to \mathbb{R}$) in den Nebenbedingungen auftreten. Da sich nun aber die im folgenden darge-
stellte Theorie in offensichtlicher Weise auf solche Probleme er-
weitern läßt - der Leser mache sich dies an einigen Sätzen selbst
klar - beschränken wir uns im theoretischen Teil der Übersicht-
lichkeit halber auf eine Nebenbedingung. Ebenso wäre es ohne
Schwierigkeiten möglich gewesen, Nebenbedingungen der Form
$f_i(z) \leq 0$, $i = 1, \cdots, r$, und $e_j(z) = 0$, $j = 1, \cdots, s$, aufzunehmen.

1.1.E. Konvexe Optimierung und lineare semi-infinite Optimierung

Das in 1.1.D definierte Problem (SIP) heißt linear, falls F und g
in z affin linear sind, also

$$F(z) = c^T z \ , \quad g(z,x) = z^T a(x) - b(x) \tag{24}$$

mit $c \in \mathbb{R}^n$ und stetigen Funktionen $a : B \to \mathbb{R}^n$, $b : B \to \mathbb{R}$.

Lineare (SIP) erweisen sich nun als spezielle konvexe Optimierungsprobleme, wie wir sie gleich definieren werden, und umgekehrt
lassen sich auch recht allgemeine konvexe Probleme in semi-infinite überführen.

<u>Definition</u>. <u>Eine Menge</u> $K \subset \mathbb{R}^n$ <u>heißt konvex,</u> wenn mit $z_1, z_2 \in K$ und
$\lambda \in (0,1)$ auch $\lambda z_1 + (1-\lambda) z_2 \in K$, d.h. mit zwei Punkten gehört die
sie verbindende Strecke zu K. Weiterhin heißt <u>eine</u> <u>Funktion</u>
$\varphi: \mathbb{R}^n \to \mathbb{R}$ <u>konvex</u>, wenn mit $z_1, z_2 \in K$ und $\lambda \in (0,1)$

$$\varphi(\lambda z_1 + (1-\lambda) z_2) \leq \lambda \varphi(z_1) + (1-\lambda) \varphi(z_2). \tag{25}$$

Unter einem konvexen Optimierungsproblem (O) versteht man die Aufgabe, eine konvexe Funktion φ auf einer konvexen Menge K zu minimieren, also

$$\text{Min } \{\varphi(z) \mid z \in K\}. \tag{26}$$

Für festes x ist die Menge
$$H_x = \{z \mid z^T a(x) - b(x) \leq 0\}$$

ein abgeschlossener Halbraum des R^n, und somit offensichtlich konvex. Ebenso offensichtlich ist der Durchschnitt konvexer Mengen wieder konvex. Also ist der zulässige Bereich Z eines linearen (SIP) konvex und da $F(z) = c^T z$ als lineare Funktion natürlich ebenfalls konvex ist, ist jedes lineare (SIP) ein konvexes Optimierungsproblem.

Eine in der praktischen Optimierung gebräuchliche Formulierung konvexer Probleme ist

$$\text{Min } \{\varphi(z) \mid \varphi^i(z) \leq 0, \ i = 1, \cdots, r\} \tag{27}$$

mit konvexen Funktionen $\varphi^i \colon R^n \to R$. Wir wollen nun unter der zusätzlichen Annahme, daß φ und die φ^i stetig differenzierbar sind und der zulässige Bereich beschränkt ist, zeigen, daß (27) durch ein lineares (SIP) ersetzt werden kann. Ohne darauf näher einzugehen, bemerken wir, daß dies auch unter allgemeineren Bedingungen möglich ist. Hierzu verwendet man die Eigenschaft differenzierbarer, konvexer Funktionen ψ, daß für beliebige $x,z \in R^n$

$$\psi(z) \geq \psi(x) + (z - x)^T \psi_z(x). \tag{28}$$

Anschaulich bedeutet dies, daß $\psi(z)$ oberhalb der Tangentialfläche im Punkt x verläuft (Fig. 1.5).

Ist nun B ein Kompaktum, das den zulässigen Bereich Z von (27) umfaßt, so ist leicht zu sehen (vgl. das nachfolgende Beispiel), daß

$$\{z \mid \varphi^i(z) \leq 0\} = \{z \mid \varphi^i(x) + (z-x)^T \varphi_z^i(x) \leq 0, \ x \in B\}. \tag{29}$$

Hieraus folgt nun sehr einfach, daß (27) dem folgenden linearen (SIP) äquivalent ist:

Minimiere $F(z,d) = d$ unter den Nebenbedingungen

$$\left. \begin{array}{l} g(z,d;x) := \varphi(x) + (z-x)^T \varphi_z(x) - d \leq 0 \\ g^i(z,d;x) := \varphi^i(x) + (z-x)^T \varphi_z^i(x) \leq 0 \end{array} \right\} \ x \in B.$$

Zur Illustration ein einfaches Beispiel: Es sei Z die Einheitskugel um den Nullpunkt, welche sich mit Hilfe der konvexen Funktion $\varphi(z) = z_1^2 + z_2^2 - 1$ beschreiben läßt durch

$$Z = \{z \mid \varphi(z) \leq 0\}.$$

Entsprechend (29) erhalten wir die semi-infinite Beschreibung

$$Z = \{z \mid \varphi(x) + (z-x)^T \varphi_z(x) \leq 0, \ x \in B\}$$
$$= \{z \mid 2z^T x - (x^T x + 1) \leq 0, \ x \in [-2,2]x[-2,2]\},$$

wenn wir für B das Rechtecke $[-2,2]x[-2,2]$ nehmen. Fig. 1.6 zeigt für verschiedene x einige der die Halbräume $\{x \mid \varphi(x) + (z-x)^T \varphi_z(x) \leq 0\}$ begrenzenden Hyperebenen.

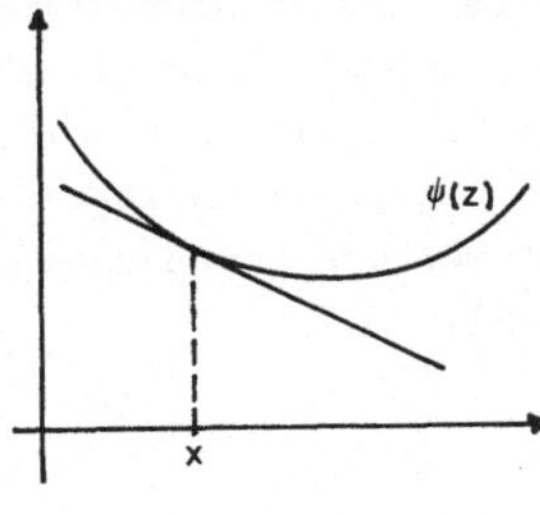

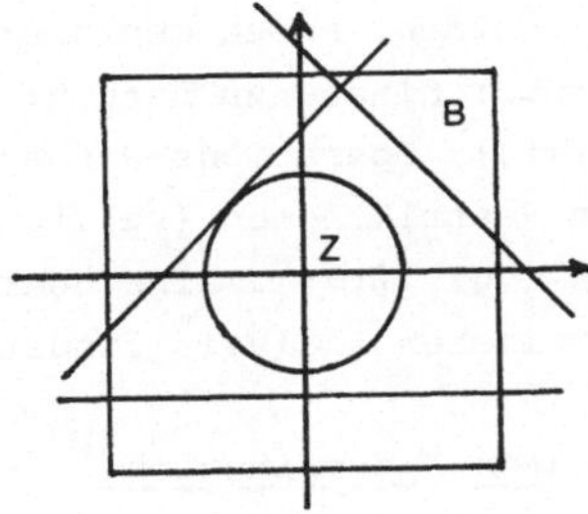

Fig. 1.5   Fig. 1.6

Ist umgekehrt ein semi-infinites Problem mit zulässigem Bereich

$$Z = \{z \mid g(z,x) \leq 0, \ x \in B\}$$

gegeben, so kann dieser mit Hilfe der Funktion

$$f^1(z) = \max_{x \in B} \{g(z,x)\}$$

beschrieben werden durch

$$Z = \{z \mid f^1(z) \leq 0\}.$$

Es ist nicht schwierig, zu zeigen, daß f^1 eine stetige, konvexe Funktion ist. Da es nun aber zum einen nur in Trivialfällen möglich sein wird, f^1 explizit als Funktion anzugeben und zum anderen f^1 auch bei glatter Funktion g in der Regel nicht differenzierbar sein wird, ist praktisch ein solcher Übergang nicht empfehlenswert. Wir werden allerdings später (vgl. 3.3.A) <u>eine auf eine</u>

Umgebung des Optimalpunktes beschränkte Transformation auf ein finites, konvexes, die ursprünglichen Differenzierbarkeitseigenschaften reproduzierendes Problem angeben, die auch numerisch vor-
teilhaft ist.

1.2. Anwendungen

Ohne Anspruch auf Vollständigkeit zu erheben, sollen nun einige
Anwendungen etwas näher erläutert werden. In [24] (vgl. auch [69])
findet man eine ausführliche Darstellung zahlreicher Anwendungen
der Approximationstheorie. Unsere Beispiele sind so gewählt, daß
insbesondere die Vorteile des allgemeinen semi-infiniten Ansatzes
deutlich werden. Neben den hier diskutierten Anwendungsbereichen
sind darüber hinaus zu nennen: Kontrollapproximationsprobleme
([69], [41]), Operations-Research Probleme mit zeit- oder ortsab-
hängigen Restriktionen (vgl. [43] für ein Beispiel), Momentenprobleme (vgl. [107]). Eine Übersicht über weitere Anwendungen in
der numerischen Analysis findet man in [42].

1.2.A. Daten-Approximation.

Ein in der Praxis überaus häufig auftretendes Problem ist das folgende: Von einer Funktion f ist eine Tabelle von Werten
$f(x_i), i=1, \cdots, M$, gegeben (Meßwerte, numerische Näherungswerte),
die in der Regel mit Fehlern behaftet sind (Meßfehler, Rundungs-
fehler). Gesucht ist eine in einem Gebiet B, $\{x_1, \cdots, x_M\} \subset B$, definierte, stetige oder glatte Funktion, die in den Punkten x_i "gut"
mit den $f(x_i)$ übereinstimmt. B kann dabei ein Intervall aber auch
ein mehrdimensionales Gebiet sein, etwa ein Teil der Erdoberfläche
der kartographiert werden soll. Hinweise auf zahlreiche Anwendungen in den verschiedensten Gebieten findet man etwa in [100].

Mathematisch führt dies auf ein diskretes Approximationsproblem:
Bestimme ein $\bar{a} \in A$, A eine Funktionenfamilie in C[B], so daß der
Vektor $\bar{a} = (\bar{a}(x_1), \cdots, \bar{a}(x_M))^T$ vom Datenvektor $(f(x_1), \cdots, f(x_M))^T$ in
einer Norm auf dem R^M möglichst wenig abweicht. Es hängt dann
stark vom Problem ab, welche Familie A und welche Norm man wählt.
Hierzu einige Bemerkungen:

In manchen Fällen wird die Wahl von A durch ein <u>Modell</u> des zugrun-

deliegenden Vorgangs nahegelegt.Geben die $f(x_i)$ etwa die Höhen
eines fallenden Objekts zu den Zeiten x_i wieder, so weiß man aus
den Fallgesetzen, daß unter Vernachlässigung der Luftreibung f
eine quadratische Funktion der Zeit ist. Es liegt somit auf der
Hand, für A die Menge der quadratischen Polynome zu wählen. Die
Polynomkoeffizienten nennt man dann auch die Parameter des Modells
und spricht beim Prozeß der Anpassung derselben an die Meßwerte
von <u>Parameteridentifizierung</u>. Im Zusammenhang mit Wachstums- und
Abklingvorgängen ist die Modellfunktion häufig eine Exponentialsumme (vgl. 1.1.11), eine Tatsache, die die intensive Beschäfti-
gung mit der Exponentialapproximation (vgl. 6.2) rechtfertigt. Besonders schwierig kann die Parameteridentifizierung werden, wenn
die Modellfunktion nicht explizit sondern implizit als Lösung
eines parameterabhängigen Differentialgleichungssystems gegeben
ist. Modelle chemischer Reaktionen aber auch physiologischer Vor-
gänge sind gewöhnlich von dieser Form (vgl. [58]).

Ist kein Modell gegeben, kann die geeignete Wahl von A recht pro-
blematisch sein. Eine gute Wahl von A erfordert nämlich nicht nur
eine möglichst genaue Reproduktion der Werte $f(x_i)$ sondern auch
die Wiedergabe charakteristischer Eigenschaften des zugrundeliegenden Vorgangs. Wir wollen dies an einem Beispiel erläutern:

<u>1.2.1. Beispiel</u> (vgl. [83]). Für die 13 Punkte $x_i = -1 + i/6$,
$i = 0,\cdots,12$, wurden für $f(x_i)$ zufällig gestörte Werte von e^x berechnet nach

$$f(x_i) = (1 + 0.07 \cdot \sigma(\varepsilon_i) \, \varepsilon_i^2) e^{x_i} \tag{1}$$

wobei ε_i in $[-1,1]$ Zufallszahlen sind und $\sigma(\varepsilon_i)$ deren Vorzeichen.
Es wurde $B = [-1,1]$ gewählt.

Nimmt man für A Polynome vom Grad 9, so ergibt sich bei Verwendung der Maximumnorm (diskrete T-Approximation) eine maximale Abweichung von 0.026 von den $f(x_i)$. Das zugehörige Näherungspolynom
weist aber ein für die Exponentialfunktion völlig untypisches, oszillierendes Verhalten auf (Fig. 1.7a), so daß nicht von einer guten Approximation gesprochen werden kann. Zwischen den Stützstellen erreicht die Abweichung zu e^x demzufolge auch Werte bis etwa
0.14.

Wählt man A als Polynome $P_9(p;x)$ vom Grad 9, die den zusätzlichen
(semi-infiniten) Nebenbedingungen genügen

$$\frac{d^2 P_9(p;x)}{dx^2} \geq 0 \ , \ x \in [-1,1] \ \text{(Konvexität)}$$

$$\frac{d^3 P_9(p;x)}{dx^3} \geq 0 \ , \ x \in [-1,1], \tag{2}$$

so wächst zwar der maximale Approximationsfehler in den Stützstellen auf O.O43... jedoch wird die Funktion e^x sehr gut reproduziert (Fig.1.7b). Tatsächlich liegt die Abweichung von der exakten Funktion überall unterhalb von O.O45...

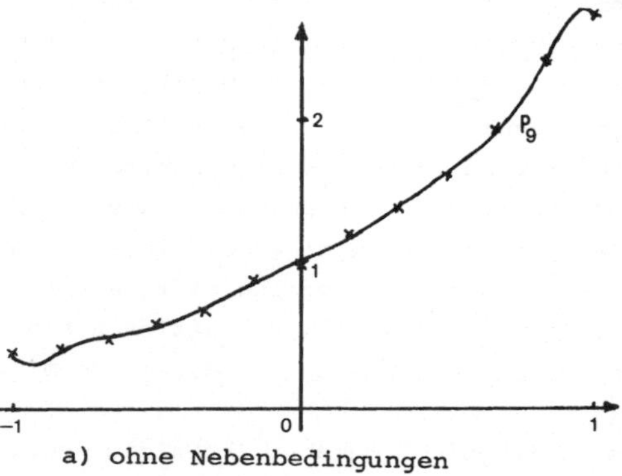

a) ohne Nebenbedingungen

Man sieht, wie hilfreich solche Bedingungen an den Wertebereich von Funktion und Ableitungen sein können, die dann unmittelbar auf semi-infinite Probleme führen. Wir möchten an dieser Stelle dem Einwand begegnen, daß es für praktische Zwecke wohl ausreicht, (2) statt auf dem ganzen Intervall auf einer "hinreichend dicht" gewählten, endlichen Punktmenge zu

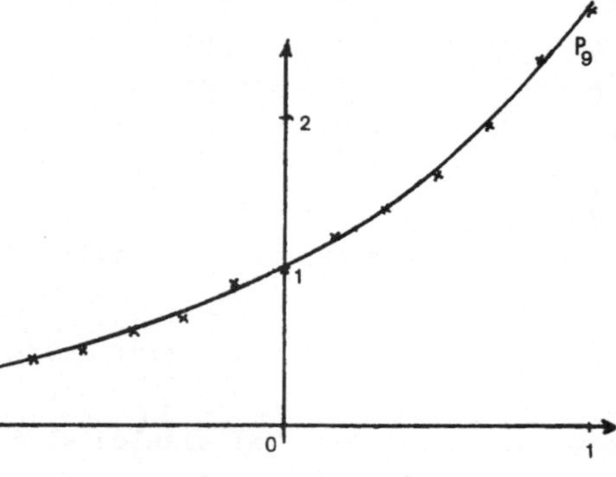

b) mit Nebenbedingungen (2)

Fig. 1.7

fordern, was die Betrachtung semi-infiniter Probleme unnötig machen würde.Tatsächlich gestaltet sich die Behandlung eines semi-infiniten Problems numerisch oft günstiger als die diskreter Probleme mit u.U. sehr vielen Nebenbedingungen, wie dies vor allem bei der Diskretisierung mehrdimensionaler Bereiche die Regel ist.Vor allem verliert man durch die Diskretisierung Informationen über die Glattheit der Funktion $g(z,x)$ bzgl. des Parameters x. Die Situation läßt sich vergleichen mit der der Minimierung einer stetig differenzierbaren Funktion über einem Intervall.

Die geeignete Wahl der Norm hängt einmal vom Verteilungsgesetz der Meßfehler ab: bei Normalverteilung empfiehlt sich die L_2-Norm (vgl. [4]), während man bei gleichmäßiger Verteilung (also etwa bei gerundeten Daten) die Maximumnorm vorziehen wird. Es können aber auch noch andere, mehr pragmatische Gesichtspunkte eine Rolle spielen. So führt Beispiel 1.2.1 bei Verwendung von Maximum- oder L_1-Norm auf ein lineares (SIP), während bei Verwendung der vom Fehlergesetz (1) eher naheliegenden, euklidischen Norm eine quadratische Funktion unter den linearen Nebenbedingungen (2) zu minimieren, also ein nichtlineares Problem zu lösen wäre.

1.2.B. Approximation von Funktionen

Dem Problem, eine explizit gegebene Funktion $f \in C[B]$ zu approximieren, begegnet man weitaus seltener als dem in 1.2.A diskutierten. Eine Hauptanwendung ist die Darstellung transzendenter Funktionen in Rechenanlagen. Die Exponentialfunktion ist beispielsweise gegeben durch die Reihe

$$e^x = \sum_{i=0}^{\infty} x^i/i!. \tag{3}$$

Abgesehen von speziellen x-Werten kann (3) nicht in endlich vielen Rechenschritten ausgewertet werden. Um also e^x auf einer Rechenanlage wenigstens näherungsweise berechnen zu können, muß man (3) durch einen endlichen arithmetischen Ausdruck approximieren, etwa unter der Maßgabe, daß der Approximationsfehler unterhalb der Maschinengenauigkeit bleibt. Da wegen $e^{a+b} = e^a e^b$ die Kenntnis von e^x in einem Intervall $[\alpha,\beta]$ ausreicht, um e^x für beliebige x berechnen zu können, wird man auf das Problem geführt, e^x in $[\alpha,\beta]$ durch ein Element einer Familie $A \subset C[B]$ zu approximieren. Ist eps der relative Fehler, mit dem die Rechenanlage Zahlen darzustellen vermag, so ist man an einer Approximation $\bar{a}$ interessiert, für welche der maximale relative Fehler in $[\alpha,\beta]$ unterhalb eps liegt:

$$\frac{f(x) - \bar{a}(x)}{f(x)} \leq eps \quad \text{für alle } x \in [\alpha,\beta].$$

Die angemessene Fehlernorm (für Funktionen ohne Nullstellen in $[\alpha,\beta]$) ist somit die mit $\frac{1}{|f(x)|}$ gewichtete Maximumnorm

$$||\varphi|| = \max_{x\in[\alpha,\beta]} \frac{1}{|f(x)|}||\varphi(x)||_\infty .$$

Es handelt sich also um eine gewichtete T-Approximationsaufgabe. Als approximierende Funktionen kommen hier nur Polynome oder allgemeiner gewöhnliche rationale Funktion (vgl. 1.1.9) in Frage. Natürlich ist man an einer möglichst schnellen Auswertung der Näherungsfunktion interessiert, d.h. man versucht, die geforderte Genauigkeit mit möglichst kleiner Summe von Zähler- und Nennergrad zu erreichen. (Eine Auswertung eines Polynoms vom Grad n kostet mit dem Horner-Schema (vgl. [106]) n Multiplikationen und Additionen;vgl. [54] für schneller auszuwertende Teilklassen rationaler Funktionen).

1.2.C. Näherungsweise Lösung von Randwertproblemen durch Defektminimierung.

Approximationsmethoden können bei einer ganzen Reihe von Randwert-Anfangsrandwert-und Eigenwertproblemen für partielle Differentialgleichungen zur Bestimmung von Näherungslösungen eingesetzt werden. Hierzu macht man für die Näherungslösung einen Ansatz a(p,x) und bestimmt den Parametervektor p so, daß a(p,x) Differentialgleichung und Randwerte "so gut wie möglich" erfüllt. Man sagt auch, man minimiere die Defekte in Differentialgleichung und Randwerten und spricht deshalb von Defektminimierungsmethoden. Im allgemeinen kann man aus kleinen Defekten (d.h. Differentialgleichung und Randwerte werden von a(p,·) näherungsweise erfüllt) nicht schliessen, daß a(p,·) auch eine gute Näherung der Lösung u^* ist. Für einige wichtige Problemklassen ist dies jedoch wohl der Fall, so daß anhand der Defekte Schranken für die Fehlerfunktion $e(p,x)=a(p,x) - u^*(x)$ berechnet werden können.

Wir wollen dies an einem Beispiel verdeutlichen.

1.2.2. Beispiel. Es sei B ein offenes, einfach zusammenhängendes Gebiet in $\mathbb{R}^2$, Γ sein Rand. $B\cup\Gamma$ sei kompakt. Δ sei der Laplace-Operator, d.h. für $u \in C^2[B]$ bedeute

$$\Delta u(x) = \frac{\partial^2 u(x)}{\partial x_1^2} + \frac{\partial^2 u(x)}{\partial x_2^2} \quad , \quad x = \begin{pmatrix} x_1 \\ x_2 \end{pmatrix}$$

Gesucht ist dann ein $u^* \in C[B \cup \Gamma] \cap C^2[B]$ (d.h. u ist im offenen Gebiet B zweimal stetig partiell differenzierbar nach beiden Variab-
len und auf der abgeschlossenen Hülle von B noch stetig), welches
die folgende Randwertaufgabe löst

$$Lu(x) : = -\Delta u(x) + c(x)u(x) = 0 \quad \text{für } x \in B \tag{4}$$

$$u(x) = r(x) \quad \text{für } x \in \Gamma. \tag{5}$$

Hierbei sind c und r auf B resp. Γ gegebene, stetige Funktionen
mit $c(x) \geq 0$ für alle $x \in B$. Der folgende Satz ist eine Spezialisierung eines allgemeinen Randmaximumsatzes in [28].

__1.2.3. Satz.__ Sei $v \in C[B \cup \Gamma] \cap C^2[B]$ und $Lv(x) \leq 0$ in B. Dann nimmt
$v(x)$ sein Maximum auf Γ an. (Entsprechend nimmt ein v mit $Lv \geq 0$
sein Minimum auf Γ an).

Hiermit kann man nun folgenden Satz beweisen.

__1.2.4. Satz.__ Es seien $v,w \in C[B \cup \Gamma] \cap C^2[B]$. Es gelte

$$Lw(x) \geq 1 \text{ in B} , w(x) \geq 0 \text{ auf } \Gamma. \tag{6}$$

Mit positiven ε_i und δ_i (i=1,2) gelte weiter für die Fehlerfunktion $e(x) = v(x) - u^*(x)$ (u^* die Lösung von (4), (5))

$$- \varepsilon_1 \leq Le(x) = Lv(x) \leq \varepsilon_2 \text{ für } x \in B \tag{7}$$

$$- \delta_1 \leq e(x) = v(x) - f(x) \leq \delta_2 \text{ für } x \in \Gamma. \tag{8}$$

Dann gilt für alle $x \in B \cup \Gamma$ die Fehlerabschätzung

$$- \varepsilon_1 w(x) - \delta_1 \leq e(x) \leq \varepsilon_2 w(x) + \delta_2. \tag{9}$$

__Beweis.__ Für jedes $x \in B$ gilt mit (6) und (7)

$$L(\varepsilon_2 w - e) = \varepsilon_2 Lw - Le \geq \varepsilon_2 - Le \geq 0.$$

Nach Satz 1.2.3 nimmt $\varepsilon_2 w(x) - e(x)$ ihr Minimum somit auf Γ an, d.h. für jedes $x \in B \cup \Gamma$ gilt unter Beachtung von (6) und (8)

$$\varepsilon_2 w(x) - e(x) \geq \min_{x \in \Gamma}(\varepsilon_2 w(x) - e(x)) \geq \min_{x \in \Gamma}(-e(x)) \geq -\delta_2.$$

Hieraus folgt sofort die rechte Ungleichung in (9). Die linke zeigt man entsprechend, indem man zunächst $L(\varepsilon_1 w + e) \geq 0$ nachweist und wieder Satz 1.2.3 benutzt.

Für $w(x)$ kann man z.B. nehmen

$$w(x) = 0.5\,(x_1^2 - X_1^2), \quad X_1 = \max_{x \in \Gamma} |x_1|, \tag{10}$$

eine Funktion mit $|w(x)| \leq 0.5 X_1^2$. Hiermit kann man nun obere und untere Schranken für die Lösung $u^*(x)$ wie folgt berechnen:

Man wählt eine Funktionenfamilie

$$A = \{a(p,\cdot) \mid p \in P\} \subset C^2[\tilde{B}], \quad \tilde{B} \supset B, \quad \tilde{B} \text{ offen},$$

etwa den linearen Raum $P_2(p,x)$ der Polynome in zwei Variablen vom Grad 2 (vgl. 1.1.5). Nun löse man die lineare semi-infinite Optimierungsaufgabe

$$\text{Minimiere } F(p,\ \varepsilon_1,\varepsilon_2,\delta_1,\delta_2) = \|w\|_\infty (\varepsilon_1+\varepsilon_2) + \delta_1 + \delta_2 \tag{11}$$

unter den Nebenbedingungen

$$-\varepsilon_1 \leq La(p,x) \leq \varepsilon_2, \quad x \in B \cup \Gamma$$
$$-\delta_1 \leq a(p,x) - f(x) \leq \delta_2, \quad x \in \Gamma \tag{12}$$
$$\varepsilon_i \geq 0, \quad \varepsilon_i \geq 0, \quad i = 1,2. \tag{13}$$

(11) ist hierbei so gewählt, daß die maximale Differenz zwischen Fehlerunter- und Fehleroberschranke in (9) minimiert wird.

Für numerische Beispiele vgl.6.1. Wir bemerken, daß auch allgemeinere lineare und nichtlineare elliptische Randwertaufgaben, aber auch parabolische Anfangsrandwertaufgaben mit ähnlichen Verfahren behandelt werden können (vgl.[23],[24],[101]. Weiterhin sind Defektminimierungsmethoden zur Behandlung von Eigenwertproblemen[32],[123] sowie zur Behandlung freier Randwertprobleme herangezogen worden [87].

2. Approximation und Optimierung

In diesem Kapitel wollen wir versuchen, dem Leser eine anschauliche Vorstellung einiger, dem folgenden zugrundeliegenden Ideen und Konzepte zu vermitteln, wie sie neben einer mathematisch strengen Ableitung für ein Umgehen mit den verschiedenen Begriffen und Sätzen notwendig ist. Wir werden dabei wohl die Definitionen und Sätze exakt und vollständig wiedergeben, auf genaue Beweisführungen aber zugunsten heuristisch-geometrischer Argumente verzichten. Dies scheint uns dadurch gerechtfertigt, daß wir uns im folgenden beim Aufbau der Theorie nicht auf Ergebnisse dieses Kapitels berufen sondern eine in sich geschlossene Darstellung geben werden.

In 2.1 betrachten wir zunächst ein recht allgemeines Optimierungsproblem, führen die für die Charakterisierung optimaler Punkte grundlegenden Tangential- und Abstiegskegel ein und formulieren mit deren Hilfe notwendige und für konvexe Probleme auch hinreichende Optimalitätsbedingungen erster Ordnung. Danach wenden wir dieses abstrakte Konzept auf Approximationsprobleme an, indem wir diese als Optimierungsprobleme im Funktionen- bzw. Parameterraum auffassen. Die Anwendung der abstrakten Sätze macht dann die Berechnung der jeweiligen Tangential- und Abstiegskegel notwendig, wofür wir einige Beispiele geben. Es sei dabei bemerkt, daß die Berechnung dieser Kegel in konkreten Fällen das eigentlich schwierige Problem bei der Herleitung brauchbarer Optimalitätskriterien ist, für das die abstrakte Theorie sozusagen einen übersichtlichen und relativ einfachen Rahmen bietet.

Wer an tiefergehenden und ausführlichen Darstellungen obiger Themenkreise interessiert ist, sei etwa auf die Bücher von G i r s a - n o v [37], H o l m e s [59], K r a b s [69], oder L a u r e n t [70] verwiesen, die ihrerseits ausführliche Verweise auf die Spezialliteratur enthalten.

2.1. Ein allgemeines Optimierungsproblem

2.1.A. Problemstellung; Beispiele

Im folgenden sei V ein normierter Vektorraum über dem Körper $\mathbb{R}$ der

reellen Zahlen, $A \subset V$ eine Teilmenge und $\varphi : V \to \mathbf{R}$ eine reellwerti-
ge Abbildung (eine solche nennt man auch ein reelles <u>Funktional</u>).
Unter dem <u>Optimierungsproblem (O)</u> verstehen wir die Aufgabe

(O) Minimiere das Funktional φ über der <u>zulässigen Menge</u> A, d.h.
bestimme ein $\bar{a} \in A$ mit der Eigenschaft

$$\varphi(\bar{a}) \leq \varphi(a) \text{ für jedes } a \in A. \tag{1}$$

Ein solches $\bar{a}$ heißt <u>Lösung von (O)</u>, <u>optimaler Punkt von (O)</u> oder
auch einfach <u>Minimum</u>. Oft fügen wir die Bestimmung "global" hinzu
(<u>globales Minimum</u> etc.) zur Unterscheidung von nur <u>lokalen Minima</u>
(<u>lokalen Lösungen</u>, <u>lokal optimalen Punkten</u>), für die (1) abge-
schwächt ist zu: Es gibt eine Umgebung $U(\bar{a})$ von $\bar{a}$, so daß

$$\varphi(\bar{a}) \leq \varphi(a) \text{ für jedes } a \in A \cap U(\bar{a}). \tag{1'}$$

Schließlich heißt ein globales oder lokales Minimum <u>strikt</u>, wenn
in (1) bzw. (1') Gleichheit nur für $a = \bar{a}$ gilt.

Die beiden folgenden Beispiele illustrieren die Allgemeinheit der
Aufgabenstellung:

1. Für $V = \mathbf{R}^n$ und $A = \{x \mid g_i(x) \leq 0, i = 1,..,m\}$ mit Funktionen
$g_i : \mathbf{R}^n \to \mathbf{R}$ erhält man ein (<u>finites</u>) <u>Optimierungsproblem</u> vom Typ
(FO) (vgl. S.16):

$$\text{Min } \{\varphi(x) \mid g_i(x) \leq 0, i = 1,..,m\}. \tag{2}$$

2. Für $V = C[B]$, B wie üblich kompakt, $\varphi(v) := ||f - v||_\infty$
mit einem festen $f \in C[B]$ erhält man die Aufgabe, die beste <u>Cheby-</u>
<u>shev-Approximation</u> an f in einer Funktionenfamilie $A \subset C[B]$ zu be-
stimmen.

Es ist klar, daß weder lokale noch globale Minima zu existieren
brauchen. Wir werden uns mit der Existenz von Lösungen in diesem
Buch nur am Rande beschäftigen und diese in der Regel stillschwei-
gend voraussetzen.

Hingegen werden wir Optimalitätsbedingungen ausführlich behandeln,
Bedingungen also, die notwendig und/oder hinreichend dafür sind,

daß ein gegebener Punkt $\bar{a} \in A$ lokal optimal ist. Insbesondere die notwendigen Bedingungen sind von numerischem Interesse: Sie bilden einerseits die Grundlage für Verfahren, die von einem gegebenen nicht optimalen Punkt $a \in A$ zu einem $\tilde{a} \in A$ mit kleinerem Zielfunktionswert $\varphi(\tilde{a}) < \varphi(a)$ führen. Zum anderen sind diese Bedingungen oft in Form eines nichtlinearen Gleichungssystems gegeben, das direkt zur Berechnung eines optimalen Punktes herangezogen werden kann.

Die Frage, ob ein so berechneter lokal optimaler Punkt global optimal ist, läßt sich nur in Spezialfällen entscheiden. Wenn nicht ausdrücklich anderes gesagt wird, ist im folgenden stets von lokal optimalen Punkten die Rede.

Definieren wir <u>Niveaumengen</u> $N(\varphi,w)$, $w \in V$, der Funktion φ durch

$$N(\varphi,w) := \{v \in V \mid \varphi(v) < \varphi(w)\}, \tag{3}$$

so ist das notwendige und hinreichende Kriterium des folgenden Satzes sofort ersichtlich.

<u>2.1.1. Satz</u> $\bar{a} \in A$ ist genau dann lokal optimale Lösung von (O), wenn es eine Umgebung $U(\bar{a})$ von $\bar{a}$ gibt, so daß

$$U(\bar{a}) \cap A \cap N(\varphi,\bar{a}) = \emptyset. \tag{4}$$

Fig.2.1a) zeigt ein optimales, b) ein nicht optimales $\bar{a}$ (alle Punkte des schraffierten Bereichs $A \cap N(\varphi,\bar{a})$ sind "besser" als $\bar{a}$)

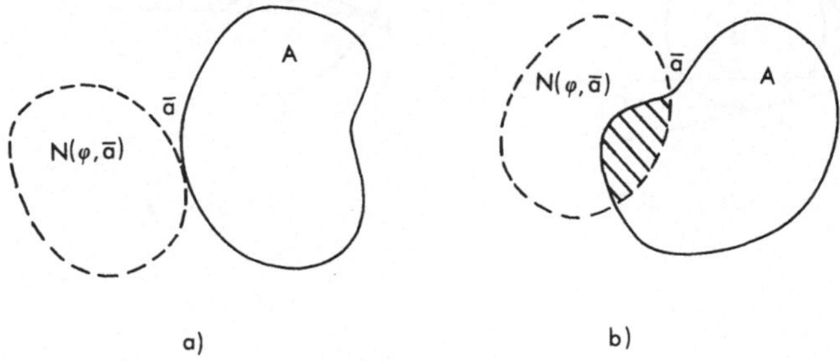

Fig. 2.1

Im allgemeinen sind die Mengen A und $N(\varphi,\bar{a})$ viel zu kompliziert, um (4) überprüfen zu können. Deshalb approximiert man A und $N(\varphi,\bar{a})$

in der Nähe von $\bar{a}$ durch einfachere Mengen, Tangentialkegel, die wir im nächsten Abschnitt einführen werden.

2.1.B. Tangentialkegel, Abstiegskegel

Unser Ziel ist es, eine Menge $B \subset V$ in der Umgebung eines Elements $b \in B$ durch eine einfachere der Form

$$b + K = \{x = b + k \mid k \in K\} \tag{5}$$

zu approximieren, wobei K ein <u>Kegel</u> ist. Dabei verstehen wir unter einem Kegel $K \subset V$ eine Menge, die mit k auch λk enthält für jedes $\lambda > 0$ (also den durch k bestimmten Strahl).

Wir wollen K zunächst so bestimmen, daß - anschaulich gesagt - jedes $k \in K$ eine Richtung angibt, längs der man von b aus ins Innere von B gelangt. Zu einer Richtung $k \in V$ und einer Umgebung U(k) von k bezeichnen wir mit

$$K(U(k)) = \{x \in V \mid x = \lambda y, y \in U(k), \lambda > 0\} \tag{6}$$

den von U(k) aufgespannten offenen Kegel (Fig.2.2). Beachte, daß für $k \neq O$ und hinreichend kleine U(k) $O \notin K(U(k))$.

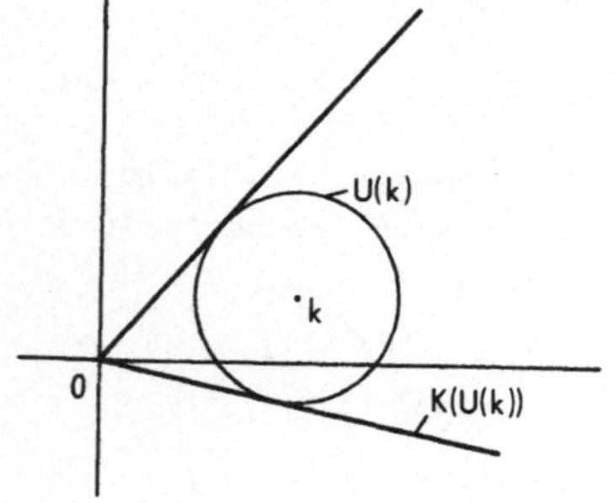

Fig. 2.2

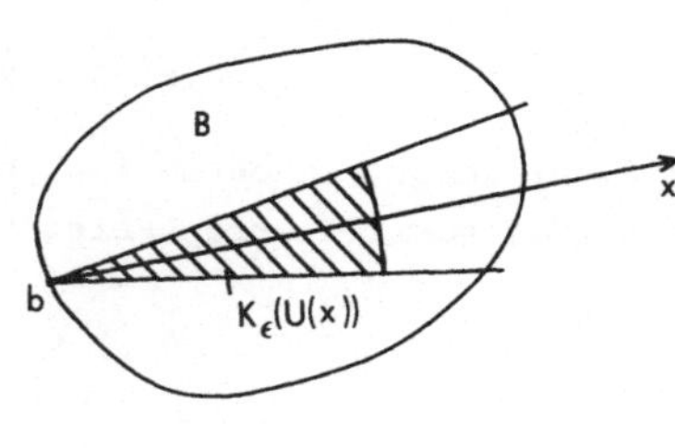

Fig.2.3

Weiterhin bezeichnen wir mit $K_\epsilon(U(k))$ für ein $\epsilon > O$ den Abschnitt

$$K_\epsilon(U(k)) = \{x \in K(U(k)) \mid ||x|| \leq \epsilon\} \tag{7}$$

von K(U(k)).

Hiermit definieren wir den "<u>inneren Tangentialkegel</u>" an die Menge B im Punkt b

$$\Gamma_o(B,b) = \{x \in V \mid \exists \varepsilon > 0, \exists U(x) : b + K_\varepsilon(U(x)) \subset B\}. \qquad (8)$$

Eine Richtung $k \in V$ gehört also zu $\Gamma_o(B,b)$ falls einer der Kegelabschnitte $K_\varepsilon(U(k))$, an b angesetzt, in B liegt (Fig.2.3). Es ist klar, daß Γ_o ein offener Kegel ist.

Sei $\varphi: V \to \mathbb{R}$ ein Funktional und $N(\varphi,b)$ die Niveaumenge zu b. Dann bezeichnen wir den inneren Tangentialkegel $\Gamma_o(N(\varphi,b),b)$ an die Niveaumenge in b als den <u>Abstiegskegel in b</u>. Es gilt offensichtlich

<u>2.1.2.Satz</u> Jedes $h \in \Gamma_o(N(\varphi,b),b)$ ist eine <u>Abstiegsrichtung</u> in dem Sinne, daß es ein $\lambda_h > 0$ gibt, so daß

$$\varphi(b + \lambda h) < \varphi(b) \text{ für alle } 0 < \lambda < \lambda_h. \qquad (9)$$

Richtungen, die die Menge in b wie in Figur 2.4 berühren, gehören nicht mehr zu $\Gamma_o(B,b)$ wie man sofort sieht, obwohl sie, wie in der Figur, durchaus ins Innere der Menge führen können.

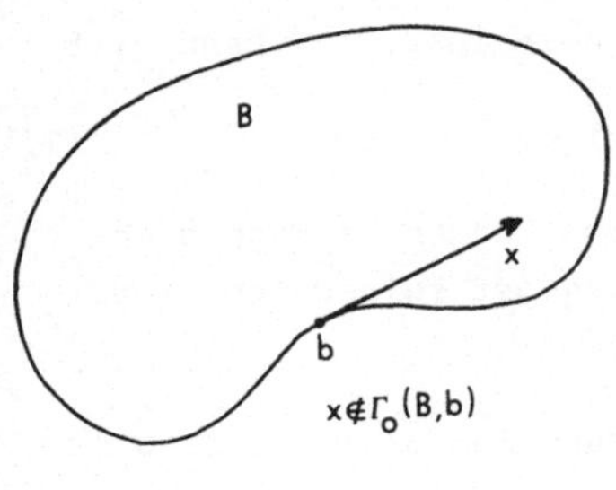

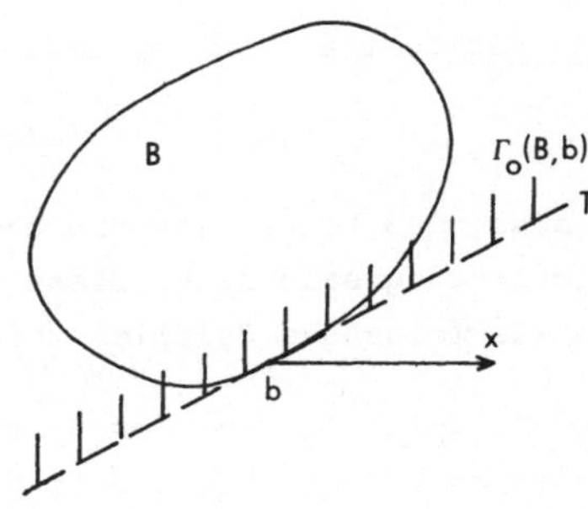

Fig.2.4   Fig. 2.5

Um solche zu erfassen, definieren wir den "<u>äußeren Tangentialkegel</u>"

$$\Gamma(B,b) = \{x \in V \mid \forall U(x) \, \forall \varepsilon > 0 \text{ gilt } \{b + K_\varepsilon(U(x))\} \cap B \neq \emptyset\}. \quad (10)$$

Man beachte, daß durch die Forderung, daß für beliebig kleine Kegelumgebungen $K_\varepsilon(U(x))$ die Menge $b + K_\varepsilon(U(x))$ Punkte von B enthält

ein "Anschmiegen" der Richtungen an B gegeben ist. Z.B. ist x in
Fig. 2.5 offenbar nicht in $\Gamma(B,b)$. $\Gamma(B,b)$ ist hier der oberhalb
der Tangente T liegende abgeschlossene und $\Gamma_o(B,b)$ der entsprechende offene Halbraum. Es ist nicht schwer, nachzuweisen, daß auch
allgemein der äußere Tangentialkegel an eine Menge B im Punkt b
immer ein abgeschlossener Kegel ist.

Weiterhin gilt stets

$$\Gamma(B,b) = \Gamma_o(B,b) = \emptyset \text{ für } b \notin \text{clos } B$$

$$\Gamma(B,b) = \Gamma_o(B,b) = V \text{ für } b \in \text{int } B$$

wenn clos B bzw. int B die abgeschlossene Hülle bzw. das Innere
von B bezeichnen.

2.1.C. Eine notwendige Optimalitätsbedingung

Der folgende Satz, dessen einfachen Beweis wir dem Leser überlassen, besagt anschaulich, wenn auch etwas ungenau formuliert, daß
von einem optimalen Punkt aus keine Abstiegsrichtung in A hinein-
weisen kann.

__2.1.3. Satz__ Sei $\bar{a}$ lokal optimal für (O) wie in 2.1.A. Dann gilt

$$\Gamma(A,\bar{a}) \cap \Gamma_o(N(\varphi,\bar{a}),\bar{a}) = \emptyset. \tag{11}$$

D.h. also, daß keine Richtung des äußeren Tangentialkegels Abstiegsrichtung sein kann. Diese Bedingung ist keineswegs hinreichend, wie folgendes Beispiel zeigt.

__2.1.4. Beispiel__ Zu minimieren sei die Funktion $\varphi(a) = -a_2$ über
dem Bereich A (vgl. Fig.2.6), gegeben durch

$$A = \{a \mid a_2 \leq a_1^2\} \subset \mathbb{R}^2 = V. \tag{12}$$

Ersichtlich gibt es wegen $\lim_{a_1 \to \infty} \varphi\left(\begin{pmatrix} a_1 \\ a_1^2 \end{pmatrix}\right) = \lim_{a_1 \to \infty} -a_1^2 = -\infty$

keine Lösung. Wir betrachten $\bar{a} = \begin{pmatrix} 0 \\ 0 \end{pmatrix}$. Man erhält als äußeren Tangentialkegel die untere abgeschlossene Halbebene $a_2 \leq 0$ und als
Abstiegskegel die offene obere Halbebene $a_2 > 0$. Obwohl also

$\bar{a} = \begin{pmatrix} 0 \\ 0 \end{pmatrix}$ weder global noch lokal optimal ist, gilt somit (11).

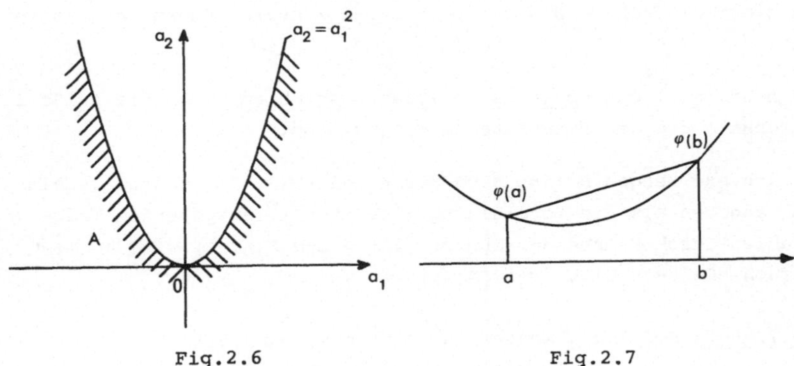

Fig.2.6   Fig.2.7

Punkte, in denen die notwendige Bedingung (11) erfüllt ist, nennt
man **kritisch**. Die Entscheidung, ob sie optimal sind, erfordert das
Heranziehen weiterer Information wie z.B. Ableitungen höherer Ordnung.

2.1.D. Konvexe Probleme

In diesem Abschnitt betrachten wir sog. konvexe Probleme, die u.a.
dadurch ausgezeichnet sind, daß für sie die notwendige Optimalitätsbedingung des letzten Abschnitts auch hinreichend ist.

2.1.5. Definition Eine Teilmenge A des Vektorraums V heißt konvex,
wenn für beliebige a,b $\in$ A und $0 < \lambda < 1$ gilt

$$\lambda a + (1 - \lambda) b \in A. \tag{13}$$

Es wird also gefordert, daß mit zwei Punkten auch die sie verbindende Strecke zu A gehört.

2.1.6. Definition Das Funktional $\varphi : V \rightarrow \mathbb{R}$ heißt konvex, wenn für
beliebige a,b $\in$ V und $0 < \lambda < 1$ gilt

$$\varphi(\lambda a + (1 - \lambda)b) \leq \lambda\varphi(a) + (1 - \lambda)\varphi(b). \tag{14}$$

Dies bedeutet anschaulich, daß der Graph $\{ \begin{pmatrix} a \\ \varphi(a) \end{pmatrix} \mid a \in V \}$
von φ längs der Strecke von a nach b unterhalb der durch die Punk-

te $\begin{pmatrix} a \\ \varphi(a) \end{pmatrix}$, $\begin{pmatrix} b \\ \varphi(b) \end{pmatrix}$ bestimmten Sekante verläuft (Fig. 2.7).

Man sieht einfach, daß die Niveaumengen konvexer Funktionen konvex sind.

Wir nennen (O) ein <u>konvexes Optimierungsproblem</u>, wenn die zulässige Menge A und das Funktional φ konvex sind.

Für konvexe Mengen A läßt sich der Kegel $\Gamma_o(A,x^o)$ besonders einfach angeben als die Vereinigung aller von x^o ausgehenden Halbstrahlen durch Punkte des Inneren int A und $\Gamma(A,x^o)$ wird ähnlich einfach. Genauer gilt (vgl.[70]):

<u>2.1.7. Satz</u> Sei $A \subset V$ konvex, $x^o \in$ clos A. Dann gilt

(i) $\Gamma_o(A,x^o) = \{x \in V \mid x = \lambda(x^1 - x^o) , \lambda > 0, x^1 \in$ int A$\}$ (15)

(ii) $\Gamma(A,x^o) = $ clos $\{x \in V \mid x = \lambda(x^1 - x^o) , \lambda > 0, x^1 \in$ clos A$\}$ (16)

(iii)   Ist int A $\neq \emptyset$, so gilt überdies

$$\Gamma(A,x^o) = \text{clos } \Gamma_o(A,x^o) , \Gamma_o(A,x^o) = \text{int } \Gamma(A,x^o). \qquad (17)$$

Hiermit läßt sich nun sehr einfach der folgende, bereits angekündigte Satz beweisen (vgl.[70]):

<u>2.1.8. Satz</u> Ist (O) ein konvexes Optimierungsproblem, so ist $\bar{a} \in A$ genau dann optimal, wenn

$$\Gamma(A,\bar{a}) \cap \Gamma_o(N(\varphi,\bar{a}),\bar{a}) = \emptyset. \qquad (18)$$

<u>2.1.9. Beispiele</u>

1. In Beispiel 2.1.4 , bei welchem (18) für $\bar{a} = \begin{pmatrix} o \\ o \end{pmatrix}$ erfüllt aber $\bar{a}$ kein optimaler Punkt war, ist zwar die Zielfunktion $\varphi(a) = - a_2$ linear und somit konvex, jedoch ist der Bereich A (Fig.2.6) nicht konvex. Es handelt sich also nicht um ein konvexes Problem.

2. Betrachte nun $\varphi(a) = - a_2$ auf der Menge (Fig.2.8)

$$A = \{a = \begin{pmatrix} a_1 \\ a_2 \end{pmatrix} \mid a_2 \leq - a_1^2\}$$

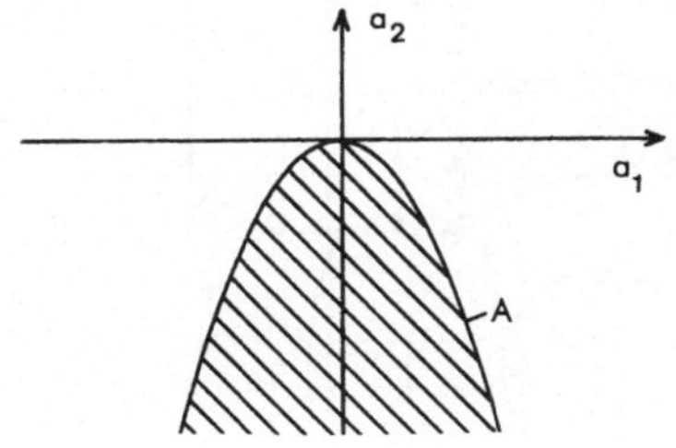

Fig.2.8

Wie man unmittelbar der Skizze entnimmt, ist A konvex. In $\bar{a} = \begin{pmatrix} o \\ o \end{pmatrix}$ sind Γ_o und Γ wie im Beispiel 2.1.4 , d.h. (18) ist erfüllt. Tatsächlich ist $\bar{a}$ hier auch optimal.

2.1.E. Stark eindeutige Lösungen

Wir wollen noch einen Begriff diskutieren, welcher insbesondere in der Approximationstheorie von einiger Bedeutung ist.

2.1.10. Definition $\bar{a} \in A$ heißt (lokal) stark eindeutiges Minimum von (O), wenn es eine Konstante $\gamma > O$ (und eine Umgebung $U(\bar{a})$ von $\bar{a}$) gibt, so daß

$$\varphi(a) - \varphi(\bar{a}) \geq \gamma \mid\mid a - \bar{a} \mid\mid \text{ für } a \in A \ (a \in A \cap U(\bar{a})). \tag{19}$$

Wir wollen die Definition an einem finiten Optimierungsproblem diskutieren.

2.1.11. Beispiel Sei $V = \mathbb{R}^2$, $A = \{(x_1,x_2)^T \mid |x_i| \leq 1, i = 1,2\}$ und $\varphi(x) = (x_1 - x_1^o)^2 + (x_2 - x_2^o)^2$ mit einem festen $x^o = (x_1^o, x_2^o)^T \in \mathbb{R}^2$.

Fig. 2.9.a) zeigt den zulässigen Bereich und einige Niveaulinien von φ für $x^o = (O,-2)^T$ und b) für $x^o = (-2,-2)^T$.

Für $x^o = (O,-2)^T$ ist offensichtlich $\bar{x} = (O,-1)^T$ das eindeutige Minimum. Bewegt man sich längs der Kante $\{(x_1,-1)^T \mid |x_1| \leq 1\}$, so gilt

$$\varphi((x_1,-1)^T) - \varphi(\bar{x}) = x_1^2 \, ,$$

so daß es also kein γ mit (19) gibt, $\bar{x}$ somit nicht stark eindeutig ist.

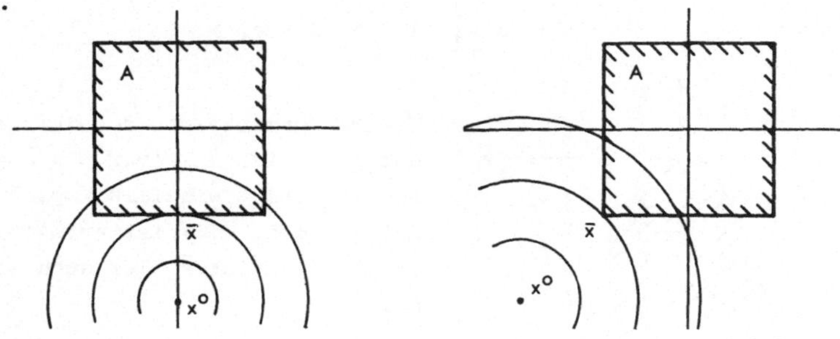

Fig. 2.9

Im Fall $x^O = (-2,-2)^T$ ist $\bar{x} = (-1,-1)^T$ offensichtlich das eindeutige Minimum. Für $x \in A$ erhält man nach elementarer Rechnung

$$\varphi(x) - \varphi(\bar{x}) \geq 2 \ [\,|x_1 - \bar{x}_1| + |x_2 - \bar{x}_2|\,],$$

d.h. unter Verwendung der Vektornorm $||y||_1 = |y_1| + |y_2|$ folgt (19) mit $\gamma = 2$. Hier liegt also starke Eindeutigkeit vor.

Betrachten wir die zugehörigen Kegel $\Gamma(A,\bar{a})$ und $\Gamma(N(\varphi,\bar{a}),\bar{a})$ (Fig. 2.10),

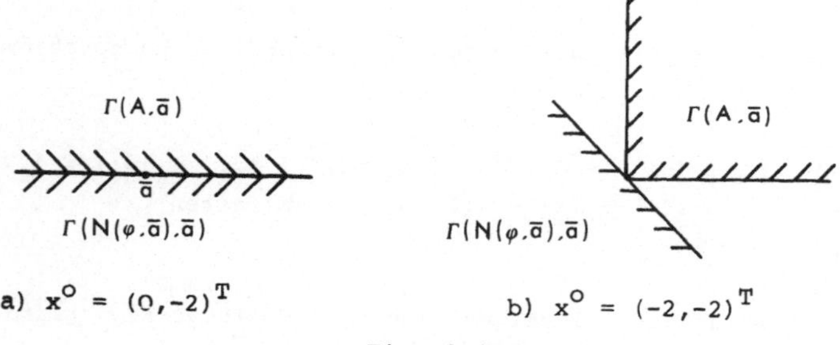

a) $x^O = (0,-2)^T$

b) $x^O = (-2,-2)^T$

Fig. 2.10

so zeigt sich, daß im stark eindeutigen Fall

$$\Gamma(N(\varphi,\bar{a}),\bar{a}) \cap \Gamma(A,\bar{a}) = \{0\}, \tag{20}$$

während im nicht stark eindeutigen Fall diese Kegel eine gemeinsame Kante besitzen, d.h. es gibt dann eine Richtung, die die zulässige Menge und den Abstiegskegel tangiert.

Man kann unter schwachen zusätzlichen Voraussetzungen (die z.B. stets erfüllt sind, wenn A ein linearer Raum endlicher Dimension ist) zeigen, [126], daß (20) notwendig und hinreichend dafür ist, daß $\bar{a}$ lokal stark eindeutig ist (vgl. hierzu auch Satz 3.1.4).

2.2. Approximation als Optimierungsproblem im Funktionenraum

2.2.A. Das konvexe Funktional $\varphi(v) = ||f - v||$.

Es sei $V = C[B]$, $C[B]$ wie üblich der Vektorraum der auf dem Kompaktum $B \subset \mathbb{R}^m$ stetigen, reellwertigen Funktionen, $||\cdot||$ eine Norm auf $C[B]$ und $A \subset V$ eine Teilmenge.

Dann ist das Problem, zu einem gegebenen $f \in C[B]$ eine beste Approximation in A zu finden, offensichtlich dem Problem (O)

$$\text{Min } \{\varphi(a) \mid a \in A\} \tag{1}$$

äquivalent, wenn man setzt

$$\varphi(a) = ||f - a||, \tag{2}$$

2.2.1. Satz Das Funktional $\varphi : C[B] \to \mathbb{R}$, $\varphi(v) = ||f - v||$, ist konvex.

Beweis: Seien v_1, $v_2 \in C[B]$, $0 < \lambda < 1$. Dann gilt

$$\begin{aligned}
\varphi(\lambda v_1 + (1 - \lambda)v_2) &= ||f - \lambda v_1 - (1 - \lambda)v_2|| \\
&= ||\lambda(f - v_1) + (1 - \lambda)(f - v_2)|| \\
&\leq \lambda||f - v_1|| + (1 - \lambda)||f - v_2|| \\
&= \lambda\varphi(v_1) + (1 - \lambda)\varphi(v_2) .
\end{aligned}$$

Man beachte aber, daß (1) nur dann ein konvexes Optimierungsproblem ist, wenn außer φ auch die Menge A konvex ist, was in der Approximationstheorie im wesentlichen nur für die lineare Approximation gilt. In den beiden folgenden Abschnitten wenden wir die Charakterisierung von Satz 2.1.8 auf die lineare T- und L_1- Approximation an.

2.2.B. Lineare T-Approximation: Kriterium von Kolmogoroff

Wir betrachten nun $\varphi(v) = ||f - v||_\infty$ und den Fall, daß $A \subset C[B]$

ein linearer Teilraum endlicher Dimension ist. Das Problem

$$\text{Min } \{\varphi(a) \mid a \in A\}$$

ist dann konvex. Es gilt (vgl. etwa [70]):

2.2.2. <u>Satz</u> Für $\bar{a} \in A$ bezeichne

$$\bar{E} = \{x \in B \mid |\bar{a}(x) - f(x)| = ||\bar{a} - f||_\infty\} \tag{3}$$

die Menge der Fehlerextremalen und $N(\varphi,\bar{a})$ die Niveaumenge in $C[B]$. Dann gilt

$$\Gamma_o(N(\varphi,\bar{a}),\bar{a}) = \{h \in C[B] \mid h(x)\,\text{sign}(\bar{a}(x) - f(x)) < 0 \;\forall x \in \bar{E}\}. \tag{4}$$

Mit 2.1.7 ist dies leicht zu sehen: Danach ist $\Gamma_o(N(\varphi,\bar{a}),\bar{a})$ der von den $h \in C[B]$ aufgespannte Kegel, für die $\bar{a} + h$ in $N(\varphi,\bar{a})$ liegt, d.h. für die $\varphi(\bar{a} + h) < \varphi(\bar{a})$ ist. Nun hat aber $\bar{a} + h$ offensichtlich genau dann eine geringere maximale Abweichung von f als $\bar{a}$, wenn $h(x)$ in den Punkten von $\bar{E}$ entgegengesetztes Vorzeichen wie die Fehlerfunktion $\bar{a}(x) - f(x)$ hat.

Für das in Fig. 2.11 gezeichnete $h(x)$ ist $\bar{a} + \lambda h$ für hinreichend kleine λ bessere Approximation, d.h. $h \in \Gamma_o(N(\varphi,\bar{a}),\bar{a})$. $\bar{E}$ ist hier die Menge der durch ⊗ hervorgehobenen Punkte.

Da für einen endlichdimensionalen Teilraum A natürlich $\Gamma(A,\bar{a}) = A$ gilt für beliebige $\bar{a} \in A$, folgt

2.2.3. <u>Satz (Kriterium von Kolmogoroff)</u> $\bar{a}$ ist genau dann beste T-Approximation an $f \in C[B]$ aus dem endlichdimensionalen Teilraum $A \subset C[B]$, wenn es kein $a \in A$ gibt mit

$$a(x)\,\text{sign}(\bar{a}(x) - f(x)) < 0 \text{ für jedes } x \in \bar{E}. \tag{5}$$

<u>2.2.C. Lineare L_1-Approximation: ein Charakterisierungssatz</u>

Wir betrachten dasselbe Problem wie im vorigen Abschnitt, aber jetzt unter Verwendung der Norm $||\cdot||_1$, d.h. $\varphi(v) = ||f - v||_1$.

Der folgende Satz beschreibt den Abstiegskegel in einem Punkt $\bar{a} \in A$, für den die Nullstellenmenge

$$\bar{Z} = \{x \in B \mid \bar{a}(x) - f(x) = 0\} \tag{6}$$

der Fehlerfunktion endlich ist. Es sei bemerkt, daß Fälle, in denen dies nicht der Fall ist, als Ausartungen angesehen werden können. Für eine allgemeinere Diskussion vgl. [88].

2.2.4. Satz Sei $\bar{a} \in A$ mit $\bar{z}$ endlich. Dann gilt

$$\Gamma_o(N(\varphi,\bar{a}),\bar{a}) = \{h \in C[B] \mid \int_B h(x)\,\mathrm{sign}(\bar{a}(x) - f(x))\,dx < 0\}. \tag{7}$$

Wir wollen versuchen, dies an einem einfachen Fall plausibel zu machen. In Fig. 2.12 gibt der Inhalt der schraffierten Fläche $||\bar{a} - f||_1$ wieder. Um diesen für eine korrigierte Funktion $\bar{a} + \lambda h$ zu verkleinern, wäre z.B. ein h geeignet, welches in allen Punkten zur Fehlerfunktion entgegengesetztes Vorzeichen hat. In diesem Fall ändert sich für hinreichend kleines λ der Funktionswert von φ um $-\int_B |h(x)|\,dx$. Die Situation wird wesentlich unübersichtlicher, wenn die Nullstellen von h und $\bar{a} - f$ nicht mehr übereinstimmen. Als Folgerung erhalten wir:

2.2.5. Satz Sei $A \subset C[B]$ ein endlichdimensionaler Teilraum, $f \in C[B]$ und $\bar{a} \in A$ so, daß $\bar{z}$ nach (6) endlich ist. Dann ist $\bar{a}$ genau dann die beste L_1-Approximation in A an f, wenn für jedes $a \in A$ gilt

$$\int_B a(x)\,\mathrm{sign}\,(\bar{a}(x) - f(x))\,dx = 0. \tag{8}$$

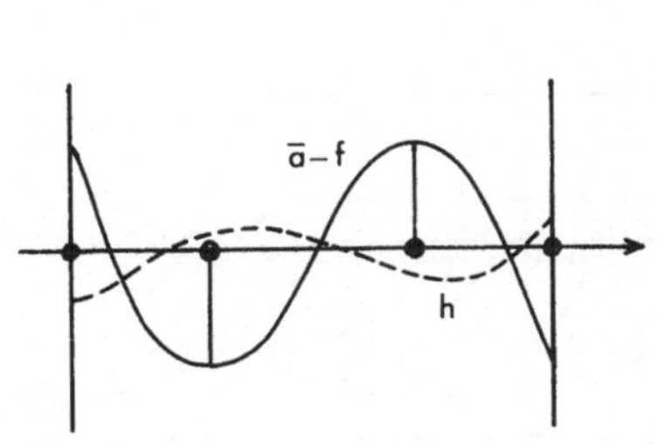

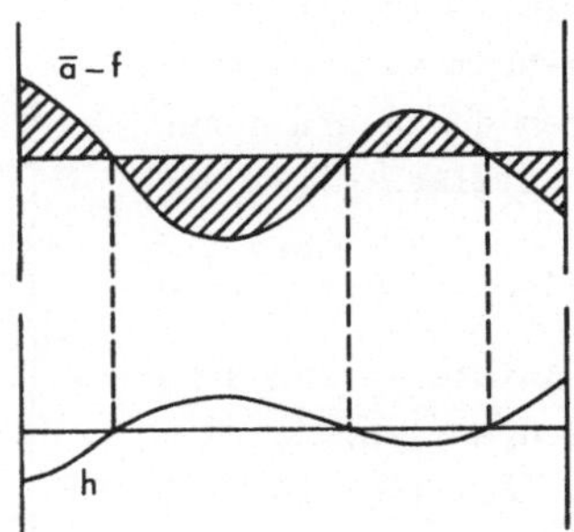

Fig. 2.11   Fig. 2.12

2.3. Approximation als Optimierungsproblem im Parameterraum

Sei nun $A \subset C[B]$ in parametrisierter Form gegeben durch

$$A = \{a(p,\cdot) \mid p \in P\} \tag{1}$$

mit einer Parametermenge $P \subset \mathbb{R}^n$. Dann definieren wir anstelle des Funktionals φ die Funktion $\psi : P \to \mathbb{R}$ durch

$$\psi(p) = ||f - a(p,\cdot)||, \tag{2}$$

wo wieder $f \in C[B]$ die zu approximierende Funktion ist. Das Approximationsproblem ist dann äquivalent zu

(O_p) Minimiere $\psi(p)$ unter der Nebenbedingung $p \in P$.

In dieser Form ist das Problem im Prinzip den bekannten Methoden der Optimierung zugänglich. Empfehlenswert ist dies aber nur, wenn ψ differenzierbar ist, was für die L_1- und Chebyshev-Approximation nicht zutrifft (vgl. das Beispiel unten), wohl aber für die L_2-Approximation, die deshalb üblicherweise im Rahmen der finiten Optimierung behandelt wird (vgl. etwa [4]).

Es ist einfach zu zeigen, daß ψ im Falle der linearen Approximation konvex ist. Daß dies i.a. bei nichtlinearer Approximation nicht mehr gilt, entnimmt man etwa Fig. 2.13, welche Höhenlinien von ψ zeigt für das Problem, die Funktion $f(x) = (1+x)^{-1}$ in $B = [0,1]$ in der Chebyshev-Norm zu approxi-
mieren durch ein a aus
der Familie

$A = \{a(p,x) = p_2 e^{p_1 x}, p \in \mathbb{R}^2\}.$

Die Knicke in den Höhen-
linien zeigen, daß ψ
längs gewisser im Mini-
malpunkt zusammenlau-
fender Kurven nicht
differenzierbar ist.

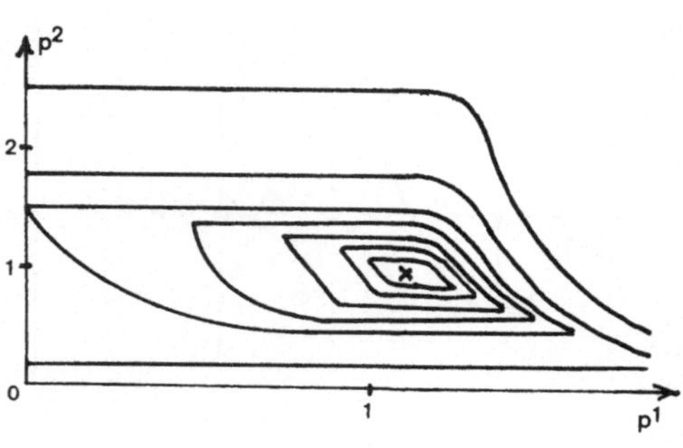

Fig. 2.13

3. Semi-infinite Optimierung : Theorie

Nachdem wir im letzten Kapitel Techniken zur Charakterisierung optimaler Punkte mehr intuitiv geometrisch eingeführt haben, wollen wir nun eine in sich geschlossene, strenge Darstellung der Theorie für semi-infinite Probleme geben, zumindest insoweit sie für praktische Zwecke wichtig ist.

In 3.1 behandeln wir Kriterien erster Ordnung. Wir unterscheiden dabei zwischen primalen Kriterien, die im wesentlichen denen in Kapitel 2 entsprechen, wenn man die Tangential- und Abstiegskegel durch lineare Ungleichungen beschreibt, sowie dualen Kriterien, die das semi-infinite Analogon zur Kuhn-Tucker-Bedingung der finiten Optimierung bilden. Die Beziehung zwischen primalen und dualen Kriterien wird über Alternativsätze zur Lösbarkeit linearer Ungleichungssysteme im $\mathbb{R}^n$ hergestellt, welche auf Ergebnissen von u.a. Farkas und Haar beruhen.

3.2 ist linearen Problemen gewidmet. Die Kriterien aus 3.1 spezialisieren sich zu naheliegenden Verallgemeinerungen der Optimalitätskriterien der finiten linearen Optimierung. Weiter diskutieren wir die Möglichkeit der Lösung semi-infiniter Probleme durch sukzessive feinere Diskretisierung. Zur Dualitätstheorie geben wir nur einen kurzen Abriß. Der gewählte Ansatz hat den Vorteil, daß die gesamte Theorie im $\mathbb{R}^n$ entwickelt werden kann, ähnlich wie in den wegweisenden Arbeiten von C h a r n e s, C o o p e r und K o r t a n e k [17] [18], (vgl. auch [39] und die ausführliche Darstellung in [38]). Alternative Zugänge zur Dualitätstheorie benützen allgemeinere Methoden der Funktionalanalysis (vgl. [69], [59] [70]) oder gehen von dem dualen Problem als allgemeinem Momentenproblem aus (vgl. [64]).

In 3.3 schließlich zeigen wir, wie ein semi-infinites Problem lokal durch ein nichtlineares, finites ersetzt werden kann, dessen Restriktionen allerdings nur implizit definiert sind. Dies erlaubt es, hinreichende Optimalitätsbedingungen zweiter Ordnung für semi-infinite Probleme in einfacher Weise aus denen für finite Probleme herzuleiten. Solche, erstmals von W e t t e r l i n g [122] angegebene Kriterien sind für Konvergenzbeweise der Verfahren in 5.4 von entscheidender Bedeutung.

3.1. Optimalitätskriterien erster Ordnung

3.1.A. Einige Bezeichnungen

Wir haben bereits im ersten Kapitel das allgemeine semi-infinite Optimierungsproblem

$$(SIP) \qquad \text{Min } \{F(z) \mid g(z,x) \leq 0, \ z \in Z_o, \ x \in B\}$$

eingeführt.

Wir setzen im ganzen Abschnitt 3.1 wieder voraus, daß für jedes $z \in Z_o \subset \mathbb{R}^n$ die Gradienten $F_z(z)$ und $g_z(z,x)$ existieren und als Funktion in $z \in Z_o$ resp. in $(z,x) \in Z_o \times B$ stetig sind. Später werden zusätzliche Voraussetzungen über zweite Ableitungen in z und, nach entsprechender Spezifizierung des kompakten Parameterbereichs $B \subset \mathbb{R}^m$, auch über die Differenzierbarkeit von $g(z,x)$ nach $x \in B$ hinzukommen.

Für einen Parameter $\bar{z} \in Z$ aus dem <u>zulässigen Bereich</u>

$$Z = \{z \in Z_o \mid g(z,x) \leq 0 \text{ für alle } x \in B\} \qquad (1)$$

definieren wir die Menge der <u>aktiven Punkte</u> in B

$$\bar{E} := \{x \in B \mid g(\bar{z},\bar{x}) = 0\} \, . \qquad (2)$$

Diese Menge denken wir uns mittels einer nicht notwendig abzählbaren Indexmenge L indiziert

$$\bar{E} = \{\bar{x}^l \mid l \in L\} \, . \qquad (2')$$

Wir wollen in diesem Abschnitt Kriterien erster Ordnung entwickeln, die unter Benutzung der Ableitungen $F_z(\bar{z})$ und $g_z(\bar{z},\bar{x}^l)$, $l \in L$, notwendige und unter Umständen auch hinreichende Bedingungen für die lokale Optimalität eines Parameters $\bar{z} \in Z$ angeben. Bei der Notation von Ableitungen lassen wir oft abkürzend die Argumente $\bar{z},\bar{x}^l$ weg und schreiben F_z, g_z^l etc. anstelle von $F_z(\bar{z})$, $g_z(\bar{z},\bar{x}^l)$ etc. $\{g_z^l \in \mathbb{R}^n \mid l \in L\}$ gibt somit die Menge der Gradienten $g_z(\bar{z},x)$ zu Punkten $x \in B$ an, in denen die Nebenbedingung $g(\bar{z},x) \leq 0$ aktiv wird.

3.1.B. Primale Optimalitätskriterien für das Problem (SIP)

Die Optimalitätsbedingungen dieses Abschnitts können als Speziali-
sierung der Tangentialkegelkriterien aus Kapitel 2 auf das Problem
(SIP) aufgefaßt werden. Wir werden die folgenden Sätze aber ohne
Rückgriff auf Kapitel 2 beweisen.

Sei $\bar{z} \in Z$. Wenn für eine Richtung $\xi \in \mathbb{R}^n$ $\xi^T F_z < 0$ gilt, so ist ξ
eine <u>Abstiegsrichtung</u> für F in $\bar{z}$, d.h. wir können von $\bar{z}$ aus ein
gewisses Stück in Richtung ξ fortschreiten und dabei eine Abnahme
von F erzielen: für hinreichend kleine $\lambda > 0$ gilt

$$F(\bar{z} + \lambda\xi) = F(\bar{z}) + \lambda\xi^T F_z + o(\lambda) < F(\bar{z}). \tag{3}$$

Mit den Definitionen aus 2.1 A,B kann man auch leicht die Identität

$$\{\xi \in \mathbb{R}^n \mid \xi^T F_z < 0\} = \Gamma_0(N(F,\bar{z}),\bar{z}) \tag{3'}$$

verifizieren (vgl. Satz 2.1.2).

Sicherlich ist $\bar{z} \in Z$ nicht lokal optimal, wenn eine Abstiegsrichtung zusätzlich ins Innere von Z weist. Nach dem folgenden Satz
kann letzteres garantiert werden, wenn für alle aktiven Punkte
$\bar{x}^l \in \bar{E}$ die Richtungsableitungen der Funktionen $\varphi^l(z) = g(z,\bar{x}^l), l \in L$
im Punkt $z = \bar{z}$ in Richtung ξ strikt negativ sind:

$$\xi^T g_z^l < 0 \text{ für alle } l \in L. \tag{4}$$

3.1.1. Satz Sei $\bar{z} \in Z$. Löst $\xi \in \mathbb{R}^n$ das strikte Ungleichungssystem

$$\xi^T F_z < 0; \quad \xi^T g_z^l < 0, \ l \in L, \tag{5}$$

so ist ξ eine <u>zulässige Abstiegsrichtung</u> in $\bar{z}$, d.h. für hinreichend kleine $\lambda > 0$ gilt $\bar{z} + \lambda\xi \in Z$ sowie $F(\bar{z} + \lambda\xi) < F(z)$.

Insbesondere ist die <u>Unlösbarkeit des strikten Gleichungssystems</u>
(5) notwendig für die Optimalität von $\bar{z} \in Z$.

<u>Beweis:</u> $\xi \in \mathbb{R}^n$ löse das Ungleichungssystem (5). Nach der vorange-
gangenen Diskussion müssen wir nur noch nachweisen, daß $z(\lambda) = \bar{z} + \lambda\xi$
zulässig ist für hinreichend kleine $\lambda > 0$. Die Menge $\bar{E}$ der aktiven
Punkte zu $\bar{z}$ ist kompakt, da B kompakt und $g(\bar{z},.)$ stetig ist. Daher

und wegen der Stetigkeit von g_z gibt es ein $\varepsilon > 0$ mit

$$\xi^T g_z(z,x) < 0 \tag{6}$$

für alle $z \in Z_0$ mit $||\bar{z} - z|| \leq \varepsilon$ und alle
$x \in \bar{E}_\varepsilon := \{x \in B \mid \exists l \in L : ||\bar{x}^l - x|| < \varepsilon\}$.

Zu $\lambda > 0$ gibt es nach dem Mittelwertsatz ein $\lambda' \in [o,\lambda]$ mit
$g(z(\lambda),x) = g(\bar{z},x) + \lambda \xi^T g_z(z(\lambda'),x)$. Zusammen mit (6) folgt

$$g(z(\lambda),x) < 0 \qquad \text{für } x \in \bar{E}_\varepsilon \text{ und } 0 \leq \lambda < \varepsilon/||\xi||. \tag{7}$$

Andererseits ist $B \backslash \bar{E}_\varepsilon$ kompakt und disjunkt zu $\bar{E}_\varepsilon$, so daß es ein m
gibt mit $g(\bar{z},x) \leq m < 0$ für alle $x \in B \backslash \bar{E}_\varepsilon$. Aus Stetigkeitsgründen
existiert wiederum ein $\varepsilon' > 0$, mit $\varepsilon' \leq \varepsilon$ und

$$g(z,x) < 0 \text{ für alle } x \in B \backslash \bar{E}_\varepsilon \text{ und } ||z - \bar{z}|| < \varepsilon'. \tag{8}$$

(7) und (8) ergeben zusammen $g(z(\lambda),x) < 0$ für $x \in B$ und
$0 \leq \lambda < \varepsilon'/||\xi||$, also die Zulässigkeit $z(\lambda) \in Z$ für $0 \leq \lambda < \varepsilon'/||\xi||$.

$\Diamond$

Wir wollen kurz die Aussage von Satz 3.1.1 mit der allgemeinen
Optimalitätsbedingung aus 2.1.C vergleichen:
Mit einer ähnlichen, nur etwas aufwendigeren Technik als im Beweis
von Satz 3.1.1 kann man die Gleichheit der offenen Kegel

$$\{\xi \mid \xi^T g_z^l < 0 \text{ für } l \in L\} = \Gamma_o(Z,\bar{z}) \tag{9}$$

nachweisen (vgl. auch L a u r e n t([70],S.30 ff).Die Unlösbarkeit des strikten Systems (5) ist daher äquivalent mit der Aussage

$$\Gamma_o(N(F,\bar{z}),\bar{z}) \cap \Gamma_o(Z,\bar{z}) = \emptyset . \tag{10}$$

Dies ist eine schwächere Aussage als die von Satz 2.1.3 , der

$$\Gamma_o(N(F,\bar{z}),\bar{z}) \cap \Gamma(Z,\bar{z}) = \emptyset \tag{10'}$$

als notwendig erweist. Somit stellt sich die Frage, ob auch der
Kegel $\Gamma(Z,\bar{z})$ in ähnlich einfacher Weise wie $\Gamma_o(Z,\bar{z})$ durch lineare
Ungleichungen beschrieben werden kann. Man zeigt leicht, daß gilt

$$\Gamma(Z,\bar{z}) \subset \{\xi \in \mathbb{R}^n \mid \xi^T g_z^l \leq 0, \ l \in L\} . \tag{11}$$

Das Beispiel $Z = \{\binom{z_1}{z_2} \in \mathbb{R}^2 \mid g^1(z) = -z_1^3 + z_2 \leq 0, g^2(z) = -z_1^3 - z_2 \leq 0\}$

(vgl. Fig.3.1), in dem $\Gamma(Z,0)=\{\begin{pmatrix}\xi_1\\0\end{pmatrix} \mid \xi_1 \geq 0\}$ und

$\{\xi \in \mathbb{R}^2 \mid \xi^T g_z^l \leq 0, l \in L\} = \{\begin{pmatrix}\xi_1\\\xi_2\end{pmatrix} \in \mathbb{R}^2 \mid \xi_2 = 0\}$ ist,

zeigt, daß in (11) nicht immer Gleichheit gilt.

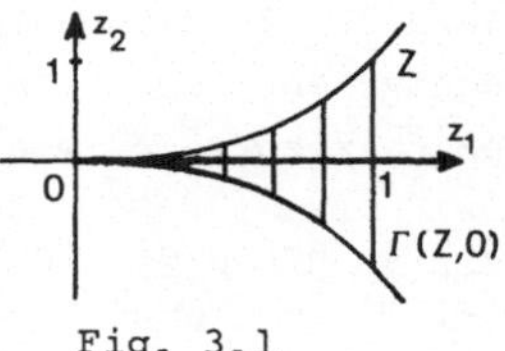

Fig. 3.1

Wir wollen eine Bedingung (eine sog. constraint qualification) angeben, unter der in (11) Gleichheit gilt, so daß für solche Probleme eine (10') entsprechende, notwendige Bedingung für lokale Minima
in Form von Ungleichungssystemen aufgestellt werden kann:
In $\bar{z}$ ist die Bedingung (CQ) erfüllt, wenn gilt

$$\text{(CQ)} \qquad \exists\, \xi \in \mathbb{R}^n \; : \; \xi^T g_z^l < 0 \quad \text{für } l \in L,$$

was nach (9) mit der Forderung $\Gamma_0(Z,\bar{z}) \neq \emptyset$ äquivalent ist. Bemer-
kenswert ist, daß z.B. bei der Chebyshev-Approximation (ohne Nebenbedingungen) die Bedingung (CQ) stets erfüllt ist (vgl. auch
4.1.B). Es gilt nun entsprechend Satz 3.1.1:

3.1.2. Satz $\bar{z} \in Z$ sei lokal optimal für (SIP) und in $\bar{z}$ sei die Bedingung (CQ) erfüllt. Dann besitzt das folgende Ungleichungssystem
keine Lösung

$$\xi^T F_z < 0; \; \xi^T g_z^l \leq 0 \quad , \quad l \in L. \tag{12}$$

Beweis: Sei $\tilde{\xi}$ eine Lösung von (12) und ξ_0 eine durch (CQ) garan-
tierte Lösung von

$$\xi^T g_z^l < 0 \quad \text{für } l \in L. \tag{13}$$

Dann löst $\tilde{\xi} + \lambda\xi_0$ für $\lambda > 0$ ebenfalls (13). Ist $\lambda > 0$ klein genug,
so gilt außerdem auch $(\tilde{\xi} + \lambda\xi_0)^T F_z < 0$, so daß $\tilde{\xi} + \lambda\xi_0$ sogar das
System (5) löst. Nach Satz 3.1.1 widerspricht dies der Optimali-
tät von $\bar{z} \in Z$. ◊

Der Beweis von Satz 3.1.2 zeigt, daß jede Lösung des Systems
$\xi^T g_z^l \leq 0$, $l \in L$, durch Lösungen des strikten Systems (13) approxi-
miert werden kann. Mit (9) gilt also $\{\xi \in \mathbb{R}^n \mid \xi^T g_z^l \leq 0, l \in L\} \subset \text{clos } \Gamma_0(Z,\bar{z})$,
und aus $\Gamma_0(Z,\bar{z}) \subset \Gamma(Z,\bar{z})$ und der Abgeschlossenheit von $\Gamma(Z,\bar{z})$ ergibt sich die Gleichheit der Kegel in (11).

Unter der Bedingung (CQ) ist somit das Optimalitätskriterium aus

Satz 3.1.2 tatsächlich dem allgemeinen Kriterium in Satz 2.1.3
äquivalent. Es hat natürlich den Vorteil, numerisch direkt nachprüfbar zu sein, wie das folgende Beispiel zeigt.

3.1.3. Beispiel Gesucht ist die Gerade, welche auf dem Intervall
$[-1,1]$ von oben durch die Funktion x^2 beschränkt ist und den Ab-
stand in der L^2-Norm zur konstanten Funktion 1 minimiert. Diese
Aufgabe führt auf das semi-infinite Optimierungsproblem

$$\text{Min } F\begin{pmatrix} z_1 \\ z_2 \end{pmatrix} = \int_{-1}^{1} (1 - z_1 x - z_2)^2 dx = \frac{2}{3} z_1^2 + 2(1 - z_2)^2,$$

unter der Nebenbedingung

$$g\left(\begin{pmatrix} z_1 \\ z_2 \end{pmatrix}, x\right) = z_1 x + z_2 - x^2 \leq 0 \quad \text{für } x \in [-1,1].$$

Hierbei ist der zulässige Bereich Z gegeben durch

$$Z = \left\{ \begin{pmatrix} z_1 \\ z_2 \end{pmatrix} \in \mathbb{R}^2 \mid z_2 \leq -\frac{z_1^2}{4} \text{ für } z_1 \in [-2,2], z_2 \leq \begin{cases} 1 - z_1 & \text{für } z_1 \geq 2 \\ 1 + z_1 & \text{für } z_1 \leq -2 \end{cases} \right\}$$

und der Parameter $\bar{z} = \begin{pmatrix} 0 \\ 0 \end{pmatrix}$ ist offensichtlich optimal.

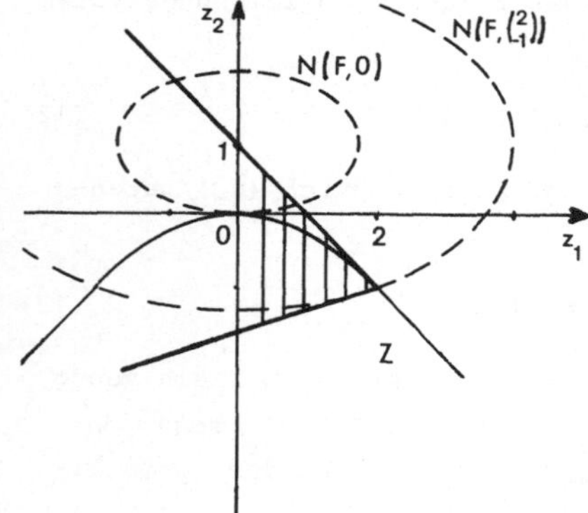

Wir prüfen die Unlösbarkeit des
Systems (12) nach.
Zu $\bar{z} = \begin{pmatrix} 0 \\ 0 \end{pmatrix}$ ist $\bar{E} = \{0\}$,

$g_z(\bar{z},0) = \begin{pmatrix} 0 \\ 1 \end{pmatrix}$ sowie $F_z(\bar{z}) = \begin{pmatrix} 0 \\ -4 \end{pmatrix}$

und es gibt kein $\xi \in \mathbb{R}^2$ mit

$$\xi^T \begin{pmatrix} 0 \\ 1 \end{pmatrix} \leq 0, \quad \xi^T \begin{pmatrix} 0 \\ -4 \end{pmatrix} < 0.$$

Hingegen ist $\bar{z} = \begin{pmatrix} 2 \\ -1 \end{pmatrix}$ nicht optimal.

Das entsprechende Ungleichungssystem lautet jetzt

$$\xi^T \begin{pmatrix} 1 \\ 1 \end{pmatrix} \leq 0, \quad \xi^T \begin{pmatrix} 8/3 \\ -8 \end{pmatrix} < 0$$

Fig. 3.2

und hierfür ist die zulässige Abstiegsrichtung $\xi = \begin{pmatrix} -2 \\ 1 \end{pmatrix}$ eine Lösung.
In diesem Beispiel ist die Bedingung (CQ) in jedem Punkt $\bar{z} \in Z$ er-
füllt.
Wir wollen jetzt noch die Frage untersuchen, wann Kriterien erster

Ordnung der obigen Art auch hinreichend für die Optimalität eines Punktes $\bar{z} \in Z$ werden können. Dies gelingt gerade, wenn $\bar{z}$ <u>lokal stark eindeutig</u> im Sinn von Def. 2.1.10 ist.

<u>3.1.4. Satz</u> In $\bar{z} \in Z$ sei die Bedingung (CQ) erfüllt. Dann ist $\bar{z}$ ein lokal stark eindeutiges Minimum für (SIP) genau dann, wenn das folgende nicht strikte Ungleichungssystem nur die triviale Lösung $\xi = 0$ besitzt

$$\xi^T F_z \leq 0; \quad \xi^T g_z^1 \leq 0, \quad 1 \in L. \tag{14}$$

In diesem Fall besteht die Menge $\bar{E}$ der aktiven Punkte in $\bar{z}$ aus mindestens n Elementen.

<u>Beweis:</u> Wir nehmen zunächst an, das System (14) habe eine nicht triviale Lösung und zeigen, daß $\bar{z}$ dann nicht lokal stark eindeutig ist. Mit Hilfe der Bedingung (CQ) folgt wie im Beweis von Satz 3.1.2 , daß für jedes $\varepsilon > 0$ das System

$$\xi^T F_z < \varepsilon; \quad \xi^T g_z^1 < 0, \quad 1 \in L,$$

eine Lösung $\xi(\varepsilon)$ mit o.B.d.A. $||\xi(\varepsilon)|| = 1$ besitzt. Nach dem Beweis von Satz 3.1.1 ist dann $z_\varepsilon(\lambda) = \bar{z} + \lambda\xi(\varepsilon) \in Z$ zulässig für $\lambda \in [0, \lambda(\varepsilon)]$, wobei $\lambda(\varepsilon) > 0$ weiterhin so klein gewählt sei, daß zusätzlich für $\lambda \in [0, \lambda(\varepsilon)]$

$$F(z_\varepsilon(\lambda)) = F(\bar{z}) + \lambda\xi(\varepsilon)^T F_z + o(\lambda) \leq F(\bar{z}) + 2\varepsilon\lambda = F(\bar{z}) + 2\varepsilon||z_\varepsilon(\lambda) - \bar{z}|| \tag{15}$$

erfüllt wird. Da (15) für jedes $\varepsilon > 0$ und alle $\lambda \in [0, \lambda(\varepsilon)]$ gültig ist, widerspricht dies der lokal starken Eindeutigkeit von $\bar{z}$.

Sei umgekehrt $\bar{z}$ nicht lokal stark eindeutig. Dann gibt es eine gegen $\bar{z}$ konvergierende Folge $z_i \in Z$ (die wir schreiben können als $z_i = \bar{z} + \lambda_i \xi_i$, $||\xi_i|| = 1$, $\lambda_i > 0$), so daß $F(z_i) - F(\bar{z}) \leq o(\lambda_i)$. O.B.d.A. können auch die ξ_i als konvergent gegen ein $\xi_0 \in \mathbb{R}^n$, $||\xi_0|| = 1$, angenommen werden.
Es gilt dann $0 \geq g(z_i, \bar{x}^1) - g(\bar{z}, \bar{x}^1) = \lambda_i \xi_i^T g_z^1 + o(\lambda_i)$ für $1 \in L$, und $\lambda_i \xi_i^T F_z = o(\lambda_i) + F(z_i) - F(\bar{z}) \leq o(\lambda_i)$, also $\lim \xi_i^T g_z^1 \leq 0$ und

$\lim \xi_i^T F_z \leq 0$. Daher ist $\xi_o \neq 0$ eine Lösung des Systems (14).

Sei schließlich $\bar{z}$ lokal stark eindeutig und $|\bar{E}| < n$. Dann existiert eine Lösung $\xi \neq 0$ des Gleichungssystems $\xi^T g_z^1 = 0$, $1 \in L$, und entweder $+\xi$ oder $-\xi$ löst (14) im Widerspruch zum zuvor Gezeigten. Also gilt $|\bar{E}| \geq n$. $\diamond$

Mit Satz 3.1.4 sind also lokal stark eindeutige Minima vollständig charakterisiert durch die Unlösbarkeit eines Ungleichungssystems, das nur von Informationen erster Ordnung der Zielfunktion und der Nebenbedingungen Gebrauch macht. Auf Grund der notwendigen Bedingung $|\bar{E}| \geq n$ ist jedoch das Auftreten eines lokal stark eindeutigen Minimums bei allgemeinen Problemen (SIP) eher eine Ausnahme.

<u>3.1.5. Beispiel</u> Betrachte das Optimierungsproblem

$$\text{Min } \{F(z) \mid \sum_{i=1}^{n} z_i x^{n-i} \leq x^n \text{ für } x \in [-1,1]\}, \ n > 1$$

für eine beliebige differenzierbare Zielfunktion F. Dann ist <u>kein</u> lokales Minimum $\bar{z} \in Z$ <u>lokal stark eindeutig</u>, da wir eine Abschätzung $|\bar{E}| < n$ für $n \in \mathbb{N}$, $n > 1$ zeigen können.

Das Polynom $P(x) = x^n - \sum_{i=1}^{n} z_i x^{n-i}$ kann (Vielfachheiten mitgezählt) höchstens n reelle Nullstellen besitzen. Da für jeden inneren aktiven Punkt $\bar{x}^1 \in (-1,1)$ $P(\bar{x}^1) = 0$ sowie $P'(\bar{x}^1) = 0$ gilt, überlegt man sich leicht die Abschätzung $|\bar{E}| \leq n/2$ für $n \in \mathbb{N}$ gerade resp. $|\bar{E}| \leq (n + 1)/2$ für $n \in \mathbb{N}$ ungerade.

Es gibt umgekehrt spezielle semi-infinite Optimierungsprobleme, vor allem solche, die durch Chebyshev-Approximationsprobleme mit speziellen Funktionenfamilien definiert sind, bei denen a priori immer die lokal starke Eindeutigkeit einer Lösung garantiert ist (vgl.4.3.D).
Damit für ein lokales Minimum $\bar{z} \in Z$ von (SIP) zugleich dessen lokal starke Eindeutigkeit nachgewiesen werden kann, genügt es offensichtlich, Bedingungen anzugeben, unter denen die Unlösbarkeit des strikten Systems (5) die nur triviale Lösbarkeit des nicht strik-

ten Systems (14) impliziert.

Diesem Zweck dient die folgende Definition:

3.1.6. Definition Das Problem (SIP) erfüllt im Punkt $\bar{z} \in Z$ die lokale Haarsche Bedingung, wenn für je (n-1) paarweise verschiedene Punkte $x^i \in B$, $1 \le i \le n-1$, gilt

$$F_z(\bar{z}), \ g_z(\bar{z},x^i), \ 1 \le i \le n - 1 \text{ sind linear unabhängig.} \tag{16}$$

3.1.7. Satz Das Problem (SIP) erfülle in $\bar{z} \in Z$ die Bedingung (CQ) und die lokale Haarsche Bedingung.

Dann sind die beiden folgenden Aussagen äquivalent:

(i)   das strikte Ungleichungssystem (5)

$$\xi^T F_z < 0; \ \xi^T g_z^l < 0, l \in L \text{ ist unlösbar}$$

(ii)   das nicht strikte Ungleichungssystem (14)

$$\xi^T F_z \le 0; \ \xi^T g_z^l \le 0, l \in L, \text{ besitzt nur die triviale}$$

Lösung $\xi = 0$.

Insbesondere ist $\bar{z} \in Z$ lokales Minimum genau dann, wenn es ein lokal stark eindeutiges Minimum ist.

Beweis: Offensichtlich impliziert die Bedingung (ii) die Bedingung (i).

Ist umgekehrt $\xi_0 \ne 0$ eine Lösung von (14), so müssen wir zeigen, daß auch (5) eine Lösung besitzt.

Gilt $\xi_0^T F_z < 0$, so bedeutet dies gerade, daß ξ_0 das System (12) löst. Der Beweis von Satz 3.1.2 zeigt, daß dann unter der Bedingung (CQ) auch das System (5) eine Lösung besitzt. Es bleibt der Fall $\xi_0^T F_z = 0$ zu untersuchen. Es kann dann in höchstens $r < n-1$ Punkten $\bar{x}^i \in \bar{E}$, $1 \le i \le r$, $\xi_0^T g_z(\bar{z},\bar{x}^i) = 0$ gelten, da wegen (16) andernfalls $\xi_0 = 0$ wäre. Voraussetzung (16) impliziert weiter, daß die Vektoren $F_z(\bar{z})$, $g_z(\bar{z},\bar{x}^i)$, $1 \le i \le r$, linear unabhängig sind. Insbesondere gibt es ein $\xi_1 \in \mathbb{R}^n$ mit

$$\xi_1^T F_z = -1, \ \xi_1^T g_z(\bar{z},\bar{x}^i) = -1, \ 1 \le i \le r$$

Aus Stetigkeitsgründen gibt es dann eine in $\bar{E}$ offene Menge $U \subset \bar{E}$ mit

$\{\bar{x}^1,\ldots,\bar{x}^r\} \subset U$ und $\xi_1^T g_z(\bar{z},\bar{x}) < 0$ für $\bar{x} \in U$. $\bar{E}\backslash U$ ist kompakt, somit existieren

$$m = \max_{\bar{x}\in\bar{E}\backslash U} \xi_1^T g_z(\bar{z},\bar{x}) \quad \text{und} \quad M = \max_{\bar{x}\in\bar{E}\backslash U} \xi_0^T g_z(\bar{z},\bar{x})$$

und es ist $M < 0$. Setze

$$0 < \lambda < \begin{cases} 1 & \text{falls } m \leq 0 \\[2ex] -\dfrac{M}{2\,m} & \text{falls } m > 0 \ . \end{cases}$$

Dann prüft man sofort nach, daß $\xi_0 + \lambda\xi_1$ das System (5) löst. Die zweite Aussage von Satz 3.1.7 ergibt sich aus der Äquivalenz von (i) und (ii) zusammen mit den Sätzen 3.1.1 und 3.1.4. $\Diamond$

Auf Anwendungen und Beispiele zu Satz 3.1.7 werden wir bei der Behandlung der Chebyshev-Approximation ausführlich zurückkommen (vgl. 4.3.D).

3.1.C. Der Satz von C a r a t h é o d o r y und das Lemma von F a r k a s

Wir haben in Satz 3.1.2 als notwendiges Optimalitätskriterium die Unlösbarkeit eines Ungleichungssystems (12) hergeleitet, welches von der folgenden Struktur ist

$$\xi^T c < 0; \quad \xi^T s \leq 0 \quad \text{für alle } s \in S \subset \mathbb{R}^n, \ S \text{ kompakt.} \tag{17}$$

Wir wollen in diesem Abschnitt u.a. die Menge aller Vektoren $c \in \mathbb{R}^n$, für die (17) unlösbar ist, genauer charakterisieren. Hierzu benötigen wir einige neue Begriffe.

3.1.8. Definition Sei $S \subset \mathbb{R}^n$ eine beliebige Menge, dann heißt

$$C(S) := \{x \in \mathbb{R}^n \mid x = \sum_{i=1}^{r} u_i s_i, s_i \in S, u_i \geq 0, \ r < \infty, \ \sum_{i=1}^{r} u_i = 1\}$$

die konvexe Hülle von S,

$$K(S) := \{x \in \mathbb{R}^n \mid x = \sum_{i=1}^{r} u_i s_i, s_i \in S, u_i \geq 0, r < \infty\}$$

die konvexe Kegelhülle von S oder auch der von S erzeugte konvexe Kegel und

$$K^*(S) := \{\xi \in \mathbb{R}^n \mid \xi^T s \leq 0 \text{ für alle } s \in S\}$$

der Dualkegel von S. Schließlich benötigen wir den von S aufgespannten linearen Raum

$$L(S) := \{x \in \mathbb{R}^n \mid x = \sum_{i=1}^{r} u_i s_i, s_i \in S, u_i \in \mathbb{R}, r < \infty\},$$

dessen Dimenssion wir mit dim L(S) bezeichnen.

3.1.9. Bemerkung Es gilt $C(S) \subset K(S) \subset L(S)$, und C(S), K(S), L(S) sind jeweils die kleinste konvexe Menge, der kleinste konvexe Kegel resp. der kleinste lineare Unterraum in $\mathbb{R}^n$, der S enthält. Außerdem ist offensichtlich das orthogonale Komplement von L(S) in $\mathbb{R}^n$, also der Unterraum $L(S)^\perp := \{\xi \in \mathbb{R}^n \mid \xi^T y = 0 \text{ für } y \in L(S)\}$, im Dualkegel $K^*(S)$ enthalten. Ferner sieht man leicht, daß

$$K^*(S) = K^*(K(S)).$$

Fig. 3.3 illustriert die Verhältnisse an zwei einfachen Mengen S.

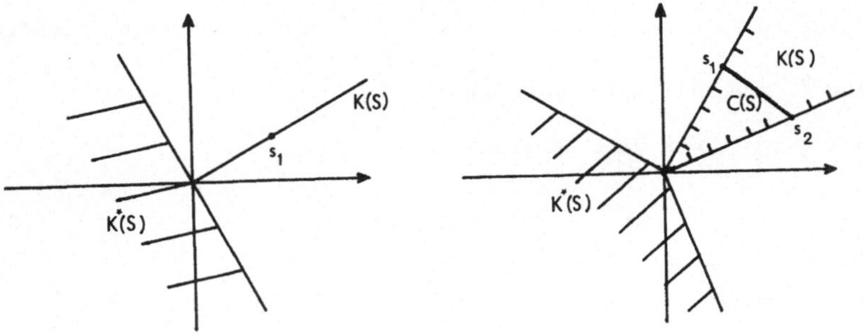

Fig. 3.3a, S = {s$_1$}   'Fig. 3.3b, S = {s$_1$,s$_2$}

In der Definition des Kegels K(S) war zunächst die Zahl r der

Summanden in der Darstellung $x = \sum\limits_{i=1}^{r} u_i s_i$ beliebig groß. Der folgende Satz zeigt, daß man o.B.d.A. $r \leq \dim L(S)$ verlangen kann.

3.1.10. Satz von Carathéodory

a) Zu jedem $x \in K(S)$ gibt es $r \leq \dim L(S)$ linear unabhängige $s_i \in S$ und $u_i > 0$, so daß

$$x = \sum_{i=1}^{r} u_i s_i . \qquad (18)$$

b) Zu jedem $x \in C(S)$ gibt es $r' \leq \dim L(S) + 1$ linear unabhängige $s_i \in S$ und $u_i > 0$, $\sum\limits_{i=1}^{r} u_i = 1$, so daß

$$x = \sum_{i=1}^{r} u_i s_i . \qquad (19)$$

<u>Beweis:</u> a) In einer Darstellung $x = \sum\limits_{i=1}^{r} u_i s_i$ von $x \in K(S)$ sei $r > \dim L(S)$. Dann müssen die s_i linear abhängig sein. Es genügt daher, zu zeigen: Sind die $s_i \in S$, $1 \leq i \leq r$, linear abhängig, d.h. gilt

$\sum\limits_{i=1}^{r} \lambda_i s_i = 0$ mit nicht sämtlich verschwindenden $\lambda_i \in \mathbb{R}$, so gibt es auch eine kürzere Darstellung $x = \sum\limits_{i=1}^{r-1} \tilde{u}_i \tilde{s}_i$ mit positiven Koeffizienten $\tilde{u}_i$ und mit Vektoren $\tilde{s}_i$ aus S.

Für beliebige $t \in \mathbb{R}$ gilt zunächst

$$x = \sum_{i=1}^{r} (u_i + t\lambda_i) s_i . \qquad (20)$$

Sei j ein Index $1 \leq j \leq r$ mit $\lambda_j \neq 0$ und $u_j / |\lambda_j| \leq u_i / |\lambda_i|$ für alle $1 \leq i \leq r$ mit $\lambda_i \neq 0$. O.b.d.A. nehmen wir $j = r$ an. Für die Wahl $t = - u_r / \lambda_r$ verschwindet in (20) gerade der r-te Summand. Für die Linearfaktoren der übrigen Summanden gilt

$\tilde{u}_i = u_i - \dfrac{u_r}{\lambda_r} \lambda_i \geq u_i - \left|\dfrac{u_r}{\lambda_r}\right| |\lambda_i| \geq u_i - u_i = 0$. Also ist $\sum\limits_{i=1}^{r-1} \tilde{u}_i s_i$

eine verkürzte Darstellung von x mit Koeffizienten $\tilde{u}_i \geq 0$.

b) Den Beweis überlassen wir als Übung. Man betrachtet

$S = \{\begin{pmatrix} s \\ 1 \end{pmatrix} \in \mathbb{R}^{n+1} \mid s \in S\}$ und wendet Teil a) an. $\Diamond$

Wir kehren jetzt zurück zur Diskussion des Ungleichungssystems (17). Dessen Unlösbarkeit für ein gegebenes $c \in \mathbb{R}^n$ können wir mit Hilfe des Dualkegels $K^*(S)$ auch wie folgt ausdrücken

$$\text{für jedes } \xi \in K^*(S) \text{ gilt } x^T \xi \leq 0, \tag{21}$$

wenn $x = - c$ gesetzt wird. Man rechnet sofort nach, daß jedes $x \in K(S)$ die Bedingung (21) erfüllt. Falls $K(S)$ abgeschlossen ist, so gehört umgekehrt jedes $x \in \mathbb{R}^n$, das (21) erfüllt, schon zu $K(S)$. Dies ist der wesentliche Inhalt des folgenden Satzes.

3.1.11. Satz (Lemma von F a r k a s für unendliche Systeme) Sei $S \subset \mathbb{R}^n$ so, daß $K(S)$ abgeschlossen ist

a) Für jedes $x \in \mathbb{R}^n$ gilt genau eine der beiden folgenden Aussagen

(i)   es ist $x \in K(S)$, d.h. (mit dem Satz C a r a t h é o d o r y) es gibt $r \leq \dim L(S)$ linear unabhängige $s_i \in S$ und

$$u_i > 0 \text{ so, daß } x = \sum_{i=1}^{r} u_i s_i$$

(ii) das folgende System linearer Ungleichungen

$$\xi^T x > 0; \ \xi^T s \leq 0 \text{ für } s \in S, \tag{22}$$

besitzt eine Lösung $\xi \in \mathbb{R}^n$.

b) Für jedes $x \in \mathbb{R}^n$ gilt genau eine der beiden folgenden Aussagen

(iii) $x \in \text{int } K(S)$, d.h. x ist innerer Punkt von $K(S)$

(iv)   das folgende System linearer Ungleichungen

$$\xi^T x \geq 0; \ \xi^T s \leq 0 \text{ für } s \in S \tag{23}$$

besitzt eine Lösung $\xi \neq 0$.

Beweis: a) Die Unlösbarkeit von (22) für ein $x \in K(S)$ ist eine direkte Konsequenz der Definition von $K(S)$.

Ist umgekehrt $x \notin K(S)$, so ist eine Lösung $\xi \in \mathbb{R}^n$ von (22) zu konstruieren. (vgl. Fig. 3.4). Wir setzen $\xi = x - x_o$, wobei $x_o \in K(S)$ der Punkt aus $K(S)$ ist, der den euklidischen Abstand $||x - x_o||_2$ zu x minimiert. (Da $K(S)$ nach Voraussetzung abgeschlossen ist, und die Normkugeln $B(x,r) = \{y \in \mathbb{R}^n \mid ||x - y||_2 \leq r\}$ kompakt sind, existiert ein solches x_o. Wegen $x \notin K(S)$ gilt dabei $||x -x_o||_2 > 0$). Nach Konstruktion von x_o gilt nun für jedes $\tilde{x} \in K(S)$ und $0 \leq \lambda \leq 1$ unter Beachtung von $x_o + \lambda(\tilde{x} - x_o) \in K(S)$

$$||x-x_o||_2^2 \leq ||x-x_o - \lambda(\tilde{x}-x_o)||_2^2 = ||x-x_o||_2^2 - 2\lambda \, (x-x_o)^T(\tilde{x}-x_o) + \lambda^2||\tilde{x}-x_o||_2^2 \, ,$$

also $2(x - x_o)^T(\tilde{x} - x_o) \leq \lambda \, ||\tilde{x} - x_o||_2^2$ für alle $0 < \lambda \leq 1$ und damit

$$(x - x_o)^T\tilde{x} \leq (x - x_o)^Tx_o \, . \tag{24}$$

Speziell folgt aus (24) für $\tilde{x} = 2x_o \in K(S)$, $(x - x_o)^Tx_o \leq 0$ und für $\tilde{x} = \frac{1}{2} x_o$, $(x - x_o)^Tx_o \geq 0$, also

$$(x - x_o)^Tx_o = 0 \, . \tag{25}$$

(24) und (25) zusammen ergeben für $\tilde{x} = s \in S$

$$(x - x_o)^Ts \leq 0 \tag{26}$$

und schließlich gilt mit (25)

$$(x - x_o)^Tx = (x - x_o)^T(x - x_o) = ||x - x_o||_2^2 > 0 \, . \tag{27}$$

Mithin ist $\xi = (x - x_o)$ die gesuchte Lösung von (22).

Fig. 3.4 soll die Konstruktion von ξ veranschaulichen: Die Lösbarkeit von (22) besagt, daß es eine Hyperebene $H(\xi) = \{y \in \mathbb{R}^n \mid \xi^Ty = 0\}$ gibt, so daß S (und damit $K(S)$) und x auf verschiedenen Seiten von H liegen. Wir haben $\xi \in \mathbb{R}^n$ speziell aus einer Summenzerlegung von $x = x_o + \xi$ in orthogonale

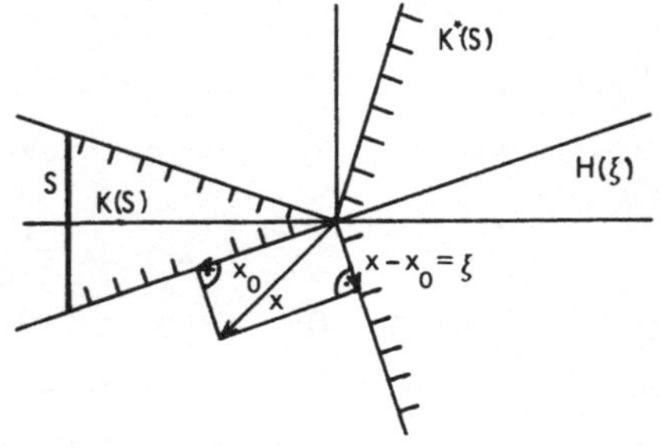

Fig. 3.4

Summanden $x_o \in K(S)$, $\xi \in K^*(S)$ mit $x_o \perp \xi$ gewonnen.

b) Nach Teil a) ist für einen inneren Punkt $x \in \text{int } K(S)$ auf jeden Fall (22) unlösbar. Aber auch die Existenz eines $\xi \in \mathbb{R}^n \setminus \{0\}$ mit $\xi^T x = 0$ und $\xi^T s \leq 0$ für $s \in S$ führt zum Widerspruch. Denn für hinreichend kleine $\lambda > 0$ wäre dann $x + \lambda\xi \in K(S)$ und wegen $K^*(S) = K^*(K(S))$ $\xi^T(x + \lambda\xi) \leq 0$ im Widerspruch zu $\xi^T(x + \lambda\xi) = \lambda\xi^T\xi > 0$. Also ist (23) nur trivial lösbar für $x \in \text{int } K(S)$. Sei umgekehrt $x \notin \text{int } K(S)$. Gilt $x \in K(S)$, so ist (22) und damit (23) lösbar durch ein $\xi \neq 0$. Im Fall $x \in K(S) \setminus \text{int } K(S)$ gibt es eine Folge $x_i \notin K(S)$ mit $\lim x_i = x$ und nach Teil a) Vektoren ξ_i mit o.B.d.A. $||\xi_i|| = 1$ und $\xi_i^T x_i > 0$ sowie $\xi_i^T s \leq 0$ für alle $s \in S$ und $i \in \mathbb{N}$. Für den Limes $\xi \neq 0$ einer konvergenten Teilfolge der ξ_i gilt dann $\xi^T x \geq 0$ sowie $\xi^T s \leq 0$ für alle $s \in S$, d.h. ξ ist eine nichttriviale Lösung von (23). ◊

Ist $K(S)$ nicht abgeschlossen, so bleibt im Lemma von F a r k a s die Aussage von Teil a) richtig, wenn wir in (i) $K(S)$ durch clos $K(S)$ ersetzen. Allerdings sind in diesem Fall die Elemente $x \in \text{clos } K(S)$ i.a. nicht mehr endlich darstellbar in der Form
$$x = \sum_{i=1}^{r} u_i s_i, \quad s_i \in S, \quad u_i \geq 0.$$
Äquivalent können wir die Aussage von Teil a) ($K(S)$ nicht notwendig abgeschlossen) auch formulieren als

$$\text{clos } K(S) = K^*(K^*(S)) \tag{28}$$

Teil b) des Lemmas von F a r k a s bleibt unverändert gültig, wenn $K(S)$ nicht abgeschlossen ist, da man allgemein die Identität int $K(S) = \text{int }(\text{clos } K(S))$ zeigen kann.

Um das Lemma von F a r k a s anwenden zu können, müssen wir noch klären, wie die Voraussetzung der Abgeschlossenheit von $K(S)$ erfüllt werden kann. Selbst wenn S kompakt ist, braucht dies keineswegs immer der Fall zu sein.

Zum Beispiel ist der von $S = \left\{ \begin{pmatrix} x_1 \\ x_2 \end{pmatrix} \in \mathbb{R}^2 \mid (x_2-1)^2 + x_1^2 = 1 \right\}$

erzeugte konvexe Kegel $K(S) = \left\{ \begin{pmatrix} x_1 \\ x_2 \end{pmatrix} \in \mathbb{R}^2 \mid x_2 > 0 \right\} \cup \{0\}$ offenbar nicht abgeschlossen (vgl.Fig.3.5).

Zwei einfache Kriterien für die Abgeschlossenheit liefert das folgende
Lemma.

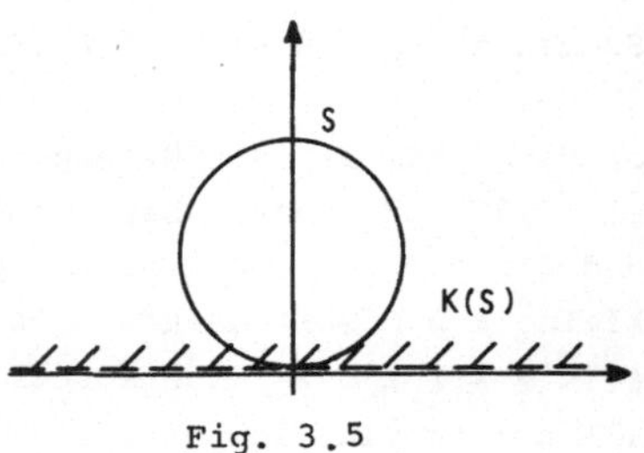

Fig. 3.5

<u>3.1.12. Lemma</u> a) Ist S endlich, so ist K(S) abgeschlossen.
b) Ist S kompakt und gilt

$$\exists \xi \in \mathbb{R}^n : \xi^T s < 0 \text{ für alle } s \in S, \tag{29}$$

so ist K(S) abgeschlossen.

<u>Bemerkung</u>:Äquivalent zu (29) können wir auch fordern (Beweis Übung!)

$$0 \notin C(S). \tag{29'}$$

<u>Beweis</u>: a) Wir zeigen die Behauptung durch Induktion über die An-
zahl k der Elemente in S. Der Fall k = 1 ist klar.
Sei $S = \{s_1,...,s_{k+1}\}$. Falls $- s_i \in K(S)$ für jedes $1 \le i \le k + 1$,
so ist K(S) = L(S) abgeschlossen.
Sei also o.B.d.A. $- s_{k+1} \notin K(S)$, und nach Induktionsvoraussetzung
sei $K = K(\{s_1,...,s_k\})$ abgeschlossen. Für $0 \ne x = \lim (x_i + u_i s_{k+1})$,
$x_i \in K$, $u_i \ge 0$ ist $x \in K(S)$ zu zeigen. Bleibt die Folge der $u_i \in \mathbb{R}$
beschränkt, so können wir zu einer Teilfolge übergehen und o.B.d.A.
die Existenz von $\lim u_i = u \ge 0$ und damit von $\lim x_i = \tilde{x} \in K$ annehmen. Es gilt dann $x = \tilde{x} + u s_{k+1} \in K(S)$. Ist dagegen die Folge u_i
unbeschränkt, also o.B.d.A. $\lim 1/u_i = 0$, so folgt

$$0 = \lim 1/u_i \cdot x = s_{k+1} + \lim 1/u_i \cdot x_i,$$

d.h. $- s_{k+1} \in K$ im Widerspruch zur Annahme über s_{k+1}.

b) Für $0 \ne x = \lim x_i, x_i \in K(S)$ ist $x \in K(S)$ zu zeigen. Nach dem
Satz von C a r a t h é o d o r y können wir Darstellungen

$x_i = \sum_{j=1}^{n} u_i^j s_i^j$ wählen und wegen der Kompaktheit von S o.B.d.A.

$\lim_{i \to \infty} s_i^j = s^j \in S$ setzen und für $\eta_i := \sum_{j=1}^{n} u_i^j$ die Existenz von

$\lim_{i \to \infty} u_i^j / \eta_i = \lambda^j \in [0,1]$ mit $\sum_{j=1}^{n} \lambda^j = 1$ voraussetzen.

Bleibt die Folge η_i beschränkt, so können wir nach Übergang zu

Teilfolgen $\lim_{i \to \infty} u_i^j = u^j \geq 0$ annehmen. Es gilt dann

$x = \sum_{j=1}^{n} u^j s^j \in K(S)$.

Ist dagegen die Folge η_i unbeschränkt, also o.B.d.A. $\lim 1/\eta_i = 0$,

so folgt $0 = \lim 1/\eta_i \cdot x_i = \sum_{j=1}^{n} \lambda^j s^j$.

Mit (29) führt dies zum Widerspruch $0 = \xi^T 0 = \sum_{j=1}^{n} \lambda^j \xi^T s^j < 0.$ ◊

Aus Teil a) von 3.1.12 folgt insbesondere, daß das Lemma von
F a r k a s für endlich erzeugte Kegel ohne weitere Voraussetzung
immer gültig ist.

Zum Abschluß wollen wir noch kurz diskutieren, wie die Bedingung
(iii) im Lemma von F a r k a s, $x \in$ int K(S), erfüllbar ist. Das
folgende Kriterium (30) ist zwar nicht notwendigerweise für ein
$x \in$ int K(S) gültig, aber die Fälle, in denen es verletzt ist,
können als Ausartungsfälle angesehen werden.

<u>3.1.13. Lemma</u> Besitzt ein $x \in K(S)$ eine Darstellung

$$x = \sum_{i=1}^{n} u_i s_i \text{ mit } u_i > 0 \text{ und } s_i \in S \text{ linear unabhängig,} \tag{30}$$

so gehört x zum Inneren des Kegels K(S). Gilt $|S| \leq n$, so ist (30)
auch notwendig für $x \in$ int K(S).

<u>Beweis:</u> $x \in K(S)$ besitze eine Darstellung (30). Das Bild der offe-
nen Menge $\{\xi \in \mathbb{R}^n \mid \xi_i > 0\}$ unter der invertierbaren Matrix

$A = (s_1, \ldots, s_n) \in M(n \times n)$ ist offen, liegt in K(S) und enthält

den Vektor x. Also gilt $x \in \text{int } K(S)$. Damit umgekehrt $K(S)$ überhaupt innere Punkte besitzt, muß S mindestens n linear unabhängige
Elemente s_i, $1 \leq i \leq n$ enthalten. Unter der Voraussetzung

$\text{int } K(S) \neq \emptyset$ und $|S| \leq n$ gilt daher $K(S) = \{x \mid x = \sum_{i=1}^{n} u_i s_i, u_i \geq 0\}$ mit

festen linear unabhängigen s_i. $S = \{s_1, \ldots, s_n\}$. Ein

$x = \sum_{i=1}^{n} u_i s_i, u_i \geq 0$ gehört dann zum Rand $K(S) \backslash \text{int } K(S)$ von $K(S)$,

wenn mindestens ein Koeffizient u_i, $1 \leq i \leq n$, verschwindet. $\Diamond$

3.1.D. Duale Optimalitätskriterien für das Problem (SIP)

Die Kriterien dieses Abschnitts ergeben sich sämtlich durch einfache Kombination der Sätze aus den Abschnitten 3.1.B und C. Sie
sind aber von zentraler Bedeutung für alles spätere. Der folgende
Satz liefert zunächst die Verallgemeinerung des aus der finiten
Optimierung bekannten K u h n - T u c k e r - Satzes auf semi-infinite Probleme.

__3.1.14. Satz__ a) (__Satz von J o h n__) $\bar{z} \in Z$ sei lokal optimal für
(SIP). Es sei

$$\bar{S} = \{g_{\bar{z}}^l \mid l \in L\}. \tag{31}$$

Dann gibt es eine Teilmenge $L^* \subset L, |L^*| \leq \dim L(\bar{S}) + 1$ und nicht-
negative $u_o, u_l, l \in L^*$, so daß

$$u_o F_{\bar{z}} + \sum_{l \in L^*} u_l g_{\bar{z}}^l = 0, \quad u_o + \sum_{l \in L^*} u_l = 1. \tag{32}$$

b) (__Satz von K u h n - T u c k e r__) Ist überdies in $\bar{z}$ die Bedingung (CQ) erfüllt (vgl. S.47), so gibt es eine Teilmenge
$L' \subset L$, $|L'| \leq \dim L(\bar{S})$ und $u_l \geq 0$, $l \in L'$, so daß

$$F_{\bar{z}} + \sum_{l \in L'} u_l g_{\bar{z}}^l = 0. \tag{33}$$

__Bemerkung__ In Anlehnung an das klassische L a g r a n g e sche Mul-
tiplikatorentheorem nennt man die u_l in (33) auch __L a g r a n g e-__
__Parameter.__

<u>Beweis:</u> Wir zeigen zunächst Teil b).

Nach Satz 3.1.2 ist das Gleichungssystem (12) nicht lösbar.
Äquivalent hierzu ist, daß das Gleichungssystem

$$\xi^T(-F_z) > 0 \quad ; \quad \xi^T s \leq 0 \text{ für } s \in \bar{S} \tag{34}$$

keine Lösung ξ besitzt.

Ferner ist $\bar{E}$ und damit $\bar{S} = \{g_z(\bar{z},\bar{x}) \mid \bar{x} \in \bar{E}\}$ kompakt und Bedingung
(CQ) ist gerade die Bedingung (29) an $\bar{S}$. Daher gilt die Alterna-
tive (i) aus dem Lemma von Farkas, d.h. es gilt $- F_z \in K(\bar{S})$, und
der Satz von C a r a t h é o d o r y liefert die Gleichung (33)
mit höchstens dim $L(\bar{S})$ Gradienten aktiver Nebenbedingungen g_z^l.

Um Teil a) zu zeigen, müssen wir noch den Fall betrachten, daß
(CQ) nicht gilt, d.h. daß das Gleichungssystem

$$\xi^T s < 0, \ s \in \bar{S} \tag{35}$$

unlösbar ist. Nach der Bemerkung im Anschluß an Lemma 3.1.12 ist
dies äquivalent zu $0 \in C(\bar{S})$; d.h. aber, nach dem Satz von C a r a -
t h é o d o r y gibt es eine Teilmenge
$L^* \subset L$ mit $|L^*| \leq \dim (\bar{S}) + 1$, $u_1 \geq 0$ mit $\sum_{1 \in L^*} u_1 = 1$, so daß

$$0 = \sum_{1 \in L} u_1 g_z^l \ . \tag{35'}$$

Mit (35') ist natürlich auch die Gleichung (32) mit der Wahl $u_0 = 0$
erfüllt. ◊

Der Illustration der Sätze von J o h n und K u h n - T u c k e r
diene folgendes Beispiel.

<u>3.1.15. Beispiel</u> Die negative z_1-Achse im $\mathbb{R}^2$ kann durch die beiden
folgenden konvexen Ungleichungen beschrieben werden:

$$g^1(z) \leq 0, \ g^2(z) \leq 0 \text{ mit}$$

$$g^1(z) = \begin{cases} z_1^2 - z_2 & \text{für } z_1 \geq 0 \\ - z_2 & \text{für } z_1 < 0 \end{cases} \qquad g^2(z) = \begin{cases} z_1^2 + z_2 & \text{für } z_1 \geq 0 \\ z_2 & \text{für } z_1 < 0 \end{cases}$$

Betrachte nun das konvexe Problem

$$\text{Min } \{c^T z \mid g^i(z) \le 0,\ i = 1,2\}.$$

Für jeden zulässigen Punkt $z = \begin{pmatrix} z_1 \\ 0 \end{pmatrix}$ ($z_1 \le 0$)

gilt $g_z^1(z) = \begin{pmatrix} 0 \\ -1 \end{pmatrix}$ und $g_z^2(z) = \begin{pmatrix} 0 \\ 1 \end{pmatrix}$, d.h.

also, unabhängig von der Zielfunktion ist
die Bedingung von J o h n in jedem zulässigen Punkt wegen $g_z^1(z) + g_z^2(z) = 0$ erfüllt.

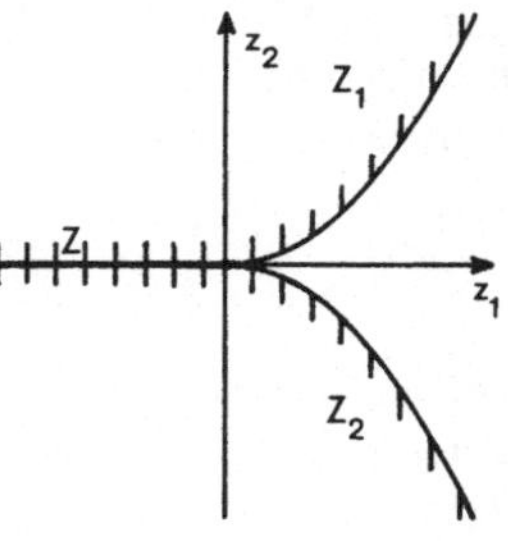

Fig. 3.6

Hingegen ist die K u h n - T u c k e r - Bedingung lediglich in

dem Sonderfall $c = \begin{pmatrix} 0 \\ c_2 \end{pmatrix}$ erfüllt, in dem die Zielfunktion in jedem

zulässigen Punkt gleich Null ist (d.h. jeder Punkt ist optimal).

Ist also z.B. $c = \begin{pmatrix} -1 \\ 0 \end{pmatrix}$ (d.h. $z = \begin{pmatrix} 0 \\ 0 \end{pmatrix}$ optimal), so ist die K u h n-
T u c k e r - Bedingung nicht erfüllbar.

Wie in (1.1.E) kann man die Bereiche $Z_i = \{z \in \mathbb{R}^2 \mid g^i(z) \le 0\}$, $i = 1,2$,

auch durch ein Kontinuum linearer Nebenbedingungen beschreiben
(Z_1 ist z.B. der Bereich, der oberhalb jeder der Tangenten an die
Kurve $g^1(z) = 0$ liegt).

Definiert man z.B.

$$g(z,x) = \begin{cases} (\ 4x - 2)z_1 + z_2 - (2x - 1)^2 & \text{für } x \in [1/2, 1] \\[2ex] (-4x - 2)z_1 - z_2 - (2x + 1)^2 & \text{für } x \in [-1, -1/2] \end{cases},$$

so sieht man, daß

$$Z = \{z \in \mathbb{R}^2 \mid g(z,x) \le 0,\ x \in [-1,\ -1/2] \cup [1/2, 1]\}$$

wieder die negative reelle Achse beschreibt. Für jedes zulässig $\bar{z}$

ist dann $\bar{E} = \{-1/2, 1/2\}$ und $g_z(\bar{z}, -1/2) = \begin{pmatrix} 0 \\ -1 \end{pmatrix}$, $g_z(\bar{z}, 1/2) = \begin{pmatrix} 0 \\ 1 \end{pmatrix}$,

d.h., wir erhalten dieselben Verhältnisse wie im konvexen finiten
Fall. Es sei noch bemerkt, daß man den Bereich Z auch durch die
drei linearen Nebenbedingungen $z_2 \le 0$, $-z_2 \le 0$, $z_1 \le 0$ beschreiben

kann, in welchem Fall für $c = \begin{pmatrix} -1 \\ 0 \end{pmatrix}$ die K u h n - T u c k e r - Be-

dingung genau im optimalen Punkt $\bar{z} = \begin{pmatrix} 0 \\ 0 \end{pmatrix}$ erfüllbar ist, während die von J o h n wieder in jedem zulässigen Punkt gilt.

Auch für den Fall lokal stark eindeutiger Minima $z \in Z$ können wir das Satz 3.1.4 entsprechende duale Charakterisierungskriterium formulieren.

<u>3.1.16. Satz</u> In $\bar{z} \in Z$ sei die Bedingung (CQ) erfüllt. Dann ist $\bar{z}$ ein lokal stark eindeutiges Minimum von (SIP) genau dann, wenn $-F_z$ innerer Punkt des von $\bar{S}$ (vgl.(31)) erzeugten konvexen Kegels ist. Insbesondere ist $\bar{z} \in Z$ lokal stark eindeutig, wenn gilt:

es gibt eine n-elementige Teilmenge $L' \subset L$ und eindeutig bestimmte $u_1 > 0$ mit $\quad F_z + \sum_{l \in L'} u_1 g_z^l = 0.$ $\hspace{2cm}$ (36)

Gilt zusätzlich noch $|\bar{S}| \leq n$, so ist (36) auch notwendig für lokal stark eindeutige Minima.

<u>Beweis:</u> Der erste Teil der Aussage ergibt sich aus der Kombination von Satz 3.1.4 mit dem Teil b) des Lemmas von F a r k a s.

In einer Darstellung $F_z + \sum_{l \in L'} u_1 g_z^l = 0$ mit $|L'| = n$ sind die $u_1 > 0$ eindeutig bestimmt genau dann, wenn die g_z^l, $l \in L'$, linear unabhängig sind. Damit liefert das Lemma 3.1.13 die restlichen beiden Aussagen. $\Diamond$

Die praktische Bedeutung von Satz 3.1.16 soll noch einmal an einem Beispiel verdeutlicht werden.

<u>3.1.17. Beispiel:</u> Die Funktion $f(x) = x^3$ soll auf dem Intervall $[-1,1]$ derart von unten durch eine Gerade $g(x) = z_1 x + z_2 \leq f(x)$ approximiert werden, daß das Integral $F(z) = \int_{-1}^{1} (x^3 - z_1 x - z_2)\,dx$ minimiert wird.
Es ist dies ein einseitiges L_1-Approximationsproblem.
Fig. 3.7 legt nahe, daß die optimale Gerade $\bar{g}$ die Funktion f im Punkt $\bar{x}_1 = -1$ interpoliert und in einem Punkt $\bar{x}_2 > 0$ tangential berührt.

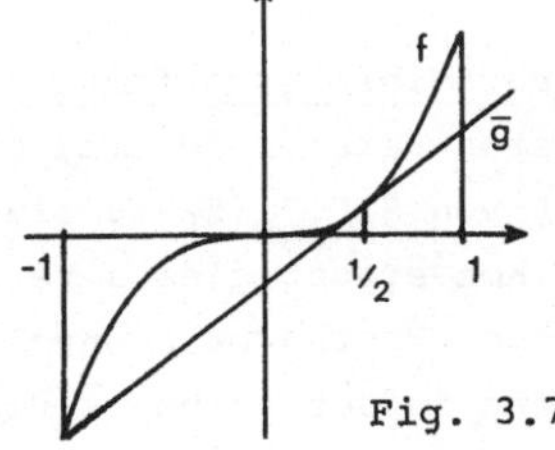

Fig. 3.7

Wir prüfen dies nach:

Aus den Gleichungen $(f - \bar{g})(-1) = 0, (f - \bar{g})(\bar{x}_2) = 0, (f - \bar{g})'(x_2) = 0$

berechnet sich $\bar{x}_2 = 1/2$, $\bar{z} = (3/4, - 1/4)^T$. $\bar{z}$ ist zulässig und

und $\bar{E} = \{\bar{x}_1, \bar{x}_2\}$. Das Gleichungssystem

$$- F_z = \begin{pmatrix} 0 \\ 2 \end{pmatrix} = \begin{pmatrix} -1 & \bar{x}_2 \\ 1 & 1 \end{pmatrix} \begin{pmatrix} u_1 \\ u_2 \end{pmatrix}$$

besitzt eine eindeutig bestimmte Lösung $(u_1, u_2)^T = (2/3, 4/3)^T$ mit

positiven L a g r a n g e - Parameter u_1, u_2. Nach Satz 3.1.16 ist

damit $\bar{z}$ eine stark eindeutige Lösung des einseitigen L_1-Approxi-
mationsproblems.

3.1.E. Das linearisierte semi-infinite Optimierungsproblem

Im anschließenden Abschnitt 3.2 werden wir ausführlich auf lineare semi-infinite Optimierungsprobleme eingehen. Diese bilden zum
einen eine wichtige Unterklasse semi-infiniter Probleme für sich,
zum anderen spielen sie aber auch eine Rolle bei der numerischen
Behandlung nichtlinearer Probleme (SIP). Deren Lösungen können oft
durch sukzessives Lösen linearisierter Probleme näherungsweise berechnet werden.

3.1.18. Definition Sei $z \in Z$. Unter dem in z linearisierten Problem (SIP) verstehen wir das lineare semi-infinite Optimierungsproblem $SIP_{lin}(z)$:

$$\text{Minimiere} \quad \tilde{F}(\xi) := F(z) + \xi^T F_z(z)$$

unter den Nebenbedingungen (37)

$$\tilde{g}(\xi, x) := g(z, x) + \xi^T g_z(z, x) \leq 0 \quad \text{für } x \in B.$$

Ein Linearisierungsverfahren (siehe 5.3.A) verläuft nun in der
einfachsten Version derart, daß ein gegebener Punkt z durch die
Lösung ξ von $SIP_{lin}(z)$ zu einem $z + \xi \in Z_o$ 'verbessert' wird.
Mit der Konvergenz dieses Verfahrens werden wir uns später beschäftigen. Überhaupt sinnvoll ist dieses Vorgehen natürlich nur
dann, wenn in der Lösung $\bar{z}$ von (SIP) der Korrekturterm ξ Null wird.

Unter Annahme der constraint qualification (CQ) ist dies tatsächlich der Fall.

3.1.19. Satz In $\bar{z} \in Z$ sei die Bedingung (CQ) erfüllt.
a) Ist $\bar{z} \in Z$ ein lokales Minimum für (SIP), so ist $\bar{\xi} = 0 \in \mathbb{R}^n$ Lösung des in $\bar{z}$ linearisierten Problems $SIP_{lin}(\bar{z})$.
b) $\bar{z} \in Z$ ist lokal stark eindeutiges Minimum von (SIP) genau dann, wenn $\bar{\xi} = 0 \in \mathbb{R}^n$ stark eindeutige Lösung des linearisierten Problems $SIP_{lin}(\bar{z})$ ist.

Beweis: Sei $\bar{z} \in Z$ lokal optimal für (SIP). Die Annahme eines für $SIP_{lin}(\bar{z})$ zulässigen $\xi \in \mathbb{R}^n$ mit $\tilde{F}(\xi) < \tilde{F}(0)$ führt zum Widerspruch. Denn aus

$$\tilde{F}(\xi) = F(\bar{z}) + \xi^T F_z(\bar{z}) < F(\bar{z}) = \tilde{F}(0)$$

und $\quad \tilde{g}(\xi,x) = g(\bar{z},x) + \xi^T g_z(\bar{z},x) \leq 0 \quad$ für $x \in B$

folgt wegen $g(\bar{z},\bar{x}) = 0$ für $\bar{x} \in \bar{E}$ insbesondere, daß ξ eine Lösung des Ungleichungssystems (12) ist. Dies widerspricht der Optimalität von $\bar{z}$ nach Satz 3.1.2.

Man beachte dabei, daß $\bar{z}$ das notwendige Optimalitätskriterium aus Satz 3.1.2 für (SIP) genau dann erfüllt, wenn $\bar{\xi} = 0 \in \mathbb{R}^n$ das entsprechende Optimalitätskriterium für $SIP_{lin}(\bar{z})$ erfüllt, da die jeweiligen Ungleichungssysteme (12) identisch sind. Gleiches gilt für das notwendige und hinreichende Optimalitätskriterium aus Satz 3.1.4 sowie für die Bedingung (CQ). Dies zeigt auch den zweiten Teil der Behauptung. ◊

3.2. Theorie der linearen semi-infiniten Optimierung

Wir betrachten in diesem Abschnitt speziell lineare semi-infinite Optimierungsprobleme

lineares (SIP) Minimiere $F(z) = c^T z$, $z \in \mathbb{R}^n$
unter den Nebenbedingungen $\quad g(z,x) = z^T a(x) - b(x) \leq 0$, $x \in B$.

Hierbei ist $c \in \mathbb{R}^n$ ein fester Vektor und $a: B \to \mathbb{R}^n$, $b: B \to \mathbb{R}$ sind stetige Funktionen über B, $B \subset \mathbb{R}^m$ kompakt.

Ist der Bereich B endlich mit $B = \{x_1,\ldots,x_M\}$, $n \leq M$, so fassen
wir die Vektoren $a(x_i)^T$ als Zeilen einer M x n Matrix A auf und
bilden den Vektor $b = (b(x_1),\ldots,b(x_M))^T \in \mathbb{R}^M$. Wir haben dann ein
gewöhnliches lineares, finites Optimierungsproblem vorliegen der
Form

<u>finites lineares (OP)</u>   Minimiere $c^T z$
unter der Nebenbedingung $Az \leq b$.

Der zulässige Bereich

$$Z = \{z \in \mathbb{R}^n \mid z^T a(x) - b(x) \leq 0, \; x \in B\} \tag{1}$$

des linearen (SIP) ist ein <u>abgeschlossenes, konvexes Gebiet</u> im $\mathbb{R}^n$,
so daß das lineare (SIP) auch als spezielles <u>konvexes</u> Optimierungsproblem mit linearer Zielfunktion

$$\text{(K) Minimiere } c^T z \text{ unter der Nebenbedingung } z \in Z, \text{ für eine} \tag{2}$$
$$\text{nichtleere, abgeschlossene konvexe Menge } Z \subset \mathbb{R}^n$$

aufgefaßt werden kann (vgl. auch 1.1.E).
Wir wissen nach Satz 2.1.8 , daß für konvexe Probleme das allgemeine notwendige Kriterium für lokale Minima aus Satz 2.1.1 auch
hinreichend für globale Minima wird. Entsprechend erweisen sich
die primalen und dualen Optimalitätskriterien für (SIP) aus 3.1
bei linearen (SIP) ebenfalls als hinreichend für globale Minima
(siehe Abschnitt 3.2.A).

In Abschnitt 3.2.B werden wir kurz auf die Lösbarkeit des linearen (SIP) eingehen und hier auch die Frage untersuchen, wie durch
<u>Diskretisierung</u> des Bereichs B approximative Lösungen von SIP ge-
wonnen werden können. Für eine endliche Teilmenge $B_d \subset B$ untersuchen wir dabei die Lösungen des finiten Optimierungsproblems

<u>SIP(B_d)</u>   Minimiere $F(z)$ unter den Nebenbedingungen
$\qquad g(z,x) \leq 0, \; x \in B_d$.

Für lineare (SIP) ist der zulässige Bereich der <u>diskretisierten</u>
Probleme SIP(B_d) ein konvexes Polyeder

$$Z_d = \{z \in \mathbb{R}^n \mid z^T a(x) - b(x) \leq 0, \; x \in B_d\}, \tag{3}$$

das offensichtlich den zulässigen Bereich Z von (SIP) umfaßt,

$$Z_d \supset Z. \tag{4}$$

Folglich liefert der Wert von SIP(B_d) immer eine untere Abschätzung für den Wert des linearen (SIP), d.h. es gilt

$$\inf_{z \in Z_d} c^T z \le \inf_{z \in Z} c^T z . \tag{5}$$

Weitere Methoden zur Gewinnung von unteren Abschätzungen für den Wert eines linearen (SIP) ergeben sich aus der <u>Dualitätstheorie</u>, auf die wir in 3.2.C eingehen.

3.2.A. <u>Optimalitätsbedingungen für lineare Probleme</u>

Bei der Ableitung der Optimalitätskriterien erster Ordnung in 3.1 haben wir an verschiedenen Stellen von der Bedingung (CQ) Gebrauch gemacht. Für lineare (SIP) können wir eine äquivalente Bedingung angeben, die den Vorteil hat, einfacher nachprüfbar zu sein.

<u>3.2.1. Definition</u> Das lineare Problem (SIP) erfüllt die <u>Slaterbedingung</u>, wenn ein $\xi \in \mathbb{R}^n$ existiert mit

$$\xi^T a(x) - b(x) < 0, \quad x \in B \tag{6}$$

<u>3.2.2. Bemerkung</u> Die Slaterbedingung ist äquivalent dazu, daß in einem beliebigen Punkt $\bar{z} \in Z$ (und damit in allen Punkten $\bar{z} \in Z$) die Bedingung (CQ) erfüllt ist: Löst nämlich $\xi \in \mathbb{R}^n$ das System (6) und ist $\bar{z} \in Z$ zulässig, so ist wegen

$$(\xi - \bar{z})^T g_{\bar{z}}^1 = (\xi - \bar{z})^T a(\bar{x}^1) = \xi^T a(\bar{x}^1) - b(\bar{x}^1) < 0 \ (\text{beachte } \bar{z}^T a(\bar{x}^1) - b(\bar{x}^1) = 0)$$

in $\bar{z}$ auch die Bedingung (CQ) erfüllt. Gilt umgekehrt für ein $\bar{z} \in Z$ $\xi^T g_{\bar{z}}^1 < 0$, $1 \in L$, so zeigt der Beweis von Satz 3.1.1 , daß ein $\lambda > 0$ existiert mit

$$g(\bar{z} + \lambda \xi, x) = (z + \lambda \xi)^T a(x) - b(x) < 0 \ \text{für } x \in B,$$

d.h. die Bedingung (CQ) in $\bar{z}$ impliziert die Slaterbedingung.
Aus diesem Grund können wir auch für nichtlineare (SIP) äquivalent

zur Bedingung (CQ) in $z \in Z$ fordern, daß das in $z \in Z$ linearisierte
Problem (SIP) (siehe Def. 3.1.18) die Slaterbedingung erfüllt.

3.2.3. Satz Das lineare (SIP) erfülle die Slaterbedingung. Dann
ist $\bar{z} \in Z$ global optimal genau dann, wenn es eine Teilmenge
$L' \subset L$ mit $|L'| \le \dim L(\bar{S})$, $\bar{S} := \{a(\bar{x}^l) \mid l \in L\}$ mit linear unabhängigen $a(\bar{x}^l) \in \mathbb{R}^n$, $l \in L'$ und $u_l > 0$ gibt, so daß

$$c + \sum_{l \in L'} u_l a(\bar{x}^l) = 0. \tag{7}$$

Beweis: Mit der Slaterbedingung ist in $\bar{z} \in Z$ die Bedingung (CQ) erfüllt und unter Beachtung des Satzes von C a r a t h é o d o r y
ist (7) dann gerade das notwendige K u h n - T u c k e r - Kriterium 3.1.14 b) für lokale Minima $\bar{z} \in Z$.
Ist umgekehrt (7) für ein $\bar{z} \in Z$ erfüllt, so kann kein $z \in Z$ mit
$c^T z < c^T \bar{z}$ existieren. Denn für ein derartiges $z \in Z$ gilt
$$z^T a(\bar{x}^l) - b(\bar{x}^l) \le 0 = \bar{z}^T a(\bar{x}^l) - b(\bar{x}^l), \ l \in L, \text{ so daß}$$
$z - \bar{z} \in \mathbb{R}^n$ das Ungleichungssystem
$$\xi^T c < 0 \; ; \; \xi^T a(\bar{x}^l) \le 0, \ l \in L, \text{ löst.}$$

Nach dem Lemma von F a r k a s kann dann nicht $- c \in K(\bar{S})$ gelten
im Widerspruch zu (7). Also ist $\bar{z} \in Z$ ein globales Minimum des
linearen (SIP). $\diamond$

3.2.4. Korollar $\bar{z} \in Z$ sei Lösung des linearen (SIP) und es sei
die K u h n - T u c k e r Gleichung (7) erfüllt mit positiven $u_l > 0$
und linear unabhängigen $a(\bar{x}^l)$, $l \in L'$, $L' \subset L$ mit $|L'| \le \dim L(\bar{S})$.
Dann gilt
(i) $z \in \mathbb{R}^n$ ist Lösung des auf $B_d := \{\bar{x}^l \mid l \in L'\} \subset B$ diskreti-
     sierten $SIP(B_d)$ genau dann, wenn $z^T a(\bar{x}^l) - b(\bar{x}^l) = 0$ für
     $l \in L'$ gilt. Insbesondere ist $\bar{z} \in Z$ Lösung von $SIP(B_d)$.

(ii) $z \in Z$ ist eine weitere Lösung des linearen (SIP) genau dann,
     wenn $z^T a(\bar{x}^l) - b(\bar{x}^l) = 0$ für $l \in L'$ gilt.

Beweis: (i) Wir wenden Satz 3.2.3 auf das Problem $SIP(B_d)$ an. Für
alle $z \in \mathbb{R}^n$ mit $z^T a(\bar{x}^l)^T - b(\bar{x}^l) = 0$ für $l \in L'$ ist das notwendige Opti-

malitätskriterium (7) für $\bar{z} \in Z$ zugleich das hinreichende Kriterium dafür, daß $z \in Z_d$ Lösung von SIP (B_d) ist. Also sind alle $z \in \mathbb{R}^n$ mit $z^T a(\bar{x}^1) - b(\bar{x}^1) = 0$ für $1 \in L'$ Lösungen von SIP (B_d). Sei umgekehrt $\tilde{z} \in Z_d$ Lösung von SIP (B_d). Wiederum nach Satz 3.2.3 gibt es dann $\tilde{u}_1 \geq 0$ für $1 \in L'$ mit $\tilde{u}_1 = 0$ für alle $\bar{x}^1 \in B_d \setminus \tilde{E}$, wobei $\tilde{E}$ die Menge der aktiven Punkte von $\tilde{z}$ in B_d bezeichne, so daß

$$c + \sum_{1 \in L'} \tilde{u}_1 a(\bar{x}^1) = 0.$$ Wegen der linearen Unabhängigkeit der

$a(\bar{x}^1)$, $1 \in L'$, und (7) gilt dann $\tilde{u}_1 = u_1$, $1 \in L'$, also insbesondere $\tilde{E} = B_d$.

(ii) Eine Lösung $z \in Z$ von (SIP) ist auch Lösung von SIP(B_d), also folgt mit Teil (i) $z^T a(\bar{x}^1) - b(\bar{x}^1) = 0$ für $1 \in L'$. Umgekehrt gilt für ein $z \in \mathbb{R}^n$ mit $z^T a(\bar{x}^1) - b(\bar{x}^1) = 0$ ebenfalls nach (i) $c^T z = c^T \bar{z}$. Jedes derartige $z \in \mathbb{R}^n$, welches zudem zulässig für (SIP) ist, ist daher Lösung von (SIP). $\lozenge$

<u>3.2.5. Beispiel</u> (C u r t i s - P o w e l l [27]) Man betrachte das lineare Approximationsproblem, die Funktion $f(x) = x^2$ auf $[0,2]$ in der Chebyshev-Norm durch eine Funktion $a(p,x) = p_1 x + p_2 e^x$ zu approximieren. Das zugehörige lineare (SIP) lautet:

Minimiere $c^T z = z_3$, $z \in \mathbb{R}^3$, unter den Nebenbedingungen

$$g_1(z,x) = z^T a_1(x) - b_1(x) \leq 0, \quad x \in [0,2]$$
$$g_2(z,x) = z^T a_2(x) - b_2(x) \leq 0, \quad x \in [0,2]$$

mit

$b_1(x) = f(x)$, $b_2(x) = -f(x)$, $a_1^T(x) = (x, e^x, -1)$ und $a_2^T(x) = (-x, -e^x, -1)$.

Mit Hilfe der K u h n - T u c k e r - Gleichung (7) prüft man nach, daß $\bar{z}^T = (0{,}184\ldots, 0.418\ldots, 0{,}538\ldots)$ eine

Lösung dieses Problems ist. Die Menge $\bar{E}$ der aktiven Punkte ist

$\bar{E} = \{\bar{x}^1, \bar{x}^2\}$, wobei $\bar{x}^1 = 2$ mit $g_1(\bar{z}, \bar{x}^1) = 0$ und $\bar{x}^2 = 0{,}406\ldots$ mit $g_2(\bar{z}, \bar{x}^2) = 0$ ist. Die zugehörigen L a g r a n g e-Parameter sind $u_1 = 0{,}168\ldots$, $u_2 = 0{,}831\ldots$ Nach Korollar 3.2.4 ist die Lösungsmenge des auf $\bar{E}$ diskretisierten (SIP) die 1-dimensionale lineare Mannigfaltigkeit

$$M = \{z \in \mathbb{R}^3 \mid g_1(z,\bar{x}^1) = 0, g_2(z,\bar{x}^2) = 0\} = \bar{z} + \{z \in \mathbb{R}^3 \mid z^T a_1(\bar{x}^1) = 0, z^T a_2(\bar{x}^2) = 0\},$$

und man errechnet $M = \{z \in \mathbb{R}^3 \mid z = \bar{z} + \lambda z_o, \lambda \in \mathbb{R}\}$ mit

$z_o^T = (1, - 0{,}270\ldots, 0)$. Für alle $\lambda \neq 0$ gilt $g_2(\bar{z} + \lambda z_o, \bar{x}^2) = 0$

und $\frac{\partial}{\partial x} g_2(\bar{z} + \lambda z_o, \bar{x}^2) = \lambda z_o^T \frac{\partial}{\partial x} a_2(\bar{x}^2) = \lambda (- 0{,}594\ldots) \neq 0$.

Daher ist $\bar{z} + \lambda z_o$ für $\lambda \neq 0$ nicht zulässig für (SIP). M hat also

mit Z genau den Punkt $\bar{z}$ gemein, und nach Korollar 3.2.4 ist somit $\bar{z}$ eindeutige Lösung von (SIP).

Auch die Charakterisierungen lokal stark eindeutiger Minima aus 3.1 übertragen sich analog auf lineare (SIP). Dabei ist zu beachten, daß für lineare (SIP) lokal stark eindeutige Minima $\bar{z} \in Z$ auch global stark eindeutig sind, d.h. die Bedingung

$$c^T(z - \bar{z}) \geq k \, || z - \bar{z} || \text{ für alle } z \in Z \tag{8}$$

für ein $k > 0$ erfüllen.

3.2.6. Satz Das lineare (SIP) erfülle die Slaterbedingung. Dann ist $\bar{z} \in Z$ stark eindeutiges Minimum genau dann, wenn $- c \in \text{int } K(\bar{S})$ gilt für $\bar{S} := \{a(\bar{x}^1) \mid l \in L\}$. Insbesondere ist dies der Fall, wenn es $L' \subset L$ mit $|L'| = n$ und eindeutig bestimmte $u_l > 0$ gibt mit

$$c + \sum_{l \in L'} u_l a(\bar{x}^1) = 0. \tag{9}$$

Gilt $|L| = n$, so ist (9) auch notwendig für stark eindeutige Minima $\bar{z} \in Z$. In jedem Fall gilt $|L| \geq n$ für stark eindeutige Minima.

Beweis: Da für lineare (SIP) lokal stark eindeutige Minima stark eindeutig sind, ist dies eine direkte Anwendung von Satz 3.1.16. $\Diamond$

3.2.B. <u>Approximierbarkeit durch diskrete Probleme</u>

Wir wollen eine kurze Diskussion des Existenzproblems für konvexe Optimierungsprobleme (K) der Form (2) voranstellen und die Ergebnisse dann auf lineare (SIP) spezialisieren.

Wir bezeichnen mit
$$v(Z,c) := \inf_{z \in Z} c^T z$$
den Wert des konvexen Optimierungsproblems (K) mit abgeschlossenem, konvexem, nichtleerem zulässigen Bereich Z. Das Problem heißt beschränkt, falls $v(Z,c) > -\infty$ gilt, und lösbar, falls ein $\bar{z} \in Z$ existiert mit $c^T\bar{z} = v(Z,c)$. Beim Einsatz numerischer Verfahren zur Lösung eines Optimierungsproblems ist es wichtig, daß nicht nur die Lösbarkeit des Problems gesichert ist, sondern daß die Lösbarkeit auch bei kleinen Störungen des Problems z.B. infolge endlicher Arithmetik des Computers erhalten bleibt und die berechnete Lösung als hinreichend gute Näherung einer wahren Lösung angesehen werden kann. Der folgende Satz nennt eine Reihe äquivalenter Bedingungen, die zur Klärung derartiger Stabilitätsfragen des konvexen Optimierungsproblems bzw. des linearen (SIP) hinreichend sind. (vgl. 3.2.9). Insbesondere implizieren diese Bedingungen die Lösbarkeit des Problems (K) bzw. des linearen (SIP).

3.2.7. Satz Sei $Z \subset \mathbb{R}^n$ eine nichtleere, abgeschlossene, konvexe Menge, $c_o \in \mathbb{R}^n$. Dann sind die folgenden Aussagen äquivalent:

(i) Es gibt eine Umgebung $U_\delta = \{c \in \mathbb{R}^n | \ || c - c_o || \leq \delta\}$, so daß

   für alle $c \in U_\delta$ das Problem $\underset{z \in Z}{\text{Min}} \ c^T z$ beschränkt ist.

(ii) Es gibt keinen Vektor $\xi \in \mathbb{R}^n$, $\xi \neq 0$ mit der Eigenschaft

$$c_o^T \xi \leq 0; \quad Z + \xi \subset Z. \tag{10}$$

(iii) Es gibt ein $z_o \in Z$, so daß die Niveaumenge

$$N(c_o, z_o) \cap Z = \{z \in Z \ | \ c_o^T z \leq c_o^T z_o\} \tag{11}$$

kompakt ist.

(iv) Alle Niveaumengen (11) sind kompakt und die Lösungsmenge $\{\bar{z} \in Z \ | \ c_o^T\bar{z} = v(Z,c_o)\}$ ist nichtleer, konvex und kompakt.

Ist die Menge Z definiert als zulässiger Bereich
$Z = \{z \ | \ z^T a(x) - b(x) \leq 0, \ x \in B\}$ eines linearen (SIP), so ist außerdem die folgende Bedingung (v) ebenfalls zu den vorigen äquivalent:

(v) es gilt $- c_o \in \text{int } K (\{a(x) \ | \ x \in B\})$.

<u>Beweis:</u> Erfüllt $\xi \neq 0$ die Bedingung (10) und sei $z_o \in Z$, so gilt $z_o + n\,\xi \in Z$ für jedes $n \in \mathbb{N}$ sowie $c_o^T(z_o + n\xi) \leq c_o^T z_o$. Also ist (11) nicht kompakt für ein beliebiges $z_o \in Z$. Damit impliziert (iii) die Bedingung (ii). Zum Beweis der Implikation (ii) $\to$ (iv) nehmen wir im Widerspruch zu (iv) an, daß die Niveaumenge (11) zu $z_o \in Z$ nicht kompakt ist, und konstruieren eine Lösung $\xi \neq 0$ von (10). Es sei also eine unbeschränkte Folge $z_n \in Z \cap N(c_o, z_o)$ gegeben mit $c_o^T z_n \leq c_o^T z_o$. O.B.d.A. können wir annehmen, daß

$||z_n - z_o|| > n$ und daß $\xi_n := (z_n - z_o)/||z_n - z_o||$ gegen $\xi \in \mathbb{R}^n$ konvergiert. Wegen $c_o^T \xi_n \leq 0$ gilt $c_o^T \xi \leq 0$ und aus $z_o + m\xi_n \in Z$ für $n > m \in \mathbb{N}$ folgt $z_o + m\,\xi \in Z$ für alle $m \in \mathbb{N}$.

Sei $z \in Z$ beliebig. Dann ist $z + (n\xi + z_o - z)/||n\xi + z_o - z|| \in Z$ für $n \in \mathbb{N}$ mit $||n\xi + z_o - z|| > 1$ und im Limes für $n \to \infty$ folgt $z + \xi \in Z$. Also erfüllt ξ die Bedingung (10). Aus dem bisher Gezeigten folgt die Äquivalenz von (ii), (iii) und (iv). Es bleibt die Äquivalenz von (i) und (ii) nachzuweisen. Existiert ein $\xi \in \mathbb{R}^n$, $\xi \neq 0$ mit $c_o^T \xi \leq 0$, $Z + \xi \subset Z$, so existiert in jeder Umgebung U_δ von c_o ein $c \in U_\delta$ mit $c^T \xi < 0$. Für $z_n = z_o + n\,\xi \in Z$ gilt dann $\lim c^T z_n = -\infty$. Daher gilt die Implikation (i) $\to$ (ii). Sei umgekehrt (ii) erfüllt. Die Menge $K = \{\xi \in \mathbb{R}^n \mid ||\xi|| = 1, Z + \xi \subset Z\}$ ist kompakt und es gilt $c_o^T \xi > 0$ für $\xi \in K$. Für eine geeignete Umgebung U_δ von c_o gilt dann ebenfalls $c^T \xi > 0$ für $\xi \in K$ und $c \in U_\delta$, d.h. alle $c \in U_\delta$ erfüllen die Aussage (ii). Wegen der Äquivalenz von (ii) und (iv) sind dann insbesondere die Werte $v(Z,c) > -\infty$ endlich.

Schließlich ist im semi-infiniten Fall leicht einzusehen, daß für ein $\xi \in \mathbb{R}^n$ die Bedingung $Z + \xi \subset Z$ gleichbedeutend mit $\xi^T a(x) \leq 0$, $x \in B$, ist. Die Bedingung (ii) fordert dann also gerade, daß das Ungleichungssystem

$$c_o^T \xi \leq 0 \;;\; \xi^T a(x) \leq 0, \; x \in B \tag{12}$$

keine nichttriviale Lösung besitzt. Nach Teil (b) des Lemmas von F a r k a s ist dies äquivalent zu $-c_o \in \text{int}\,K(\{a(x) \mid x \in B\})$.

◇

Wir werden in Kapitel 4 sehen, daß bei der Chebyshev-Approximation in der Regel die Aussagen aus Satz 3.2.7 erfüllt sind. Als weiteres Beispiel führen wir die einseitige L^1-Approximation an.

3.2.8. Beispiel: Einseitige L^1-Approximation

Sei μ ein strikt positives Maß auf der kompakten Menge $B \subset \mathbb{R}^m$, d.h. ein Maß mit der Eigenschaft $\int_B f(x)d\mu(x) > 0$ für alle $f \in C(B)$, $f \geq 0$, $f \neq 0$. Ferner seien n linear unabhängige Funktionen $a_i \in C(B)$ gegeben. Dann besitzt für ein beliebiges $f \in C(B)$ das einseitige L^1-Approximationsproblem:

Bestimme eine Funktion $\varphi(x) = \sum_{i=1}^{n} z_i a_i(x)$ mit $\varphi(x) \leq f(x), x \in B$

und minimalem L^1-Fehler $\int_B (f(x) - \varphi(x))d\mu(x)$,

eine nichtleere kompakte Lösungsmenge. Wir können dieses Problem nämlich in das folgende lineare (SIP) umformulieren:

Minimiere $c^T z$ unter der Nebenbedingung $z^T a(x) - f(x) \leq 0$, $x \in B$,

mit $a(x) = (a_1(x), \ldots, a_n(x))^T$ und $c = (-\int_B a_1(x)d\mu(x), \ldots, -\int_B a_n(x)d\mu(x))^T$.

$z \in Z$ ist Lösung dieses linearen (SIP) genau dann, wenn $g(x) = z^T a(x)$ Lösung des einseitigen L^1-Approximationsproblems ist.

Unter den genannten Voraussetzungen besitzt das Ungleichungssystem (12) in diesem Beispiel keine nichttriviale Lösung, d.h. es gilt $-c \in \text{int } K(\{a(x) \mid x \in B\})$ und mit Satz 3.2.7 ist die Lösungsmenge dieses linearen (SIP) kompakt.

Ist eine der äquivalenten Aussagen von Satz 3.2.7 erfüllt, so können wir überdies zeigen: bei hinreichend kleinen Störungen des zulässigen Bereichs Z bleibt das konvexe Optimierungsproblem lösbar und die Lösungen sind Näherungen für Lösungen des Ausgangsproblems. Hierfür benötigen wir die folgende Definition des Abstands zweier kompakter Mengen $Z_1, Z_2 \subset \mathbb{R}^n$:

$$d(Z_1, Z_2) := \max\left(\max_{z_1 \in Z_1} \min_{z_2 \in Z_2} ||z_1 - z_2||, \max_{z_2 \in Z_2} \min_{z_1 \in Z_1} ||z_1 - z_2||\right).$$

__3.2.9. Lemma__ $Z_o \subset \mathbb{R}^n$ sei nichtleer, konvex und abgeschlossen, $c_o \in \mathbb{R}^n$. Zu $z_o \in Z_o$ sei $K_r = \{z \in \mathbb{R}^n | \; ||z - z_o|| \leq r\}$ eine kompakte Normkugel derart, daß int $K_r \supset Z_o \cap N(c_o, z_o)$. Dann gibt es zu jedem $\epsilon > 0$ ein $\delta > 0$, so daß für $||c - c_o|| \leq \delta$ und für abgeschlossene, konvexe $Z \subset \mathbb{R}^n$ mit $d(Z_o \cap K_r, Z \cap K_r) \leq \delta$ gilt: Die Lösungsmengen $L(Z,c) := \{\bar{z} \in Z \; | \; c^T\bar{z} = v(Z,c)\}$ sind nichtleer, kompakt, konvex und es gilt

$$\forall \bar{z} \in L(Z,c) \; \exists \bar{z}_o \in L(Z_o,c_o) : \; ||\bar{z} - \bar{z}_o|| \leq \epsilon. \tag{13}$$

Mit anderen Worten, keine Lösung des gestörten Problems liegt um mehr als ϵ von der Lösungsmenge des ungestörten weg.

__Beweis:__ Seien Z, c so, daß $d(Z_o \cap K_r, Z \cap K_r) \leq \delta$ und $||c - c_o|| \leq \delta$. Wir wählen ein $z \in Z$ mit $||z - z_o|| \leq \delta$ und zeigen zunächst, daß für hinreichend kleine δ die Niveaumenge $N(c,z) \cap Z$ in K_r bleibt.

Ist dies nicht der Fall, so existieren Folgen $c_n \in \mathbb{R}^n$, $Z_n \subset \mathbb{R}^n$ abgeschlossen und konvex, $z_o^n \in Z_n$ mit $\lim z_o^n = z_o \in Z_o$, $\lim d(Z_n \cap K_r, Z_o \cap K_r) = 0$ und $N(c_n, z_o^n) \cap Z_n \not\subset K_r$. Wegen $\lim z_o^n = z_o$ und der Konvexität der $Z_n \cap N(c_n, z_o^n)$ gibt es dann eine Folge $\tilde{z}_n \in Z_n$ mit $||\tilde{z}_n - z_o|| = r$ und $c_n^T\tilde{z}_n \leq c_n^T z_o^n$ sowie eine zugehörige Folge $z_n \in Z_o$ mit $\lim ||z_n - \tilde{z}_n|| = 0$.

O.B.d.A. kann $\lim z_n = z \in Z_o$ angenommen werden. Für diesen Limes gilt $||z - z_o|| = r$ und $c_o^T z = \lim c_n^T\tilde{z}_n \leq \lim c_n^T z_o^n = c_o^T z_o$ im Widerspruch zur Konstruktion von K_r. Für hinreichend kleine $\delta > 0$ gilt also $N(c,z) \cap Z \subset K_r$. Da Z abgeschlossen ist, sind damit die Lösungsmengen $L(Z,c)$ kompakt, nichtleer und es gilt $L(Z,c) \subset K_r$. Es bleibt (13) zu zeigen. Wegen $L(Z,c) \subset K_r$ und der Voraussetzung $d(Z \cap K_r, Z_o \cap K_r) \leq \delta$ können mit $\delta \to 0$ Elemente $\bar{z} \in L(Z,c)$ beliebig genau durch Elemente $\bar{z}_o \in Z_o$ und Elemente $z \in L(Z_o,c_o)$ beliebig genau durch Elemente aus Z approximiert werden. Daher gilt für die Werte $\lim_{\delta \to 0} v(Z,c) = v(Z_o,c_o)$, und hieraus folgt, daß für $\delta \to 0$ Häufungspunkte einer Folge $\bar{z}_\delta \in L(Z,c) \subset K_r$ zu $L(Z_o,c_o)$ gehören. Für hinreichend kleine $\delta > 0$ liefert dies Abschätzung (13). $\diamond$

Wir formulieren zum Abschluß den eingangs erwähnten Satz, der klärt, wie durch <u>Diskretisierung</u> des Bereichs B Näherungslösungen des linearen (SIP) gewonnen werden können. Dieser Satz ist eine einfache Folgerung aus Lemma 3.2.9.

<u>3.2.10. Satz</u> Das lineare (SIP) erfülle eine der äquivalenten Bedingungen aus Satz 3.2.7 Dann gibt es zu jedem $\varepsilon > 0$ ein $d > 0$, so daß für jede diskrete Teilmenge $B_d \subset B$ der

$$\text{Dichte } \Delta(B_d) := \max_{x \in B}\{\min_{y \in B_d} ||x - y||\} \leq d \text{ gilt:}$$

Die diskretisierten Probleme $SIP(B_d)$ sind lösbar und für jede Lösung $\bar{z}_d \in Z_d$ von $SIP(B_d)$ gibt es eine Lösung $\bar{z} \in Z$ von (SIP) mit $||\bar{z}_d - \bar{z}||_2 \leq \varepsilon$.

<u>Beweis:</u> Da die Lösungsmenge des linearen (SIP) kompakt ist, können wir eine kompakte Normkugel K_r entsprechend der Voraussetzung von Lemma 3.2.9 konstruieren. Dann ist nach Lemma 3.2.9 nur noch zu zeigen, daß $d(Z_d \cap K_r, Z \cap K_r) \leq \delta$ für hinreichend kleine $d > 0$. Ist dies nicht der Fall, so existiert für eine Folge $B_{d_n} \subset B$ mit $\lim \Delta(B_{d_n}) = 0$ eine konvergente Folge $z_n \in Z_{d_n}$ mit $\lim z_n = z \notin Z$, d.h. mit $z^T a(x) - b(x) > 0$ für ein $x \in B$. Dann gilt aber auch $z_n^T a(x_n) - b(x_n) > 0$ für hinreichend große $n \in \mathbb{N}$ und Punkte $x_n \in B_{d_n}$ im Widerspruch zu $z_n \in Z_{d_n}$. $\Diamond$

<u>3.2.11 Bemerkung</u> Erfüllt das lineare (SIP) neben den Bedingungen aus 3.2.7 noch die Slaterbedingung, so gilt die Aussage von Satz 3.2.10 entsprechend auch für die Lösungsmengen <u>gestörter diskretisierter Probleme</u>

$$\inf \{\tilde{c}^T z \mid z^T \tilde{a}(x) - \tilde{b}(x) \leq 0, \ x \in B_d\}$$

bei kleinen Störungen $\Delta a = \tilde{a} - a \in C(B, \mathbb{R}^n)$, $\Delta b = \tilde{b} - b \in C(B)$, $\Delta\tilde{c} = c - c \in \mathbb{R}^n$ mit $||\Delta a||_\infty \leq d$, $||\Delta b||_\infty \leq d$, $||\Delta c|| \leq d$. Man zeigt wiederum, daß zu $\delta > 0$ die zulässigen Bereiche $\tilde{Z}_d$ dieser Probleme für hinreichend kleine $d > 0$ der Bedingung $d(\tilde{Z}_d \cap K_r, Z \cap K_r) \leq \delta$ genügen und wendet Lemma 3.2.9 an. Insbesondere sind damit auch die Lösungen der gestörten kontinuierlichen (SIP) näherungsweise Lösungen des ursprünglichen linearen (SIP).

3.2.C. Bemerkungen zur Dualitätstheorie für lineare Probleme

Wir wollen die Grundidee der Dualität zunächst erläutern an dem
konvexen Optimierungsproblem (vgl.(2)):

(K) Minimiere $c^T z$ unter der Nebenbedingung $z \in Z$, wobei $Z \subset \mathbb{R}^n$
eine nichtleere, abgeschlossene, konvexe Menge sei.

Geometrisch läßt sich dieses Problem so interpretieren (Fig.3.8a):
Bestimme aus der Schar paralleler Hyperebenen

$$H^d = \{\xi \in \mathbb{R}^n \mid c^T \xi = d\} \ , \ d \in \mathbb{R}, \tag{14}$$

die der Bedingung

$$H^d \cap Z \neq \emptyset \tag{15}$$

genügen, eine mit minimalem $\bar{d}$.

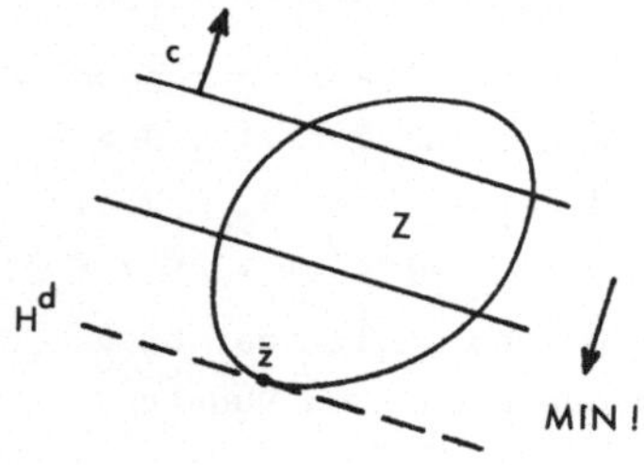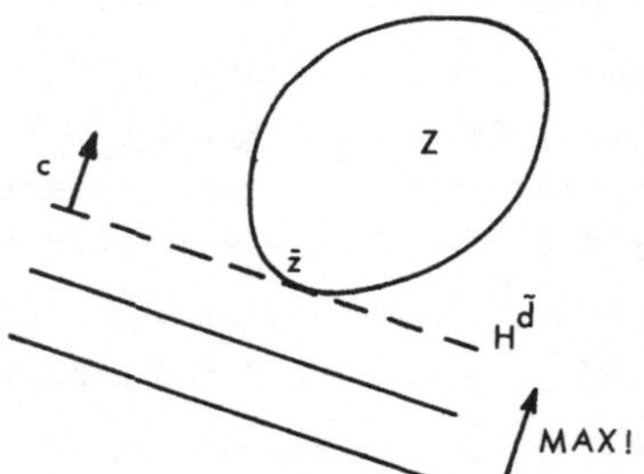

a) primales Problem (K)   b) duales Problem (K_D)

Fig. 3.8

Gilt $\inf_{z \in Z} c^T z > -\infty$, so ist obige Fragestellung offensichtlich derjenigen äquivalent, aus der (unter dieser Bedingung nichtleeren)
Schar von Hyperebenen H^d, für die Z ganz auf der Seite liegt, in
die c zeigt (Fig. 3.8b)), eine mit maximalem $\tilde{d}$ auszuwählen. Wir
wollen diese Formulierung das <u>duale Problem</u> nennen:

(K_D) Maximiere d unter der Nebenbedingung

$$Z \subset H^d_{\geq} := \{\xi \in \mathbb{R}^n \mid c^T \xi \geq d\}. \tag{16}$$

(16) ist offensichtlich gleichwertig mit

$$c^T z \geq d \text{ für alle } z \in Z. \tag{17}$$

Es sei

$$H(Z) = \left\{ \begin{pmatrix} y \\ d \end{pmatrix} \in \mathbf{R}^{n+1} \mid y^T z \geq d, \ z \in Z \right\}. \tag{18}$$

Die Elemente von $H(Z)$ können wir eindeutig den Hyperebenen
$H(y,d) = \{\xi \mid \xi^T y = d\}$ zuordnen,
für die Z ganz auf der Seite
liegt, in die y weist (Fig.3.9).

(16) besagt dann einfach, daß
$\begin{pmatrix} c \\ d \end{pmatrix} \in H(Z)$. Somit können wir
das duale Problem äquivalent
in der Form schreiben:

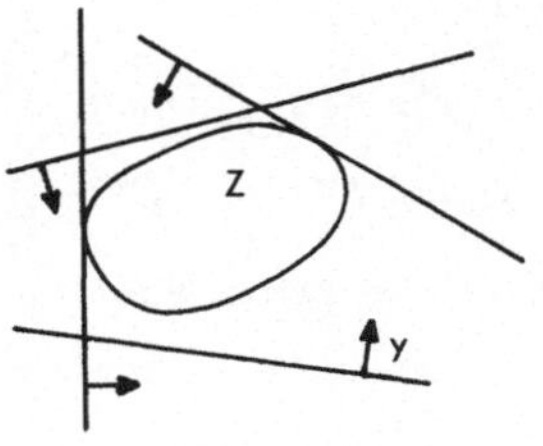

Fig. 3.9

(K_D) Maximiere d unter der Nebenbedingung $\begin{pmatrix} c \\ d \end{pmatrix} \in H(Z)$

Aus obiger Diskussion folgt nun unmittelbar das folgende Dualitäts-
lemma, dessen einfachen geometrischen Inhalt man sich im weiteren
vor Augen halten sollte:

3.2.12. Lemma Es sei $\inf\limits_{z \in Z} c^T z > -\infty$. Dann liefert jeder dual zu-
lässige Punkt $\begin{pmatrix} c \\ d \end{pmatrix} \in H(Z)$ eine untere Abschätzung $d \leq v(K)$ für den
Zielwert von (K). Weiterhin ist (K_D) lösbar und es gilt für den
Wert $v(K_D) = \max \{d \mid \begin{pmatrix} c \\ d \end{pmatrix} \in H(Z)\}$ von (K_D)

$$v(K_D) = v(K) \tag{19}$$

Bemerkung: Die Lösbarkeit von (K_D) erkennt man daran, daß offen-
sichtlich für $\bar{d} = \inf \{c^T z \mid z \in Z\}$ gilt $(c^T, \bar{d})^T \in H(z)$, d.h. $(c^T, \bar{d})^T$
löst (K_D).

Wir wollen diese Überlegungen nun auf lineare (SIP) übertragen und
nehmen hierzu

$$Z = \{z \mid z^T a(x) - b(x) \leq 0, \ x \in B\} \text{ mit kompaktem } B \subset \mathbf{R}^m$$

an, so daß (K) ein lineares semi-infinites Problem (SIP) wird.

Die Aussage $\binom{y}{d} \in H(Z)$ ist dann gleichwertig damit, daß das Un-gleichungssystem

$$y^T z - d < 0, \quad z^T a(x) - b(x) \leq 0, \quad x \in B, \tag{20}$$

keine Lösung besitzt. Hinreichend hierfür ist, daß das Unglei-chungssystem

$$- y^T z + z_{n+1} d < 0, \quad z^T a(x) + z_{n+1} b(x) \leq 0, \quad x \in B, \tag{2o'}$$

keine Lösung $\binom{z}{z_{n+1}} \in R^{n+1}$ besitzt, was nach der Bemerkung im An-schluß an das Lemma von F a r k a s äquivalent ist zu der Bedin-gung

$$- \binom{y}{d} \in \text{clos } M_{n+1} = \text{clos } K \ \{ \binom{a(x)}{b(x)} \mid x \in B\}$$

wobei

$$M_{n+1} := K \ \{\binom{a(x)}{b(x)} \mid x \in B\} \tag{21}$$

als <u>Momentenkegel</u> (vgl.[38]) bezeichnet wird. Es ist also
  clos $M_{n+1} \subset H(Z)$ und man kann im Fall $v(K) > - \infty$ durch eine ein-fache Rechnung zeigen, daß man in (K_D) $H(Z)$ durch $-$ clos M_{n+1} er-setzen kann, ohne an der Lösungsmenge von (K_D) etwas zu ändern.
Aus diesem Grund bezeichnen wir das so abgeänderte Problem wieder
mit (K_D), für das Lemma 3.2.12 gültig bleibt.

Die Elemente von M_{n+1} ergeben sich als endliche positive Linear-kombinationen

$$\sum_{i=1}^{r} u_i \binom{a(x_i)}{b(x_i)}, \quad x_i \in B, \quad u_i > 0.$$

Eine solche einfache Darstellung erhält man nicht mehr für die Ele-mente in clos $M_{n+1} \backslash M_{n+1}$. Deswegen ist es üblich, das zum linearen
(SIP) <u>duale semi-infinite Problem</u> zu definieren als:

(SIP$_D$) Maximiere d unter der Nebenbedingung

$$- \binom{c}{d} \in M_{n+1}. \tag{22}$$

Statt Lemma 3.2.12 hat man nun zunächst nur noch die schwache Dualität (natürlich folgt aus $- M_{n+1} \subset H(Z)$ für die Werte von (SIP_D) und (K_D) die Abschätzung $v(SIP_D) \leq v(K_D)$!)

$$v(SIP_D) \leq v(SIP). \qquad (23)$$

Für Beispiele, bei denen $v(SIP_D) < v(SIP)$ auftritt - man spricht dann von einer Dualitätslücke - vgl.[18].

Erzwingt man durch zusätzliche Voraussetzungen, daß M_{n+1} abgeschlossen ist, so erhält man Lemma 3.2.12 entsprechend starke Dualität. Beispiele für solche Voraussetzungen sind die Slater-Bedingung oder $|B| < \infty$, d.h. der Fall finiter Optimierung (vgl. Lemma 3.1.12).

3.2.13 Starker Dualitätssatz

Sei $v(SIP) > - \infty$. Ist dann die Slaterbedingung erfüllt oder ist B endlich, so ist (SIP_D) lösbar und

$$v(SIP_D) = v(SIP). \qquad (24)$$

Hierin ist der bekannte Dualitätssatz der linearen Optimierung enthalten.

Beweis:

Die obige Ableitung von Satz 3.2.13 ist noch lückenhaft. Wir geben daher für den wichtigen Spezialfall, daß (SIP) lösbar ist und die Slaterbedingung erfüllt, einen einfachen alternativen Beweis, der außerdem zeigt, wie aus einer Lösung von (SIP) eine Lösung von (SIP_D) konstruiert werden kann.

Sei $\bar{z}$ eine Lösung von (SIP) und $\bar{d} = v(P) = c^T\bar{z}$. Nach dem Kuhn-Tucker-Satz (Satz 3.2.3) gibt es $L' \subset L$, $|L'| \leq n$, sowie $u_1 > 0$, so daß

$$-c = \sum_{l \in L'} u_l a(\bar{x}^l).$$

Es folgt

$$\bar{d} = c^T\bar{z} = - \sum_{l \in L'} u_l a^T(\bar{x}^l)\bar{z} = - \sum_{l \in L'} u_l b(\bar{x}^l) \quad (\text{beachte: } \bar{x}^l \in \bar{E}!).$$

Somit ist also $\quad - \begin{pmatrix} c \\ \bar{d} \end{pmatrix} = \sum_{l \in L'} u_l \begin{pmatrix} a(\bar{x}^l) \\ b(\bar{x}^l) \end{pmatrix} \in M_{n+1}.$

Wegen der schwachen Dualität (23) ist $\bar{d} = v(SIP_D)$ und $\bar{d}$ ist Lösung von (SIP_D). $\Diamond$

__3.2.14. Bemerkung__ Obiger Beweis zeigt für den Fall, daß (P) lösbar ist, daß man sich in (SIP_D) beschränken kann auf $-\binom{c}{d} \in M_{n+1}$

mit
$$-\binom{c}{d} = \sum_{j=1}^{n} u_j \binom{a(x_j)}{b(x_j)}, \quad u_j \geq 0, \tag{25}$$

also mit Darstellungen der Länge n.

__3.2.15. Bemerkung.__ Sei $-\binom{c}{d} = \sum_{j=1}^{n} u_j \binom{a(x_j)}{b(x_j)}$ ein dual zulässiger

Punkt. $\tilde{z}$ löse die Interpolationsaufgabe

$$\tilde{z}^T a(x_j) = b(x_j) \quad , \quad j = 1,.., n \text{ mit } u_j > 0. \tag{26}$$

Ist dann überdies $\tilde{z}$ zulässig für (SIP), so löst $\tilde{z}$ das Problem (SIP), da die K u h n - T u c k e r - Bedingung in $\tilde{z}$ hinreichend für ein globales Minimum von (SIP) ist und diese natürlich aus (25) und (26) folgt.

__3.2.16 Beispiel__ Momentenprobleme Wir haben in Beispiel 3.2.8 das einseitige L^1-Approximationsproblem

Minimiere $\int_B (f(x) - \varphi(x) d\tilde{\mu}(x)$ unter der Nebenbedingung

$$\varphi(x) = \sum_{i=1}^{n} z_i a_i(x) \leq f(x) \quad \text{für } x \in B$$

mit einem strikt positiven Maß $\tilde{\mu}$ auf $B \subset \mathbb{R}^m$ betrachtet. Hierbei werden die reellen Zahlen $\tilde{c}_i = \int_B a_i(x) d\tilde{\mu}(x)$ die i-ten Momente des Maßes $\tilde{\mu}$ bezüglich des Systems linear unabhängiger Funktionen $\{a_1(x),...,a_n(x)\}$ genannt. Als Momentenproblem (erstes C h e b y - s h e v-Problem) bezeichnet man die Aufgabe:(vgl.[64 ,S.467ff]):

Bestimme unter allen nichtnegativen Maßen μ auf B, die der Momentenbedingung $\tilde{c}_i = \int_B a_i(x) d\mu$, $1 \leq i \leq n$, genügen, ein Maß $\bar{\mu}$, für das

das Integral $- \int_B f(x)\,d\bar{\mu}$ maximal wird.

Wir zeigen, daß dieses Momentenproblem gerade das duale semi-infinite Problem ist zu dem zum einseitigen L^1-Approximationsproblem gehörenden Problem

(SIP) Minimiere $F(z) = c^T z$, $g(z,x) = z^T a(x) - f(x) \leq 0$, $x \in B$

  mit $c^T = - (\tilde{c}_1, \ldots, \tilde{c}_n)$.

Hierbei setzen wir die Gültigkeit der Slaterbedingung voraus, also die Existenz einer Funktion $\varphi = \sum_{i=1}^{n} z_i a_i$ mit $\varphi < f$ auf B.

Dann lautet das duale Problem zu (SIP):

(SIP_D) Maximiere d unter der Nebenbedingung

$$- \binom{c}{d} \in M_{n+1} = K \left\{ \binom{a(x)}{f(x)} \mid x \in B \right\}$$

Die Slaterbedingung impliziert nach Lemma 3.1.12 die Abgeschlossenheit von M_{n+1}, so daß nach dem Lemma von Farkas $- \binom{c}{d} \in M_{n+1}$ äquivalent zur Unlösbarkeit des Ungleichungssystems (20') ist, also von $c^T z + z_{n+1} d < 0$, $z^T a(x) + z_{n+1} f(x) \leq 0$, $x \in B$. Sei μ ein nichtnegatives Maß auf B, das der Momentenbedingung $\tilde{c}_i = \int_B a_i(x)\,d\mu(x)$ genügt. Dann folgt aus $z^T a(x) + z_{n+1} f(x) \leq 0$, $x \in B$, für das Integral $0 \leq \int_B - (z^T a(x) + z_{n+1} f(x))\,d\mu = c^T z - z_{n+1} \int_B f(x)\,d\mu$.

Somit gilt $- \binom{c}{-\int f(x)\,d\mu} \in M_{n+1}$ für jedes nichtnegative Maß μ, das der Momentenbedingung genügt. Umgekehrt können wir zu jedem $- \binom{c}{d} \in M_{n+1}$ ein derartiges Maß angeben, so daß $d = - \int_B f(x)\,d\mu$ erfüllt ist: Nach Definition von M_{n+1} gilt nämlich $-\binom{c}{d} = \sum_{l=r}^{r} u_l \binom{a(x^l)}{f(x^l)}$, und das diskrete Maß $\mu = \sum_{l=1}^{r} u_l \delta_{x^l}$ mit Träger $\{x^1, \ldots, x^r\}$ und nichtnegativen Gewichten $u_l \geq 0$ erfüllt offensichtlich

$$\tilde{c}_i = \int_B a_i(x)\,d\mu \quad \text{und} \quad d = - \sum_{l=1}^{r} u_l f(x^l) = - \int_B f(x)\,d\mu.$$

Wir können daher das Momentenproblem mit dem dualen semi-infiniten Problem (SIP_D) zum einseitigen L^1-Approximationsproblem identifizieren. Die Anwendung des starken Dualitätssatzes 3.2.13 auf das Paar (SIP) und (SIP_D) zeigt zusammen mit 3.2.10 überdies:

Es gibt eine Funktion $\bar{\varphi} = \sum_{i=1}^{n} \bar{z}_i a_i \leq f$ und ein nichtnegatives, diskretes Maß $\bar{\mu} = \sum_{l=1}^{} u_l \delta_{\bar{x}^l}$ mit höchstens n Trägerpunkten

$\bar{x}^l \in \bar{E}$, $1 \leq l \leq n$, (vgl. den Beweis von 3.2.13) und

$\tilde{c}_i = \int_B a_i(x) d\bar{\mu}(x)$, $1 \leq l \leq n$, so daß für jedes $\varphi = \sum_{i=1}^{n} z_i a_i \leq f$ und jedes nicht negative Maß μ, das die Momentenbedingung erfüllt gilt

$$\int_B f(x) d\mu(x) \geq \int_B f(x) d\bar{\mu}(x) = \int_B \bar{\varphi}(x) d\tilde{\mu}(x) \geq \int_B \varphi(x) d\tilde{\mu}(x). \tag{27}$$

Insbesondere gibt es also eine Lösung des Momentenproblems, die ein diskretes Maß mit höchstens n Trägerpunkten ist. Aus diesem Grund findet das Momentenproblem auch Anwendung in der <u>numerischen Integration</u>. Sind nämlich die Integrale $\tilde{c}_i = \int_B a_i(x) d\tilde{\mu}$ im Gegensatz zum Integral $\int_B f(x) d\tilde{\mu}$ einfach zu berechnen, so kann man näherungsweise

$$\int_B f(x) d\tilde{\mu} \cong \sum_{i=1}^{n} u_l f(\bar{x}^l)$$

setzen, wobei diese Approximation zugleich eine untere Abschätzung des Integrals $\int_B f(x) d\tilde{\mu}$ ist. (Ähnlich kann man mit Hilfe der L^1-Approximation von oben auch zu einer oberen Abschätzung kommen.)

Im Spezialfall erhalten wir z.B. aus der Lösung des einseitigen L^1-Approximationsproblems bzw. des dualen Momentenproblems die <u>G a u ß-Quadraturformel</u>:

<u>3.2.17 Korollar</u> Sei $n \in \mathbb{N}$ gerade. Dann gibt es eindeutig bestimmte Punkte $0 < \bar{x} < \ldots < \bar{x}^{n/2} < 1$ sowie Gewichte $u_l > 0$ (nämlich die Knoten und Gewichte der Gauß-Quadratur) so daß für eine beliebige Funktion f mit $f^{(n)}(x) > 0$ für $x \in [0,1]$ gilt:

(i)   das Interpolationspolynom $\bar{p}(x) = \sum_{i=1}^{n} \bar{z}_i x^{i-1}$ zu f mit

$\bar{p}(\bar{x}^l) = f(\bar{x}^l)$, $\bar{p}'(\bar{x}^l) = f'(\bar{x}^l)$, $1 \leq l \leq n/2$ ist eindeutige Lösung des einseitigen Approximationsproblems

Min $\{\int_0^1 (f(x)-p(x))dx \mid p$ Polynom vom Grad $k \leq n-1$ mit $p \leq f$ auf $[0,1]\}$

(ii) das Maß $\bar{\mu} = \sum_{l=1}^{n/2} u_l \delta_{\bar{x}^l}$ ist Lösung des Momentenproblems

$\text{Max} \{-\int_0^1 f(x)d\mu \mid \mu \text{ nicht negatives Maß auf } [0,1] \text{ mit } \int_0^1 x^{i-1}d\mu = \int_0^1 x^{i-1}dx, 1 \leq i \leq n\}$.

Insbesondere gilt also $\sum_{l=1}^{n/2} u_l p(\bar{x}^l) = \int_0^1 p(x)dx$ für jedes Polynom p

vom Grad $k \leq n-1$ und $\sum_{l=1}^{n/2} u_l f(\bar{x}^l) \leq \int_0^1 f(x)dx$.

Beweis: Wir wählen zunächst $f(x) = x^n$. $\bar{z}$ sei Lösung des dem einseitigen Approximationsproblems in (i) entsprechenden linearen
(SIP) mit $\bar{E} = \{\bar{x}^l \mid l \in L\}$. Aus 3.1.5 folgt zunächst, daß
$|L| = r \leq n/2$ gelten muß. Die K u h n - T u c k e r-Bedingung zu
$\bar{z}$ können wir also schreiben in Form

$$\left(\int_0^1 1dx, \ldots, \int_0^1 x^{n-1}dx\right)^T = \sum_{l=1}^{r} u_l \, (1, \bar{x}^l, \ldots, (\bar{x}^l)^{n-1})^T, \quad u_l \geq 0,$$

was gleichbedeutend damit ist, daß die Integrationsformel

$$\sum_{l=1}^{r} u_l p(\bar{x}^l) = \int_0^1 p(x)dx \text{ exakt ist für alle Polynome vom Grad } k \leq n-1.$$

Sei $I = \{l \mid 1 \leq l \leq r, u_l > 0\}$. Wäre $|I| < n/2$, so würde sich

für das Polynom $p(x) = \prod_{l \in I} (x - \bar{x}^l)^2 \neq 0$ vom Grad $k < n$ ergeben,

daß $\int_0^1 p(x)dx = 0$ ist. Daher muß $r = n/2$ sowie $u_l > 0$ für $1 \leq l \leq r$

sein. Ähnlich zeigt man, daß auch kein Randpunkt von $[0,1]$ zu $\bar{E}$
gehören kann. Wir haben also Gewichte $u_l > 0$ und Knoten $\bar{x}^l, 1 \leq l \leq n/2$,

mit $0 < \bar{x}^1 < \ldots < \bar{x}^{n/2} < 1$ einer Integrationsformel bestimmt, die
exakt ist für Polynome bis zum Grad $k \leq n-1$. Aus der Kuhn-Tucker-

Bedingung folgt (vgl. 3.2.13), daß $\bar{d} = - \sum_{l=1}^{n/2} u_l (\bar{x}^l)^n$ gleich dem

Wert von (SIP_D) ist, so daß mit 3.2.16 das Maß $\bar{\mu} = \sum_{l=1}^{n/2} u_l \delta_{\bar{x}^l}$ Lösung

des Momentenproblems (ii) ist. Schließlich folgt aus der Zulässig-

keit von $\bar{z}$, daß $\sum_{i=1}^{n} \bar{z}_i x^{i-1}$ in den aktiven Punkten $\bar{x}^l \in (0,1)$ die

Funktion x^n auch in der ersten Ableitung interpolieren muß. Durch
diese Interpolationsbedingung ist $\bar{z}$ eindeutig bestimmt, woraus sich
nach 3.2.4 auch die Eindeutigkeit der Lösung $\bar{z}$ und damit der

Knoten $\bar{x}^1$ ergibt. Sei nun f beliebig mit $f^{(n)} > 0$. Da die (hinrei-chende) K u h n - T u c k e r-Bedingung nur von den aktiven Punk-ten und nicht von $\bar{z}$ und f abhängt, genügt es, ein zulässiges $\bar{z} \in Z$ anzugeben, das die G a u ß-Knoten $\bar{x}^1$, $1 \leq 1 \leq n/2$, als aktive Punk-te besitzt. Dieses $\bar{z}$ ist dann eindeutige Lösung des einseitigen

L^1-Approximationsproblems (i) und das Maß $\bar{\mu} = \sum_{1=1}^{n/2} u_1 \delta_{\bar{x}^1}$ ist weiter-

hin Lösung des dualen Momentenproblems (ii). Das gesuchte $\bar{z}$ ist gegeben durch den Koeffizientenvektor des Hermite-Interpolations-

polynoms $\bar{p}(x) = \sum_{i=1}^{n} \bar{z}_i x^{i-1}$ zu $f(x)$ mit $p(\bar{x}^1) = f(\bar{x}^1)$ und

$p'(\bar{x}^1) = f'(\bar{x}^1)$ für $1 \leq 1 \leq n/2$. Mit dem Satz von Rolle folgt dann aus der Bedingung $f^{(n)} > 0$, daß die Fehlerfunktion $f(x) - \bar{p}(x)$ außer den gegebenen n Nullstellen (Vielfachheiten mitgezählt) kei-ne weiteren Nullstellen besitzt und damit in $[0,1]$ positiv ist. Al-so ist $\bar{z}$ zulässig für (SIP). $\diamond$

3.2.18 Bemerkung Aussage und Beweis 3.2.17 gelten unverändert für beliebige strikt positive Maße $\tilde{\mu}$ anstelle des Lebesguemaßes. Für ungerade $n \in \mathbb{N}$ ergeben sich entsprechende Integrationsformeln mit

Knoten $0 = \bar{x}^1 < ... < \bar{x}^{\frac{n+1}{2}} < 1$, die exakt sind für Polynome bis zum Grad $k \leq n-1$ (z.B. die R a d a u - O-Formel). Weitere bekannte In-tegrationsformeln liefert die einseitige L^1-Approximation unter

der Nebenbedingung $\sum_{i=1}^{n} z_i x^{i-1} \geq x^n$.

3.3. Lokale Reduktion auf ein finites Problem und Optimalitäts-
bedingungen zweiter Ordnung

Wir untersuchen in diesem Abschnitt, inwieweit sich ein semi-infinites Problem lokal auf ein finites Optimierungsproblem reduzieren läßt, d.h. wie sich ein finites Ersatzproblem angeben läßt,
das in einer Umgebung eines lokalen Minimums $\bar{z}$ von (SIP) definiert
ist und dort dieselbe Lösungsmenge besitzt.

Die Existenz eines derartigen lokal reduzierten finiten Problems
ist von theoretischem ebenso wie von praktischem Interesse. Sie
bietet zum einen die Möglichkeit, bekannte hinreichende Optimalitätskriterien zweiter Ordnung auf den semi-infiniten Fall zu übertragen. Zum anderen eröffnet sich prinzipiell die Möglichkeit,
durch Behandlung des reduzierten Problems numerische Verfahren der
finiten Optimierung lokal auch zur Berechnung der Lösungen von
(SIP) einzusetzen.

Bei linearen (SIP) führte die Ersetzung von B durch eine endliche
Teilmenge der in der Lösung aktiven Punkte $\bar{E} = \{\bar{x}^1 \mid 1 \in L\}$ auf
ein finites lineares Problem (Diskretisierung), dessen Lösungs-
menge die Lösungsmenge von (SIP) - in der Regel allerdings echt -
umfaßt (vgl. Kor. 3.2.4). Im Gegensatz dazu kann es im nichtlinearen Fall vorkommen, daß zu einer Lösung $\bar{z} \in Z$ von (SIP) überhaupt
kein diskretisiertes Problem SIP (B_d) existiert, welches $\bar{z}$ ebenfalls als Lösung besitzt (vgl. 3.3.1). Es ist daher i.a. nicht
möglich, ein nichtlineares (SIP) durch einfache Diskretisierung
auf ein finites Problem zu reduzieren.

Die im folgenden behandelte Reduktionsmethode geht von der Tat-
sache aus, daß die aktiven Punkte $\bar{x}^1, 1 \in L$, zu $\bar{z} \in Z$ Maxima der
Funktion $g(\bar{z}, \cdot)$ in B sind. Sind dann lokal eindeutige Maxima
$x^1(z), 1 \leq 1 \leq r$, von $g(z, \cdot)$ in B auch für alle z aus einer Umgebung
$U(\bar{z}) \subset \mathbf{R}^n$ von $\bar{z}$ definiert, so gelingt es, den zulässigen Bereich Z
von (SIP) lokal in $\bar{z} \in Z$ durch das finite System von Nebenbedingungen $g(z, x^1(z)) \leq 0, 1 \leq 1 \leq r$, zu beschreiben. Unter dem lokal
in $\bar{z} \in Z$ reduzierten Problem (SIP) verstehen wir dann das finite
Optimierungsproblem mit z-abhängigen Diskretisierungspunkten

$$\text{Min } \{F(z) \mid z \in U(\bar{z}), \; g(z, x^1(z)) \leq 0, \; 1 \leq 1 \leq r\}.$$

3.3.A z-abhängige Diskretisierungspunkte

Wir haben in Abschnitt 3.1 Optimalitätskriterien kennengelernt, die alle von Informationen erster Ordnung (d.h. von ersten Ableitungen nach z) der Zielfunktion sowie der in $\bar{z} \in Z$ aktiven Nebenbedingungen $g(\bar{z},\bar{x}^1) = 0$, $1 \in L$, Gebrauch machen. Für den Fall, daß die Menge der aktiven Punkte $\bar{E}$ zu einem $\bar{z} \in Z$ endlich ist, wir also $L = \{1,\ldots,r\}$ setzen können, sind diese Kriterien identisch mit Optimalitätskriterien erster Ordnung der finiten Optimierung angewandt auf das auf $\bar{E}$ diskretisierte (SIP)

$$\text{Min } \{F(z) \mid z \in Z_o, \ g(z,\bar{x}^1) \leq 0, \ 1 \leq 1 \leq r\}. \tag{1}$$

Bekanntlich sind die notwendigen Optimalitätskriterien erster Ordnung der finiten Optimierung i.a. nicht hinreichend für lokale Minima. Es kann durchaus sein, daß ein lokales Minimum $\bar{z} \in Z$ von (SIP) für das diskretisierte Problem (1) nur ein Sattelpunkt und kein lokales Minimum ist, wie das folgende Beispiel zeigt.

3.3.1. Beispiel Zu der Funktion $f(x) = 1 - x^2$ ist in $B = [-1,1]$

die beste Chebyshev-Approximation aus $A = \{a(p,x) = \frac{1}{2}p^2 - 2px \mid p \in \mathbb{R}\}$ gesucht. Das zugehörige (SIP) lautet:

$$\text{Min} \left\{ F(z) = z_2 \mid z \in \mathbb{R}^2, \ \begin{array}{l} g^1(z,x) = 1-x^2 - 1/2z_1^2 + 2z_1x - z_2 \leq 0 \\ g^2(z,x) = -1+x^2 + 1/2z_1^2 - 2z_1x - z_2 \leq 0 \end{array}, x \in [-1,1] \right\}$$

Der zulässige Bereich Z dieses Problems läßt sich auch beschreiben durch $Z = \{z \in \mathbb{R}^2 \mid g(z_1) \leq z_2\}$, wobei $g(z_1)$ die obere Einhüllende der Funktionenfamilie $g_x(z_1) = |1 - x^2 - 1/2z_1^2 + 2z_1x|$, $x \in [-1,1]$ ist (vgl. Fig. 3.10 a,b). Offensichtlich ist der Punkt $\bar{z} = (0,1)^T \in Z$ ein globales Minimum. Die Menge der aktiven Punkte zu $\bar{z}$ ist $\bar{E} = \{0\}$ mit $g^1(\bar{z},0) = 0$. Das auf $\bar{E}$ diskretisierte (SIP) lautet also

$$\text{Min } \{F(z) = z_2 \mid z \in \mathbb{R}^2, \ 1 - \frac{1}{2}z_1^2 - z_2 \leq 0\}$$

Dieses Problem hat den Wert $-\infty$, und die Lösung $\bar{z}$ von (SIP) ist ein Sattelpunkt dieses finiten Problems, da $\bar{z}$ sogar ein Maximum für $F(z)$ auf dem Rand $\{z \in \mathbb{R}^2 \mid 1 - 1/2z_1^2 = z_2\}$ von

$Z_d = \{z \in \mathbb{R}^2 \mid g^1(z,0) \leq 0\}$ ist (vgl. Fig. 3.10 b).

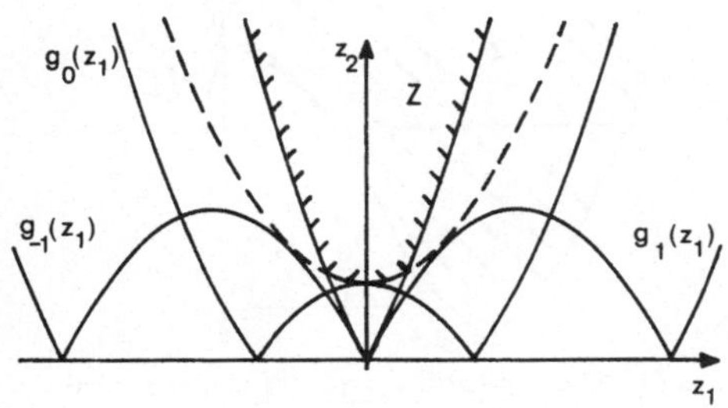

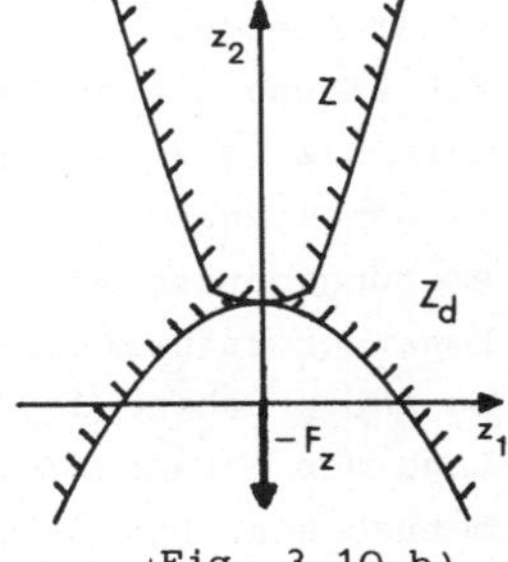

Fig. 3.10 a)

Fig. 3.10 b)

Anhand von Fig. 3.10 a) kann man sich auch leicht klarmachen, daß es überhaupt kein diskretisiertes Problem $SIP(B_d)$ gibt, welches $\bar{z} = (0,1)^T$ als Lösung besitzt.

Das Beispiel 3.3.1 zeigt, daß der zulässige Bereich Z_d des auf $\bar{E}$ diskretisierten (SIP) auch in kleinen Umgebungen von $\bar{z} \in Z$ unter Umständen nur eine schlechte Approximation des zulässigen Bereichs Z von (SIP) darstellt. Genauer gilt: Der zulässige Bereich Z_d ist eine Approximation erster Ordnung an Z in $\bar{z}$, da ja (bei erfüllter Bedingung (CQ)) der Tangentialkegel $\{\xi \mid \xi^T g_z(\bar{z},\bar{x}^1) \leq 0; \ 1 \in L\}$ an Z_d im Punkt $\bar{z}$ identisch ist mit dem Tangentialkegel an Z im Punkt $\bar{z}$ (vgl. die Bemerkung im Anschluß an Satz 3.1.2). Offensichtlich reicht eine solche Approximation erster Ordnung i.a. nicht aus, um das Optimierungsproblem über Z in einer Umgebung von $\bar{z}$ durch das Optimierungsproblem über Z_d ersetzen zu können. Dies gelingt im wesentlichen nur in dem Spezialfall, daß $\bar{z}$ eine lokal stark eindeutige Lösung von (SIP) und dann auch (vgl. Satz 3.1.4) eine lokal stark eindeutige Lösung des auf $\bar{E}$ diskretisierten (SIP) ist. Eine solche Situation ergibt sich, wenn wir das (SIP) aus Beispiel 3.3.1 wie folgt abändern:

Sei $B = [-\sqrt{2},1]$, $Z = \{z \mid g^1(z,x) \leq 0, g^2(z,x) \leq 0 \text{ für } x \in B\}$ und $F(z) = z_2 - \varepsilon z_1$ für ein $\varepsilon > 0$. Dann ist $\bar{z} = (0,1)^T$ weiterhin eine Lösung, die nun aber lokal stark eindeutig ist und in der eine weitere Nebenbedingung, nämlich $g^2(\bar{z}, -\sqrt{2}) = 0$, aktiv ist. Fig. 3.11 zeigt die zulässigen Bereiche Z und Z_d für dieses abgeänderte Problem.

Im folgenden nützen wir die Tat-
sache aus, daß die Punkte $\bar{x}^1 \in \bar{E}$
(lokale) Maxima der Funktion
$g(\bar{z},\cdot)$ in B darstellen. Um zu
einer genaueren lokalen Beschreibung des zulässigen Bereichs Z in $\bar{z}$ zu kommen, ist
es naheliegend, die Diskretisierungspunkte $\bar{x}^1$, $1\in L$, nicht
konstant zu halten, sondern die-
se entsprechend der veränderten

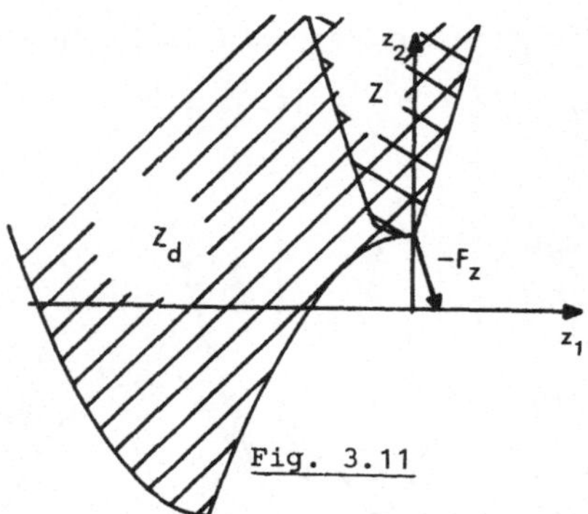

Fig. 3.11

Lage der lokalen Maxima von $g(z,\cdot)$ als <u>z-abhängige Variablen</u> zu
betrachten. Die folgende Voraussetzung (V) verlangt gerade, daß
dieses Vorgehen möglich ist.

<u>3.3.2 Definition</u> Das Problem (SIP) erfüllt in $\bar{z} \in Z$ die <u>Vorausset-</u>
<u>zung (V)</u>, falls $\bar{E} = \{\bar{x}^1,\ldots,\bar{x}^r\}$, $r \in \mathbb{N}$, endlich ist und es offene
Umgebungen $U(\bar{z}) \subset \mathbb{R}^n$ von $\bar{z}$ und $U(\bar{x}^1) \subset \mathbb{R}^m$ von $\bar{x}^1$, $1 \leq 1 \leq r$, gibt
sowie stetig differenzierbare Funktionen $x^1: U(\bar{z}) \to B \cap U(\bar{x}^1)$
$$z \to x^1(z)$$

mit den Eigenschaften

(i) $x^1(\bar{z}) = \bar{x}^1$, $1 \leq 1 \leq r$

(ii) für jedes $z \in U(\bar{z})$ ist $x^1(z)$ einziges lokales Maximum
   von $g(z,\cdot)$ in $B \cap U(\bar{x}^1)$ für $1 \leq 1 \leq r$.

Die Punkte $x^1(z) \in B$, $1 \leq 1 \leq r$, wollen wir als <u>z-abhängige</u>
<u>Diskretisierungspunkte</u> bezeichnen.

Zur Illustration von Voraussetzung (V) diene Fig. 3.12.

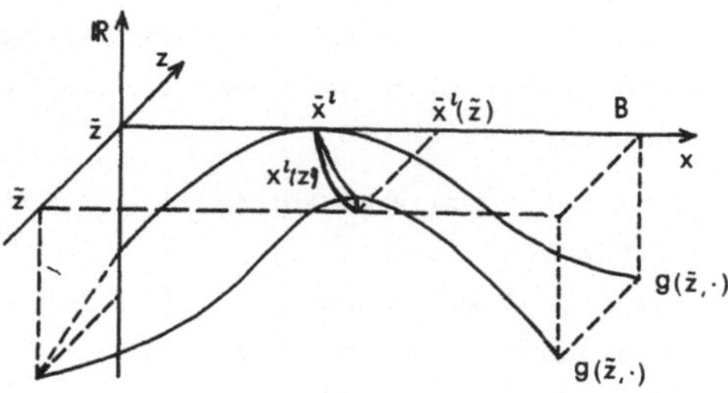

Fig. 3.12

Das folgende Lemma zeigt, daß wir den zulässigen Bereich Z von (SIP) in einer Umgebung von $\bar{z} \in Z$ durch die Ungleichungen $g(z,x^1(z)) \leq 0$, $1 \leq l \leq r$, beschreiben können, wenn Voraussetzung (V) in $\bar{z}$ erfüllt ist.

3.3.3 Reduktionslemma $\bar{z} \in Z$ erfülle die Voraussetzung (V). Dann gibt es eine Umgebung $U \subset U(\bar{z})$ von $\bar{z}$ in $\mathbb{R}^n$, so daß für $z \in U$ gilt

$$z \in Z \text{ genau dann, wenn } g(z,x^1(z)) \leq 0, \quad 1 \leq l \leq r. \qquad (2)$$

<u>Beweis</u>: Für jedes $z \in U(\bar{z}) \cap Z$ gilt $g(z,x^1(z)) \leq 0$ für $1 \leq l \leq r$ nach Definition von Z und wegen $x^1(z) \in B$.

Zum Nachweis der Umkehrung konstruieren wir zunächst die Umgebung U von $\bar{z}$ wie folgt: Da nach Definition von $\bar{E}$ gilt

$$g(\bar{z},x) < 0 \text{ für } x \in B \backslash \bigcup_{l=1}^{r} U(\bar{x}^l),$$

gibt es aus Stetigkeitsgründen und wegen der Kompaktheit von $B \backslash \bigcup_{l=1}^{r} U(\bar{x}^l)$ eine Umgebung U von $\bar{z}$ (o.B.d.A. $U \subset U(\bar{z})$) so, daß

$$\sup \{g(z,x) \mid z \in U,\ x \in B \backslash \bigcup_{l=1}^{r} U(\bar{x}^l)\} < 0. \qquad (3)$$

Sei nun $z \in U \backslash Z$. Dann gibt es ein $x \in B$ mit $g(z,x) > 0$ und wegen (3) ein l, $1 \leq l \leq r$, mit $x \in U(\bar{x}^l)$. Nach (ii) aus Voraussetzung (V) gilt dann auch $g(z,x^1(z)) > 0$, was den Beweis beendet. $\diamond$

Wir wollen die Aussage des Lemmas wieder anhand von Beispiel 3.3.1 verdeutlichen. Der einzige aktive Punkt $\bar{x} = 0 \in [-1,1]$ zur Lösung $\bar{z} = (0,1)^T$ ist ein Maximum von $g^1(\bar{z},x) = -x^2$ in $[-1,1]$. Auch für beliebige $z \in \mathbb{R}^2$ besitzt die konkave Funktion $g^1(z,x)$ in $[-1,1]$ ein eindeutiges Maximum $x(z)$, und zwar ist $x(z) = z_1 \in (-1,1)$ für $|z_1| < 1$. Man errechnet $g^1(z,x(z)) = 1 + 1/2 z_1^2 - z_2$, und für $z \in U := \{z \in \mathbb{R}^2 \mid |z_1| < 1/2\}$ gilt dann

$$z \in Z \leftrightarrow g(z,x(z)) = 1 + 1/2 z_1^2 - z_2 \leq 0 .$$

Durch Einführung des z-abhängigen Diskretisierungspunktes $x(z) = z_1$ (anstelle von $\bar{x} = 0$) haben wir damit eine sehr einfache lokale Beschreibung der zulässigen Menge Z gewonnen. Ersetzen wir das Problem (SIP) aus 3.3.1 durch das hiernach lokal äquivalente finite

Problem $\text{Min } \{F(z) = z_2 \mid |z_1| < 1/2, \ 1 + 1/2z_1^2 - z_2 \le 0\}$, so sieht man sofort, daß $\bar{z} = (0,1)^T \in Z$ ein lokales Minimum des Problems aus 3.3.1 ist.

Wir definieren allgemein

3.3.4 Definition In $\bar{z} \in Z$ sei die Voraussetzung (V) erfüllt. U sei eine offene Umgebung von $\bar{z}$, die im Definitionsbereich der z-abhängigen Diskretisierungspunkte $U(\bar{z})$ enthalten ist, so daß für $z \in U$ gilt

$$z \in Z \text{ genau dann, wenn } g(z, x^l(z)) \le 0, 1 \le l \le r. \qquad (4)$$

Dann heißt das finite Optimierungsproblem

$\underline{\text{SIP}_{\text{red}}}$ Minimiere $F(z)$, $z \in U$, unter den Nebenbedingungen

$$g^l(z) := g(z, x^l(z)) \le 0, \ 1 \le l \le r$$

ein $\underline{\text{lokal in } \bar{z} \text{ reduziertes finites Problem (SIP)}}$.

3.3.5 Bemerkung Ein $\underline{\text{lineares (SIP)}}$ erfülle in $\bar{z} \in Z$ die Voraussetzung (V). Dann sind die Funktionen $g^l(z) = g(z, x^l(z))$ in einer konvexen Umgebung $U \subset U(\bar{z})$ von $\bar{z}$ $\underline{\text{strikt konvex}}$. Für $z_1, z_2 \in U$ $z_1 \ne z_2$, $\lambda \in (0,1)$ folgt nämlich aus der Affinität von $g(z,x)$ in z

$$g^l(\lambda z_1 + (1-\lambda)z_2) = \lambda g(z_1, x^l(\lambda z_1 + (1-\lambda)z_2)) + (1-\lambda)g(z_2, x^l(\lambda z_1 + (1-\lambda)z_2))$$

$$< \lambda g(z_1, x^l(z_1)) + (1-\lambda)g(z_2, x^l(z_2))$$

$$= \lambda g^l(z_1) + (1-\lambda)g^l(z_2).$$

Die Reduktion eines linearen (SIP) führt also auf ein finites, konvexes Optimierungsproblem (vgl. die Diskussion in 1.1.E). Aus der Definition des Problems SIP_{red} ergibt sich sofort der Satz:

3.3.6 Satz Ein lokal in $\bar{z} \in Z$ reduziertes finites Problem SIP_{red} sei auf einer Umgebung U von $\bar{z}$ definiert. Dann sind die Lösungsmengen von (SIP) und von SIP_{red} in U identisch. Insbesondere ist $\bar{z}$ (striktes) lokales Minimum von (SIP) genau dann, wenn $\bar{z}$ (striktes) lokales Minimum von SIP_{red} ist.

Zum Schluß dieses Abschnitts wollen wir darauf hinweisen, daß die Optimalitätsbedingungen erster Ordnung für das Problem (SIP) und SIP_{red} identisch sind. Dies ergibt sich direkt aus dem folgenden Lemma.

3.3.7 Lemma $\bar{z} \in Z$ erfülle die Voraussetzung (V), und für eine offene Umgebung $B_o \supset B$ sei $g: Z_o \times B_o \to \mathbb{R}$ stetig differenzierbar. Dann berechnen sich die Ableitungen der Funktionen
$g^1(z) = g(z,x^1(z))$ für $z \in U(\bar{z})$ nach der Formel

$$g_z^1(z) = g_z(z,x^1(z)) \quad \text{für } 1 \le l \le r. \tag{5}$$

Beweis: Es gilt $g_z^1(z) = g_z(z,x^1(z)) + g_x(z,x^1(z)) \cdot x_z^1(z)$.

Zum Nachweis von (5) ist also für $\Delta z \neq 0$ das Verschwinden der Ableitungen

$$0 = \lim_{\lambda \to 0} (g(z,x^1(z + \lambda\Delta z)) - g(z,x^1(z)))/\lambda = g_x(z,x^1(z))x_z^1(z)\Delta z \tag{6}$$

zu zeigen. Da $x^1(z)$ ein lokales Maximum von $g(z,\cdot)$ ist, folgt

$$g(z,x^1(z + \lambda\Delta z)) - g(z,x^1(z)) \le 0 \tag{7}$$

und ebenso
$$g(z + \lambda\Delta z,x^1(z + \lambda\Delta z)) - g(z + \lambda\Delta z,x^1(z)) \ge 0 \tag{8}$$

für hinreichend kleine $\lambda \neq 0$. (7) und (8) implizieren (6) unter Beachtung der zusätzlichen Abschätzung nach dem Mittelwertsatz
$(\Theta_1,\Theta_2 \in (0,1))$
$$g(z,x^1(z + \lambda\Delta z)) - g(z + \lambda\Delta z,x^1(z + \lambda\Delta z)) - g(z,x^1(z)) + g(z + \lambda\Delta z,x^1(z))$$
$$=-\lambda\Delta z^T g_z(z + \Theta_1\lambda\Delta z,x^1(z + \lambda\Delta z)) + \lambda\Delta z^T g_z(z + \Theta_2\lambda\Delta z,x^1(z)) = o(\lambda). \quad \diamond$$

Aus (5) folgt zum Beispiel sofort

$$F_z + \sum_{1=1}^{r} u_1 g_z(\bar{z},\bar{x}^1) = F_z + \sum_{1=1}^{r} u_1 g_z^1(\bar{z}), \tag{9}$$

so daß also die K u h n - T u c k e r-Bedingung in $\bar{z} \in Z$ für (SIP) genau dann (mit denselben Multiplikatioren $u_1 \ge 0$) gilt, wenn sie für SIP_{red} gilt.

3.3.B Optimalitätskriterien zweiter Ordnung für finite Probleme

Wir werden im folgenden an zwei entscheidenden Stellen von (hinreichenden) Bedingungen zweiter Ordnung für finite Probleme Gebrauch machen: Zum einen, um die lokal eindeutige Bestimmtheit der
lokalen Maxima $\bar{x}^l \in$ B von $g(\bar{z},\cdot)$ in B und ihre differenzierbare Abhängigkeit von $z \in U(\bar{z})$ zu gewährleisten und damit die Voraussetzung (V) zu erfüllen. Zum anderen, um ein hinreichendes Kriterium
für strikte lokale Minima des lokal reduzierten Problems (SIP) zu
entwickeln, das dann nach Satz 3.3.6 auch hinreichend für lokale
Minima von (SIP) ist.

Wir betrachten finite Optimierungsprobleme der Form

(FO) Minimiere $F(z)$ für $z \in Z_o \subset \mathbb{R}^n$ unter den Nebenbedingungen

$$g^l(z) \leq 0, \ 1 \leq l \leq r.$$

Hierbei sei $Z_o \subset \mathbb{R}^n$ eine offene Menge und die reellwertigen Funktionen F, g^l, $1 \leq l \leq r$, seien in Z_o zweimal stetig differenzierbar. Für einen zulässigen Punkt $\bar{z} \in \mathbb{R}^n$ für (FO) bezeichne
$I(\bar{z}) = \{1 \leq l \leq r \mid g^l(\bar{z}) = 0\}$ die Indexmenge der in $\bar{z}$ aktiven
Nebenbedingungen.

In $\bar{z}$ sei die Bedingung (CQ) erfüllt, d.h. das System

$$\xi^T g_z^l(\bar{z}) < 0, \ l \in I(\bar{z}) \tag{10}$$

sei lösbar (z.B. seien die Vektoren $g_z^l(\bar{z})$, $l \in I(\bar{z})$ linear unabhängig.)
Dann besagt das notwendige Optimalitätskriterium aus Satz 3.1.2,
daß das System

$$\xi^T F_z(\bar{z}) < 0 \ ; \ \xi^T g_z^l(\bar{z}) \leq 0, \ l \in I(\bar{z}) \tag{11}$$

unlösbar ist. Äquivalent hierzu ist die duale Aussage, daß das
K u h n - T u c k e r-Kriterium

$$0 = F_z + \sum_{l \in I(\bar{z})} \bar{u}_l g_z^l(\bar{z}) \ , \ \bar{u}_l \geq 0 \tag{12}$$

erfüllt ist. Ferner ist nach Satz 3.1.4 die Unlösbarkeit von

$$\xi \in \mathbb{R}^n \setminus \{0\} \ , \ \xi^T F_z(\bar{z}) \leq 0 \ ; \xi^T g_z^l(\bar{z}) \leq 0, \ l \in I(\bar{z}) \tag{13}$$

auch hinreichend für lokal stark eindeutige Lösungen von (FO). Um
auch im nicht stark eindeutigen Fall zu hinreichenden Optimalitätskriterien zu kommen, benötigen wir neben (12) zusätzliche Aussagen
über das Verhalten der Funktionen F, g^1 auf dem Kegel der kritischen Richtungen

$$K := \{\xi \in \mathbb{R}^n \mid \xi^T F_z(\bar{z}) \leq 0 \; ; \; \xi^T g_z^1(\bar{z}) \leq 0, \; 1 \in I(\bar{z})\} \tag{14}$$

Ist (12) erfüllt, so ergibt sich sofort

$$K = \left\{ \xi \in \mathbb{R}^n \mid \xi^T F_z(\bar{z}) = 0 \; ; \; \xi^T g_z^1(\bar{z}) = 0 \text{ für } 1 \in I(\bar{z}) \text{ mit } \bar{u}_1 > 0 \right. \tag{15}$$
$$\left. \xi^T g_z^1(\bar{z}) \leq 0 \text{ für } 1 \in I(\bar{z}) \text{ mit } \bar{u}_1 = 0 \right\}$$

und somit

$$T_1 := \{\xi \in \mathbb{R}^n \mid \xi^T g_z^1(\bar{z}) = 0, \; 1 \in I(\bar{z})\} \leq K \leq T_2 := \{\xi \in \mathbb{R}^n \mid \bar{u}_1 \cdot g_z^1(\bar{z}) = 0, \; 1 \in I(\bar{z})\} \tag{16}$$

Sind insbesondere alle L a g r a n g e-Parameter $\bar{u}_1$, $1 \in I(\bar{z})$, in
(12) strikt positiv, so gilt in (16) Gleichheit.

Das folgende hinreichende Optimalitätskriterium fordert im wesentlichen, daß die kritischen Richtungen $\xi \in K$ Anstiegsrichtungen für
die L a g r a n g e-Funktion sein sollen. In der Literatur ge-
bräuchlicher ist of das folgende Kriterium mit T_2 anstelle von K.

<u>3.3.8 Satz</u> $\bar{z} \in \mathbb{R}^n$ sei zulässig für (FO). **Existieren** $\bar{u}_1 \geq 0, 1 \in I(\bar{z})$,
so daß für die L a g r a n g e-Funktion

$$L(z,u) = F(z) + \sum_{1 \in I(\bar{z})} u_1 g^1(z) \tag{17}$$

gilt
$$L_z(\bar{z},\bar{u}) = 0 \tag{18}$$

und
$$\xi^T L_{zz}(\bar{z},\bar{u})\xi > 0 \text{ für } \xi \in K \setminus \{0\} \tag{19}$$

(vgl. (15) zur Definition von K), so ist $\bar{z}$ ein <u>striktes Minimum</u> (d.h.
ein lokal eindeutiges Minimum) von (FO).

94

Sind die Gradienten $g_z^l, l \in I(\bar{z})$, der aktiven Nebenbedingungen in $\bar{z}$ linear unabhängig und werden diese zu einer $(n \times |I(\bar{z})|)$-Matrix

$$G = (\ldots, g_z^l, \ldots)_{l \in I(\bar{z})} \tag{20}$$

zusammengefaßt, so ist $(\bar{z}, \bar{u})$ die in einer Umgebung $U(\bar{z}, \bar{u})$ eindeutige Lösung des Gleichungssystems

$$L_z(z, u) = 0 \quad, \quad g^l(z) = 0, \quad l \in I(\bar{z}) \tag{21}$$

mit regulärer Funktionalmatrix in $(\bar{z}, \bar{u})$

$$W = \begin{pmatrix} L_{zz}(\bar{z}, \bar{u}) & G \\ G^T & 0 \end{pmatrix}. \tag{22}$$

<u>Bemerkung</u>: Bei der Formulierung dieses Satzes benützen wir die auch im folgenden oft verwendete Notation: Sei $I \subset \mathbb{N}$ eine endliche Indexmenge und $g^l \in \mathbb{R}^n$, $l \in I$ eine Menge von Vektoren, so bezeichnet $G = (g^l)_{l \in I}$ die $n \times I$ -Matrix, deren j-te Spalte gegeben ist durch g^{l_j}, wobei I in der Form $I = \{l_1, \ldots, l_k\}$ mit $l_1 < \ldots < l_k$, $k = |I|$, geordnet wird. Entsprechend schreiben wir auch öfter Vektoren $v \in \mathbb{R}^k$ in der Form $v = (v^l)^T_{l \in I}$.

<u>Beweis</u>: Wir nehmen an, es existiere eine für (FO) zulässige Folge von Punkten z_n mit $\lim z_n = \bar{z}$ und $F(z_n) \leq F(\bar{z})$. Wir können die z_n in der Form $z_n = \bar{z} + \lambda_n \xi_n$ schreiben mit $\|\xi_n\| = 1$, $\lambda_n > 0$. Dann ist $\lim \lambda_n = 0$, und o.B.d.A. existiere auch $\lim \xi_n = \xi$. Wie im Beweis von Satz 3.1.4 zeigt man $\xi \in K \setminus \{0\}$. Taylorentwicklung von $L(z, \bar{u})$ in $\bar{z}$ bis zum quadratischen Glied ergibt unter Beachtung von (18) $L(z_n, \bar{u}) = L(\bar{z}, \bar{u}) + \frac{1}{2} \lambda_n^2 \, \xi_n^T L_{zz}(\bar{z}, \bar{u}) \xi_n^T + o(\lambda_n^2)$. Nach Konstruktion von z_n gilt $L(z_n, \bar{u}) \leq L(\bar{z}, \bar{u})$, so daß

$$\frac{1}{2} \lambda_n^2 \, \xi_n^T L_{zz}(\bar{z}, \bar{u}) \xi_n^T + o(\lambda_n^2) \leq 0$$

und damit $\xi^T L_{zz}(\bar{z}, \bar{u}) \xi \leq 0$ folgt im Widerspruch zu (19). Also ist $\bar{z}$ ein striktes lokales Minimum von (FO).

Für den zweiten Teil der Behauptung ist nach dem Umkehrsatz nur die Regularität der Matrix W in (22) nachzuweisen. Sei

$\Delta z \in \mathbb{R}^n$, $\Delta u \in \mathbb{R}^{|I(\bar{z})|}$ mit $W\begin{pmatrix} \Delta z \\ \Delta u \end{pmatrix} = 0$. Hieraus folgt zunächst

$G^T \Delta z = 0$, also mit (16) $\Delta z \in T_1 \subset K$, und

$$\Delta z^T L_{zz}(\bar{z},\bar{u}) \Delta z = \Delta z^T L_{zz}(\bar{z},\bar{u}) \Delta z + \Delta z^T G \Delta u = 0.$$

Nach Voraussetzung (19) muß dann $\Delta z = 0$ gelten und damit $G \Delta u = 0$. Aus der linearen Unabhängigkeit der Spalten von G nach Voraussetzung folgt dann auch $\Delta u = 0$. Also ist die Matrix W regulär. $\lozenge$

3.3.9 Bemerkung Aus dem Beweis von 3.3.8 ergibt sich, daß die Regularität der Matrix W in (22) auch sichergestellt ist, wenn die Bedingung $\xi^T L_{zz}(\bar{z},\bar{u}) \xi > 0$ nur für alle $\xi \in T_1 \setminus \{0\}$ (vgl.(16)) gefordert wird. Unter dieser u.U. schwächeren Bedingung ist $\bar{z}$ ein striktes lokales Minimum des Problems

$$\text{Min } \{F(z) \mid \begin{aligned} & g^l(z) \le 0 \text{ für } l \in I(\bar{z}) \text{ mit } u^l > 0 \\ & g^l(z) = 0 \text{ für } l \in I(\bar{z}) \text{ mit } u^l = 0 \end{aligned} \}.$$

3.3.10 Bemerkung Wir merken der Vollständigkeit halber an, daß die positive <u>Semidefinitheit</u> der L a g r a n g e-Funktion auf K

$$\xi^T L_{zz}(\bar{z},\bar{u}) \xi \ge 0 \text{ für } \xi \in K \tag{23}$$

notwendig für ein lokales Minimum $\bar{z}$ von (FO) ist, die lineare Unabhängigkeit der $g_z^l(\bar{z})$, $l \in I(\bar{z})$, vorausgesetzt ([76]). Der Beweis hierfür verläuft analog zu 3.3.8, wenn man die Tatsache ausnützt, daß zu einem $\xi \in K \setminus \{0\}$ ein differenzierbarer Weg $z(\lambda)$, $0 \le \lambda \le 1$ existiert mit $z(0) = \bar{z}$, $\frac{d}{d\lambda} z(0) = \xi$ und $g^l(z(\lambda)) = 0$ für $l \in I(\bar{z})$ mit $\bar{u}^l > 0$ sowie $g^l(z(\lambda)) \le 0$ für $l \in I(\bar{z})$ mit $u^l = 0$ (vgl.(15)).

3.3.C. <u>Eine Bedingung für die lokale Reduzierbarkeit von (SIP)</u>

Wir setzen für das folgende in der Definition von (SIP) spezieller voraus,daß die Funktionen $F:Z_o \to \mathbb{R}$ und $g: Z_o \times B_o \to \mathbb{R}$, $B_o \supset B$ eine offene Menge, zweimal stetig differenzierbar sind. Außerdem soll der <u>kompakte Bereich B</u> gegeben sein durch

$$B = \{x \in B_o \subset \mathbb{R}^m \mid h^j(x) \leq 0, \ 1 \leq j \leq k\} \qquad (24)$$

mit zweimal stetig differenzierbaren Funktionen $h^j \colon B_o \to \mathbb{R}$. Mit $I(x)$ für $x \in B$ wird wiederum die Indexmenge der in x aktiven Nebenbedingungen bezeichnet

$$I(x) = \{1 \leq j \leq k \mid h^j(x) = 0\} \ . \qquad (25)$$

Weiterhin machen wir die folgende <u>Regularitätsannahme</u> (R) über den kompakten Bereich B :

(R) für alle $x \in B$ sind die Ableitungen $h^j_x(x) \in \mathbb{R}^m, j \in I(x)$, linear unabhängig.

Durch diese Bedingung werden Spitzen wie in Fig. 3.1 , aber auch einspringende Ecken für den Bereich B ausgeschlossen. Durch (R) ist außerdem sichergestellt, daß zu jedem $x \in B$ das Ungleichungssystem $\Delta x^T h^j_x(x) < 0$, $j \in I(x)$ lösbar ist, wie dies entsprechend für den Z-Bereich von (SIP) durch die Bedingung (CQ) in $\bar{z} \in Z$ gesichert wurde.

Sei $\bar{z} \in Z$ fest gewählt. Dann können wir wegen $g(\bar{z},x) \leq 0$ für $x \in B$ und $g(\bar{z},x) = 0$ genau dann, wenn $x \in \bar{E} = \{\bar{x}^l \mid l \in L\}$, die Menge der aktiven Punkte zu $\bar{z} \in Z$ auffassen als Lösungsmenge des finiten Optimierungsproblems

$$\text{Max } \{g(\bar{z},x) \mid x \in B_o, \ h^j(x) \leq 0, \ 1 \leq j \leq k\}. \qquad (26)$$

Für dieses Problem geben wir mit Hilfe der Optimalitätsbedingung zweiter Ordnung aus 3.3.B eine <u>Voraussetzung (V')</u> an, von der wir zeigen werden, daß sie die Voraussetzung (V) aus 3.3.A impliziert.

<u>3.3.11 Definition</u> Der Bereich B genüge der Regularitätsannahme (R). Dann erfüllt das Problem (SIP) in $\bar{z} \in Z$ die <u>Voraussetzung (V')</u>, wenn in allen Lösungen $\bar{x}^l$, $l \in L$, des finiten Problems (26) das hinreichende Optimalitätskriterium zweiter Ordnung aus Satz 3.3.8 (in der entsprechenden Form für Maximierungsprobleme) mit <u>strikt positiven</u> L a g r a n g e-Parametern erfüllt ist, wenn also gilt: Zu $l \in L$ gibt es $\bar{w}^l_j > 0$, $j \in I(\bar{x}^l)$, so daß mit der Bezeichnung

$g^l_x = g_x(\bar{z},\bar{x}^l)$, $h^{jl}_x = h^j_x(\bar{x}^l)$ etc. für die L a g r a n g e-Funktion

$$L^1(z,x,w) = g(z,x) - \sum_{j \in I(\bar{x}^1)} w_j^1 h^j(x) \tag{27}$$

gilt
$$L_x^1(\bar{z},\bar{x}^1,\bar{w}^1) = g_x^1 - \sum_{j \in I(\bar{x}^1)} \bar{w}_j^1 h_x^{j1} = 0 \tag{28}$$

und
$$\mu^T M^1 \mu := \mu^T L_{xx}^1(\bar{z},\bar{x}^1,\bar{w}^1)\mu < 0 \tag{29}$$

für
$$\mu \in T^1 \setminus \{0\},$$
$$T^1 := \{\mu \in \mathbb{R}^m \mid \mu^T h_x^{j1} = 0, \; j \in I(\bar{x}^1)\}. \tag{30}$$

3.3.12. Satz Der Bereich B genüge der Regularitätsannahme (R).
Dann impliziert die Voraussetzung (V') für $\bar{z} \in Z$ die Voraussetzung
(V). Genauer gilt: Die Menge $\bar{E} = \{\bar{x}^1,\ldots,\bar{x}^r\}$ ist endlich und es
gibt offene Umgebungen $U(\bar{z}) \subset \mathbb{R}^n$ von $\bar{z}$, $U(\bar{x}^1) \subset \mathbb{R}^m$ und $U(\bar{w}^1) \subset \mathbb{R}^{|I(\bar{x}^1)|}$
von $\bar{x}^1$, $\bar{w}^1$, $1 \leq 1 \leq r$, sowie stetig differenzierbare Funktionen

$$(x^1,w^1) : U(\bar{z}) \to U(\bar{x}^1) \times U(\bar{w}^1)$$
$$z \mapsto (x^1(z),w^1(z))$$

für $1 \leq 1 \leq r$ mit den Eigenschaften:

(i) $(x^1,w^1)(\bar{z}) = (\bar{x}^1,\bar{w}^1)$

(ii) $I(x^1(z)) = I(\bar{x}^1)$ und $L_x^1(z,x^1(z),w^1(z)) = 0$

(iii) $x^1(z)$ ist einziges lokales Maximum von $g(z,\cdot)$ in $B \cap U(\bar{x}^1)$.

Beweis: Die Voraussetzung (V') impliziert nach Satz 3.3.8, daß die
$\bar{x}^1$, $1 \in L$,strikte lokale Maxima von $g(\bar{z},\cdot)$in B sind. Da $\bar{E} \subset B$
kompakt ist, muß somit $\bar{E} = \{\bar{x}^1 \mid 1 \in L\}$ endlich sein. Nach (R) erfüllt jedes lokale Maximum x von $g(z,\cdot)$ in B die Kuhn-Tucker-Bedingung $g_x(z,x) - \sum_{j \in I(x)} w_j h_x^j(x) = 0$. Für z und x in hinreichend
kleinen Umgebungen $U(\bar{z})$ von $\bar{z}$ resp. $U(\bar{x}^1)$ von $\bar{x}^1$ muß dann wegen
$\bar{w}_j^1 > 0$ für $j \in I(\bar{x}^1)$ aus Stetigkeitsgründen $I(x) = I(\bar{x}^1)$ und
$w_j > 0$ für $j \in I(\bar{x}^1)$ gelten. Für hinreichend kleine Umgebungen
$U(\bar{z})$, $U(\bar{x}^1)$ und $U(\bar{w}^1) \subset \mathbb{R}_+^{|I(\bar{x}^1)|}$ genügt also ein lokales Maximum
$x \in U(\bar{x}^1)$ von $g(z,\cdot)$ in B, $z \in U(\bar{z})$, dem Gleichungssystem

$$L_x^1(z,x,w) = g_x(z,x) - \sum_{j\in I(\bar{x}^1)} w_j h_x^j(x) = O \tag{31}$$

$$h^j(x) = O, \; j \in I(\bar{x}^1)$$

mit $w \in U(\bar{w}^1)$. Nach Voraussetzung (V') und Satz 3.3.8 ist die Funktionalmatrix

$$\begin{pmatrix} M^1 & G_1 \\ G_1^T & O \end{pmatrix} \tag{32}$$

mit $M^1 = L_{xx}^1(\bar{z},\bar{x}^1,\bar{w}^1)$ und $G_1 = -(\ldots h_x^j(\bar{x}^1)\ldots)_{l\in I(\bar{x}^1)}$

dieses Gleichungssystems im Punkt $(\bar{z},\bar{x}^1,\bar{w}^1)$ regulär. Nach dem Satz über implizite Funktionen [28] können damit die Umgebungen $U(\bar{z})$, $U(\bar{x}^1)$, $U(\bar{w}^1)$ so klein gewählt werden, daß zu $z \in U(\bar{z})$ in $U(\bar{x}^1) \times U(\bar{w}^1)$ eine eindeutige Lösung $(x^1(z),w^1(z))$ von (31) existiert, die stetig differenzierbar von z abhängig ist. Durch Verkleinerung von $U(\bar{z})$ können wir außerdem $x^1(z) \in B, w_j^1(z) > O$ für $j \in I(\bar{x}^1) = I(x^1(z))$ sowie $\mu^T L_{xx}^1(z,x^1(z),w^1(z))\mu^T < O$ für $\mu \in \{\mu \in \mathbb{R}^m \mid \mu^T h_x^j(x^1(z)) = O, j\in I(\bar{x}^1)\}\setminus\{O\}$ gewährleisten. Damit genügen die $x^1(z)$ dem hinreichenden Kriterium zweiter Ordnung 3.3.8 für lokale Maxima von $g(z,\cdot)$ in B (beachte die Gleichheit in (16) im Fall strikt positiver Lagrangeparameter). Insgesamt folgt, daß $x^1(z) \in U(\bar{x}^1)$ für $z \in U(\bar{z})$ in $U(\bar{x}^1) \cap B$ einziges lokales Maximum von $g(z,\cdot)$ ist. $\Diamond$

3.3.13 Bemerkung: Über die Existenzaussage im Satz 3.3.12 hinaus ergibt der Satz über implizite Funktionen für die Ableitung

$$\frac{d}{dz}(x^1(\bar{z}),w^1(\bar{z})) = (x_z^1,w_z^1) \text{ von } (x^1(z),w^1(z)) \text{ im Punkt } \bar{z} \text{ die Formel}$$

$$\begin{pmatrix} M^1 & G_1 \\ G_1^T & O \end{pmatrix} \begin{pmatrix} x_z^1 \\ w_{\bar{z}}^1 \end{pmatrix} = - \begin{pmatrix} g_{xz}(\bar{z},\bar{x}^1) \\ O \end{pmatrix} \tag{33}$$

3.3.D Hinreichende Bedingung zweiter Ordnung für (SIP)

Durch Zusammenfassung der Resultate von 3.3.A,B und C läßt sich das folgende hinreichende Kriterium für strikte lokale Minima von (SIP) leicht beweisen.

<u>3.3.14. Satz</u> $\bar{z} \in Z$ ist ein <u>striktes lokales Minimum für (SIP)</u>, wenn eine der beiden folgenden Bedingungen erfüllt ist:

(i) Es gelte die Voraussetzung (V), und es existieren $\bar{u}_1 \geq 0$, $1 \in L$, so daß für die L a g r a n g e-Funktion des auf $\bar{E}$ diskretisierten Problems

$$L(z,u) = F(z) + \sum_{1 \in L} u_1 g(z,\bar{x}^1) \tag{34}$$

gilt

$$L_z(\bar{z},\bar{u}) = F_z + \sum_{1 \in L} \bar{u}_1 g_z^1 = 0 \tag{35}$$

und $\xi^T(L_{zz}(\bar{z},\bar{u}) + \sum_{1 \in L} \bar{u}_1 g_{zx}\ (\bar{z},\bar{x}^1)x_z^1(\bar{z}))\xi > 0$ für $\xi \in K\backslash\{0\}$ (36)

mit $K = \{\xi \in \mathbb{R}^n \mid \xi^T F_z \leq 0 \ ; \ \xi^T g_z^1 \leq 0, \ 1 \in L\}.$ (37)

(ii) Der Bereich B genüge der Regularitätsbedingung (R). Es gelte die Voraussetzung (V'), und es existieren $\bar{u}_1 \geq 0$, $1 \in L$, so daß die L a g r a n g e-Funktion (34) die Bedingung (35) erfüllt sowie

$$\xi^T L_{zz}(\bar{z},\bar{u})\xi - \sum_{1 \in L} \bar{u}_1 \Pi_1^T(\xi) M^1 \Pi_1(\xi) > 0 \quad \text{für } \xi \in K\backslash\{0\}, \tag{38}$$

wobei K durch (37) und M^1 durch (29) definiert ist, d.h.

$$M^1 = g_{xx}(\bar{z},\bar{x}^1) - \sum_{j \in I(\bar{x}^1)} \bar{w}_j^1 h_{xx}^j(\bar{x}^1). \tag{39}$$

Weiterhin ist $\Pi_1(\xi) = \Pi_1$ gegeben durch die Lösung (Π_1,ω_1) des Gleichungssystems

$$\begin{pmatrix} M^1 & G_1 \\ G_1^T & 0 \end{pmatrix} \begin{pmatrix} \Pi_1 \\ \omega_1 \end{pmatrix} = - \begin{pmatrix} g_{xz}(\bar{z},\bar{x}^1)\xi \\ 0 \end{pmatrix} \tag{40}$$

mit $G^1 = -(\dots, h_x^j(\bar{x}^1), \dots)_{j \in I(\bar{x}^1)}.$ (41)

<u>Beweis:</u> Wir zeigen zuerst Teil (i). Die Bedingung (i) ist nichts anderes als die Bedingung zweiter Ordnung von Satz 3.3.8, angewandt auf das Problem SIP_{red}. Dies folgt aus der Gleichung

$$g_z^l(\bar{z}) = g_z(\bar{z},\bar{x}^l) = g_z^l \text{ nach Lemma 3.3.7, die weiter die Gleichung}$$

$$g_{zz}^l(\bar{z}) = g_{zz}(\bar{z},\bar{x}^l) + g_{zx}(\bar{z},\bar{x}^l)x_z^l(\bar{z}) \tag{42}$$

impliziert. (35) ist damit identisch zur K u h n - T u c k e r-Bedingung für SIP_{red} und (36) ist gerade die positive Definitheit der zweiten Ableitung $F_{zz}(\bar{z}) + \sum\limits_{l\in L} u_l g_{zz}^l(\bar{z})$ der L a g r a n g e-Funktion von SIP_{red} auf K. Also ist $\bar{z}$ ein striktes Minimum von SIP_{red} und damit nach Satz 3.3.6 auch von (SIP).

Da die Bedingung (V') die Bedingung (V) nach 3.3.12 impliziert, müssen wir zum Beweis von (ii) nur noch zeigen,daß die Bedingungen (36) und (38) identisch sind, falls die z-abhängigen Diskretisierungspunkte $x^l(z)$ nach Satz 3.3.12 definiert sind. Dies ist der Fall, wenn

$$\xi^T g_{zx}(\bar{z},\bar{x}^l)x_z^l(\bar{z})\xi = -\Pi_1(\xi)^T M^1 \Pi_1(\xi). \tag{43}$$

Nach Bemerkung 3.3.13 gilt aber gerade $\Pi_1(\xi) = x_z^l(\bar{z})\xi$ und $\Pi_1(\xi)^T M^1 \Pi_1(\xi) = -\Pi_1(\xi)^T g_{xz}(\bar{z},\bar{x}^l)\xi$, was (43) zeigt. ◊

<u>3.3.15 Korollar</u> Es sei eine der Voraussetzungen aus Satz 3.3.14 erfüllt, und außerdem seien die Gradienten g_z^l zu den aktiven Punkten $\bar{x}^l \in \bar{E} = \{\bar{x}^1,\ldots,\bar{x}^r\}$ zu $\bar{z} \in Z$ linear unabhängig. Dann sind $\bar{z}$ und der zugehörige L a g r a n g e-Parameter $\bar{u}$ lokal eindeutig bestimmt als Lösung des Gleichungssystems

$$F_z(z) + \sum\limits_{l=1}^{r} u_l g_z(z,x^l(z)) = 0 \tag{44}$$

$$g(z,x^l(z)) = 0 \ , \ 1 \le l \le r \tag{45}$$

<u>Beweis:</u> Da die Bedingungen aus Satz 3.3.14 identisch sind mit der hinreichenden Bedingung zweiter Ordnung für SIP_{red}, folgt diese Aussage direkt aus Satz 3.3.8. ◊

<u>3.3.16. Bemerkung</u> Korollar 3.3.15 bildet die Basis eines numeri-

schen Verfahrens zur Berechnung einer Lösung von (SIP). Zumindest bei hinreichend guter Ausgangsnäherung (für $\bar{z}$, die $\bar{x}^1$ sowie die $\bar{u}_1$) ist diese als Lösung des Gleichungssystems (44)(45) eindeutig bestimmt. Nach Satz 3.3.8 ist die Funktionalmatrix dieses Systems im Lösungspunkt $(\bar{z},\bar{u})$ regulär, so daß das Newtonverfahren herangezogen werden kann. In 5.4 werden wir solche Verfahren im einzelnen besprechen.

3.3.17. <u>Bemerkung</u> Nach 3.2.3 wissen wir, daß für lineare (SIP) die K u h n - T u c k e r-Bedingung (36) hinreichend ist für die Optimalität von $\bar{z}$. Da weiterhin im linearen Fall die Lösungsmenge konvex ist, ist ein striktes lokales Minimum die eindeutige Lösung des linearen Problems. Aus Satz 3.3.14 (ii) folgt somit, daß $\bar{z}$ die eindeutige Lösung ist, wenn die K u h n - T u c k e r-Bedingung erfüllt ist und (R) und (V') gelten (was mit (29) sofort (38) impliziert).

4. Anwendung auf die Chebyshev-Approximation

In diesem Kapitel soll die Theorie auf den Fall der Chebyshev-Approximation spezialisiert werden. Wie früher ist dabei eine gegebene stetige Funktion $f \in C[B]$ über einem Kompaktum $B \subset \mathbb{R}^m$ durch Elemente einer (nichtlinearen) Funktionenfamilie $A \subset C[B]$ bestmöglich in der Maximumnorm anzunähern:

$$(AP) \qquad \mathrm{Min}\{ \|f - a\|_\infty \mid a \in A \} \ .$$

Wir wollen annehmen, daß die Funktionenfamilie A in parametrisierter Form

$$A = \{a(p,\cdot) \mid p \in P\} \ , \tag{1}$$

vorliegt, wobei $P \subset \mathbb{R}^N$ ein offener Parameterbereich und die Funktion $a: P \times B_o \to \mathbb{R}$ für ein offenes B_o, $B \subset B_o \subset \mathbb{R}^m$ stetig differenzierbar ist. Bei praktischen Approximationsproblemen ist eine solche Parametrisierung meist in kanonischer Weise gegeben. Anstelle des Optimierungsproblems

$$(O_p) \qquad \text{Minimiere } \psi(p) \text{ unter der Nebenbedingung } p \in P$$

mit der nicht differenzierbaren Zielfunktion

$$\psi(p) := \|f - a(p,\cdot)\|_\infty \tag{2}$$

(vgl. 2.3.) werden wir das bereits in 1.1.C eingeführte, äquivalente <u>semi-infinite</u> Problem mit linearer Zielfunktion in $n = N+1$ Variablen behandeln. Die bekannten Charakterisierungssätze für lokal beste Chebyshev-Approximationen (vgl. [77], [24], [69]), wie etwa insbesondere das (lokale) <u>Kolmogoroff-Kriterium</u>, ergeben sich auf diesem Wege als einfache Folgerungen aus den Ergebnissen der Abschnitte 3.1 und 3.2.

Im linearen Fall, bei der Approximation mit einem N-dimensionalen linearen Raum, erfüllt das entsprechende lineare (SIP) außerdem die Slaterbedingung und besitzt eine kompakte Lösungsmenge, so daß für dieses Problem aus den Resultaten in 3.3 die Konvergenz von <u>Diskretisierungsverfahren</u> (vgl. 4.3.B) ebenso wie die Gültigkeit eines <u>starken Dualitätssatzes</u> (vgl. 4.3.C) ohne weitere Voraussetzungen abgeleitet werden kann.
In Abschnitt 4.3.D gehen wir speziell auf die Approximation mit <u>Haarschen Räumen</u> ein, für die wir die starke Eindeutigkeit der besten Approximation sowie ihre Charakterisierung durch das <u>Alter-</u>

nantenkriterium zeigen.

Diese Ergebnisse sind Grundlage für die Ableitung des Remes-Verfahrens in 5.2.

In 4.4 behandeln wir schließlich einige Aspekte der globalen Theorie, die Charakterisierungs- und Eindeutigkeitskriterien global bester Approximationen zum Gegenstand hat.

4.1 Das zum Chebyshev-Approximationsproblem äquivalente (SIP)

4.1.A. Bezeichnungen und Definitionen

Zur Minimierung der nichtdifferenzierbaren Funktion
$\psi(p) = ||f - a(p,\cdot)||_\infty$ über P ist offensichtlich gleichwertig
(vgl. 1.1.C), einen Parameter $p \in P \subset \mathbb{R}^n$ so zu wählen, daß eine
gemeinsame obere Schranke d für die absoluten Fehler
$|f(x) - a(p,x)|$ in den Punkten $x \in B$ möglichst klein wird. Diese
Aufgabe können wir als semi-infinites Optimierungsproblem in
$n = N+1$ Variablen $z = \binom{P}{d} \in \mathbb{R}^n$ formulieren:

(SIP)   Minimiere die Funktion $F(z) = d$ für $z^T = (p^T, d) \in z_o := P \times \mathbb{R}$

unter den Nebenbedingungen

$$g^1(p,d,x) = e(p,x) - d \leq 0$$
$$g^2(p,d,x) = -e(p,x) - d \leq 0$$
$$\left. \right\} \; x \in B .$$

Hierbei bezeichnet $e(p,\cdot)$ die <u>Fehlerfunktion</u> von $a(p,\cdot)$ zu $f \in C[B]$

$$e(p,x) := f(x) - a(p,x). \tag{3}$$

Ist das <u>Approximationsproblem (AP) linear</u>, d.h. ist die Approximationsfamilie

$$A = \left\{ a(p,\cdot) = \sum_{i=1}^{N} p_i a_i(\cdot) \mid p \in \mathbb{R}^N \right\} \tag{4}$$

ein linearer Raum, so ist natürlich auch das zugehörige (SIP) linear und hat mit $c = (0,\ldots,0,1)^T \in \mathbb{R}^n$, $z^T = (p^T,d) \in \mathbb{R}^n$,

$$a^1(x) = (-a_1(x),\ldots,-a_N(x), -1)^T \in \mathbb{R}^n , \quad b^1(x) = -f(x),$$
$$a^2(x) = (a_1(x),\ldots,a_N(x), -1)^T \in \mathbb{R}^n , \quad b^2(x) = f(x),$$

die Form:

<u>Lineares (SIP)</u>   Minimiere $F(z) = c^T z = d$

unter den Nebenbedingungen

$$z^T a^1(x) - b^1(x) = (p^T,d) \begin{pmatrix} -a_1(x) \\ \vdots \\ -a_N(x) \\ -1 \end{pmatrix} + f(x) \leq 0$$

$$z^T a^2(x) - b^2(x) = (p^T,d) \begin{pmatrix} a_1(x) \\ \vdots \\ a_N(x) \\ -1 \end{pmatrix} - f(x) \leq 0 \; .$$

$$\left. \right\} \; x \in B$$

Im vorliegenden Kapitel 4 bezeichnet (SIP) stets das oben genannte, (AP) entsprechende Problem. Im Unterschied zu Kapitel 3 wird
der zulässige Bereich von (SIP) nun also durch <u>zwei Nebenbedingun-
gen</u> beschrieben

$$Z = \{z = \begin{pmatrix} p \\ d \end{pmatrix} \in Z_o \mid g^1(z,x) \leq 0, \; g^2(z,x) \leq 0, \; x \in B\}. \qquad (5)$$

Es ist klar, daß ein Parameter $z = \begin{pmatrix} p \\ d \end{pmatrix} \in Z_o$ genau dann für das
Problem (SIP) zulässig ist, wenn $||f - a(p,\cdot)||_\infty \leq d$. Entsprechend
ist $\bar{z} = \begin{pmatrix} \bar{p} \\ \bar{d} \end{pmatrix} \in Z$ genau dann lokal optimal für (SIP), wenn
$\bar{d} = ||f - a(\bar{p},\cdot)||_\infty$ und wenn der Parameter $\bar{p} \in P$ ein lokales
Minimum der Funktion $\psi(p)$ ist. Schließlich ist $\bar{z} = \begin{pmatrix} \bar{p} \\ \bar{d} \end{pmatrix} \in Z$ genau
dann ein lokal stark eindeutiges Optimum für (SIP), wenn
$\bar{d} = ||f - a(\bar{p},\cdot)||_\infty$ und wenn $a(\bar{p},\cdot)$ <u>lokal stark eindeutige Approximation im Parameterraum ist</u>, d.h. wenn gilt

$$||f - a(p,\cdot)||_\infty \geq ||f - a(\bar{p},\cdot)||_\infty + \gamma ||p - \bar{p}|| \qquad (6)$$

mit einer Konstanten $\gamma > 0$ für alle p aus einer Umgebung
$U(\bar{p}) \subset P \subset \mathbb{R}^n$ und eine beliebige Norm $||\cdot||$ auf $\mathbb{R}^N$. Daher können
notwendige und hinreichende Charakterisierungen lokal optimaler
Parameter des Chebyshev-Approximationsproblems direkt aus den
entsprechenden Kriterien für das Problem (SIP) abgeleitet werden.
Wir müssen bei der Formulierung dieser Kriterien nur noch dem Um-
stand Rechnung tragen, daß aktive Punkte nun für jede der beiden
Nebenbedingungen zu betrachten sind. Die Menge $\bar{E}$ ist gerade die
Menge der <u>Extremalpunkte</u> der Fehlerfunktion $e(\bar{p},\cdot)$,

$$\begin{aligned} \bar{E} &= \{\bar{x} \in B \mid g^1(\bar{z},\bar{x}) = 0 \quad \text{für ein } i \in \{1,2\}\} \\ &= \{\bar{x} \in B \mid |e(\bar{p},\bar{x})| = \bar{d}\} = \{\bar{x}^l \mid l \in L\} \; , \end{aligned} \qquad (7)$$

und diese müssen noch den Nebenbedingungen g^1 und g^2 zugeordnet
werden, je nachdem, ob in $\bar{x}$ ein Maximum oder ein Minimum von
$e(\bar{p},\cdot)$ vorliegt. Diese Zuordnung ist eindeutig, wenn wir i.f.
voraussetzen, daß $f \notin A$, was mit $||f - a(\bar{p},\cdot)||_\infty > 0$ für jedes
$\bar{p} \in P$ gleichbedeutend ist. Zu einem aktiven Punkt $\bar{x} \in \bar{E}$ gilt
dann $g^i(\bar{z}, \bar{x}) = 0$ für genau einen Index $i \in \{1,2\}$.

Zur Unterscheidung der beiden möglichen Fälle nehmen wir die
<u>Vorzeichenfunktion</u> der negativen Fehlerfunktion

$$\bar{\sigma}(\bar{x}) := - \text{sign } e(\bar{p},\bar{x}) \in \{-1,1\}, \quad \bar{x} \in \bar{E} \tag{8}$$

zur Hilfe. Damit wird dann z.B. die Menge

$$\bar{S} = \{g^i_z(\bar{z},\bar{x}^l) \,|\, l \in L, \ i \in \{1,2\} \text{ mit } g^i(\bar{z},\bar{x}^l) = 0\} \tag{9}$$

der Gradienten der im Punkt $\bar{z}$ aktiven Nebenbedingungen zu

$$\bar{S} = \left\{ \begin{pmatrix} \bar{\sigma}(\bar{x}^l)a_p(\bar{p},\bar{x}^l) \\[2mm] -1 \end{pmatrix} \,\Big|\, l \in L \right\}. \tag{10}$$

4.1.B Spezielle Eigenschaften des Problems (SIP) bei der Chebyshev-Approximation

Wir haben in Kapitel 3 gesehen, daß der Bedingung (CQ)(vgl. S.47)
eine wichtige Rolle bei der Herleitung primaler und dualer Optimalitätskriterien für semi-infinite Probleme zukam. Eine Beson-
derheit des zum Problem (AP) gehörenden (SIP) liegt darin, daß
die Bedingung (CQ) in jedem zulässigen Punkt erfüllt ist.
Diese fordert nämlich in $\bar{z} = \begin{pmatrix} \bar{p} \\ \bar{d} \end{pmatrix} \in Z$ die Existenz eines $\xi \in \mathbb{R}^n$,
so daß mit $\bar{S}$ nach (9) bzw. (10)

$$\xi^T s < 0 \qquad \text{für } s \in \bar{S} \tag{11}$$

gilt. Offensichtlich erfüllt $\xi = (0,\ldots,0,1)^T \in \mathbb{R}^n$ diese Ungleichung. Da außerdem für lineare (SIP) die Bedingung (CQ) äquiva-
lent zur Slaterbedingung ist, können wir als Lemma festhalten:

<u>4.1.1 Lemma</u> Das (SIP) zum Problem (AP) erfüllt in jedem zuläs-
sigen Punkt die Bedingung (CQ). Ist das Approximationsproblem
linear, so erfüllt das zugehörige lineare (SIP) die Slaterbedingung.

Wir haben (CQ) in Kapitel 3 benutzt, um die Äquivalenz der Lösbarkeit der Ungleichungssysteme (5) und (12) in 3.1 nachzuweisen. Im vorliegenden Fall läßt sich die Lösbarkeit der entsprechenden Ungleichungssysteme noch etwas einfacher ausdrücken.

4.1.2 Lemma Sei $\bar{z} = \left(\begin{smallmatrix}\bar{p}\\\bar{z}\end{smallmatrix}\right) \in Z$ mit $\bar{d} = ||f - a(\bar{p},\cdot)||_\infty$. Für ein $\pi \in \mathbb{R}^N$ sind die folgenden Aussagen äquivalent:

(i)   Es gibt ein $\delta \in \mathbb{R}$, so daß für $\xi^T = (\pi^T, \delta)$ (vgl. (5) in 3.1) gilt $\xi^T F_z < O$; $\xi^T s < O$ für $s \in \bar{S}$.   (12)

(ii)   Es gibt ein $\delta \in \mathbb{R}$, so daß für $\xi^T = (\pi^T, \delta)$ (vgl. (12) in 3.1) gilt $\xi^T F_z < O$, $\xi^T s \leq O$ für $s \in \bar{S}$.   (13)

(iii) Es gilt

$$\bar{\sigma}(\bar{x}) \; \pi^T \; a_p(\bar{p},\bar{x}) \; < O \text{ für } \bar{x} \in \bar{E}.   (14)$$

Ist eine dieser Aussagen erfüllt, so ist π insbesondere eine **Abstiegsrichtung** für $\psi(p)$ in $\bar{p}$, d.h. es gilt für hinreichend kleine $\lambda > O$

$$||f - a(\bar{p}+\lambda\pi,\cdot)||_\infty \; < \; ||f - a(\bar{p},\cdot)||_\infty.   (15)$$

Beweis Wegen $\xi^T F_z = \delta$ und nach Definition von $\bar{S}$ in (9), (10) ist (13) gleichbedeutend mit $\bar{\sigma}(\bar{x})\pi^T a_p(\bar{p},\bar{x}) \leq \delta < O$ für $\bar{x} \in \bar{E}$. Hieraus ergibt sich die Äquivalenz von (i) - (iii).
Löst $\xi^T = (\pi^T, \delta)$ das System (12), so ist ξ nach Satz 3.1.1 Abstiegsrichtung für (SIP), so daß für hinreichend kleine $\lambda > O$ gilt $||f - a(\bar{p}+\lambda\pi,\cdot)||_\infty \leq \bar{d} + \lambda\delta < ||f - a(\bar{p},\cdot)||_\infty.$ ◊

Lemma 4.1.2 ist Ausgangspunkt für sogenannte Abstiegsverfahren der Chebyshev-Approximation, bei denen in jedem nicht optimalen Parameter $\bar{p} \in P$ durch geeignete Lösungen des Systems (13) Richtungen π erzeugt werden, längs derer die Funktion $\psi(p)$ abnimmt (vgl. 5.3).

4.1.C Das linearisierte Approximationsproblem

Wenn wir das einem nichtlinearen (AP) zugeordnete (SIP) in einem Parameter $\bar{z} = \left(\begin{smallmatrix}\bar{p}\\\bar{z}\end{smallmatrix}\right) \in Z$ linearisieren (vgl. 3.1.E), so entsteht ein lineares semi-infinites Problem $\text{SIP}_{lin}(\bar{z})$, welches wiederum zu einem linearen Chebyshev-Approximationsproblem äquivalent ist. Nach Definition von (SIP) wird nämlich das linearisierte Problem

$\text{SIP}_{\text{lin}}(\bar{z})$ Minimiere $\hat{F}(\xi) = \bar{d} + \delta$, $\xi = \begin{pmatrix} \pi \\ \delta \end{pmatrix} \in \mathbb{R}^n$,

unter den Nebenbedingungen

$$\left. \begin{array}{l} - \pi^T a_p(\bar{p},x) + e(\bar{p},x) - \bar{d} - \delta \leq 0 \\[2ex] \pi^T a_p(\bar{p},x) - e(\bar{p},x) - \bar{d} - \delta \leq 0 \end{array} \right\} \quad x \in B \ ,$$

und dies ist offensichtlich äquivalent zu dem in $\bar{p}$ <u>linearisierten</u> <u>Approximationsproblem</u> (vgl. 2.3.B):

$\text{AP}(\bar{p})$ Min $\{ ||f - a(\bar{p},\cdot) - \pi^T a_p(\bar{p},\cdot)||_\infty | \ \pi \in \mathbb{R}^N \}$,

die Funktion $f - a(\bar{p},\cdot)$ durch Elemente des <u>Tangentialraums</u>

$$T(\bar{p}) = \{ \pi^T a_p(\bar{p},\cdot) | \ \pi \in \mathbb{R}^N \} \subset C[B] \tag{16}$$

in der Chebyshev-Norm zu approximieren.

Ist der Parameter $\bar{p} \in P$ zur Funktion $\bar{a} = a(\bar{p},\cdot) \in A$ eindeutig bestimmt, und ist die Parametrisierung in $\bar{p}$ <u>regulär</u>, d.h. gilt dim $T(\bar{p}) = N$ für die Dimension von $T(\bar{p})$, so ist der Tangentialraum $T(\bar{p})$ identisch mit dem äußeren Tangentialkegel $\Gamma(A,\bar{a})$ an A in $\bar{a} \in A$ (vgl. 2.1.B) und ist insbesondere unabhängig von der speziellen Wahl der Parametrisierung.

Geometrisch bedeutet die Linearisierung von (AP), daß die nichtlineare Funktionenfamilie $A = \{a(p,\cdot) | p \in P\}$ durch die tangentiale Mannigfaltigkeit $a(\bar{p},\cdot) + T(\bar{p})$ an A im Punkt $\bar{a} = a(\bar{p},\cdot)$ ersetzt wird (vgl. Fig. 4.1).

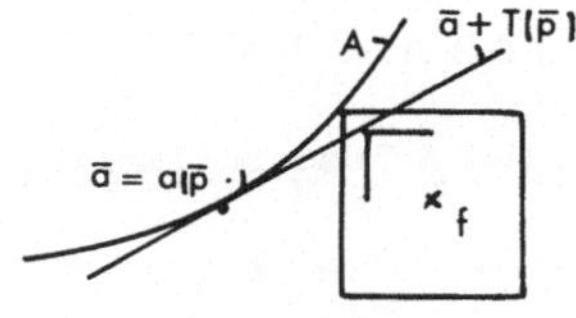

Fig. 4.1

Dies macht auch die Aussage des folgenden Lemmas anschaulich einsichtig, wonach jede Verbesserung des Approximationsfehlers im Tangentialraum eine Abstiegsrichtung für das Funktional $\psi(p) = ||f - a(p,\cdot)||_\infty$ im Parameter $\bar{p}$ liefert.

<u>4.1.3 Lemma</u> Sei $\bar{p} \in P$ und $\pi \in \mathbb{R}^N$ mit

$$|| f - a(\bar{p},\cdot) - \pi^T a_p(\bar{p},\cdot) ||_\infty < || f - a(\bar{p},\cdot) ||_\infty \; . \qquad (17)$$

Dann gilt für hinreichend kleine $\lambda > 0$

$$|| f - a(\bar{p}+\lambda\pi,\cdot) ||_\infty < || f - a(\bar{p},\cdot) ||_\infty \; .$$

<u>Beweis</u> $\pi \in \mathbb{R}^N$ erfüllt die Bedingung (iii) aus Lemma 4.1.2, denn aus (17) folgt für $\bar{x} \in \bar{E}$

$$\bar{\sigma}(\bar{x}) \cdot (\pi^T a_p(\bar{p},\bar{x}) - e(\bar{p},\bar{x})) \leq \; || f - a(\bar{p},\cdot) - \pi^T a_p(\bar{p},\cdot) ||_\infty$$

$$< \; || f - a(\bar{p},\cdot) ||_\infty = -\bar{\sigma}(\bar{x}) \, e(\bar{p},\bar{x}). \; \lozenge$$

4.2 Optimalitätskriterien für die Chebyshev-Approximation

4.2.A Das lokale Kolmogoroffkriterium und äquivalente Aussagen

Wir fassen die notwendigen Optimalitätskriterien aus Kapitel 3, angewandt auf das zum Problem (AP) gehörende (SIP), zu dem folgenden Satz zusammen :

<u>4.2.1 Satz</u> $\bar{p} \in P$ sei lokal beste Approximation für (AP). Dann sind die folgenden, äquivalenten Bedingungen erfüllt:

(i) <u>(Lokales Kolmogoroffkriterium)</u> Es gibt kein $\pi \in \mathbb{R}^N$ mit der Eigenschaft

$$\pi^T a_p(\bar{p},\bar{x}) \cdot \bar{\sigma}(\bar{x}) < 0 \text{ für } \bar{x} \in \bar{E} \; . \qquad (1)$$

(ii) <u>(Duale Form des lokalen Kolomogroffkriteriums)</u> Es sei (vgl. 4.1.(10))

$$\bar{S} = \left\{ s(\bar{x}^1) := \begin{pmatrix} \bar{\sigma}(\bar{x}^1) \; a_p(\bar{p},\bar{x}^1) \\ -1 \end{pmatrix} \; \middle| \; 1 \in L \right\} . \qquad (2)$$

Dann gibt es Extremalpunkte $\{\bar{x}^1 | 1 \in L'\} \subset \bar{E}$ mit $|L'| \leq \dim L(\bar{S}) \leq N+1$, und linear unabhängigen $s(\bar{x}^1) \in \bar{S}$, $1 \in L'$, sowie $u_1 > 0$, so daß

$$\sum_{1\in L'} u_1 \; \bar{\sigma}(\bar{x}^1) \; a_p(\bar{p},\bar{x}^1) \qquad = 0 \in \mathbb{R}^N \qquad (3)$$

$$\sum_{1\in L'} u_1 \qquad = 1 \qquad (3')$$

(iii) $0 \in T(\bar{p}) \subset C[B]$ ist beste Approximation an $f - a(\bar{p},\cdot)$ aus dem Tangentialraum $T(\bar{p})$.

<u>Beweis</u> Ist $\bar{p}$ Parameter einer lokal besten Approximation, so ist $\bar{z} = \left(\begin{smallmatrix} \bar{p} \\ \bar{d} \end{smallmatrix}\right)$ mit $\bar{d} = ||f - a(\bar{p},\cdot)||_\infty$ lokal optimal für (SIP). Nach Lemma 4.1.2 entspricht das lokale Kolmogoroff-Kriterium den notwendigen primalen Optimalitätskriterien aus 3.1.1 bzw. 3.1.2 für (SIP). Entsprechend ist die duale Form des Kolmogoroff-Kriteriums gerade der Kuhn-Tucker-Satz 3.1.14 für (SIP). Da die Bedingung (CQ) nach Lemma 4.1.1 erfüllt ist, sind die Aussagen (i) und (ii) äquivalent. Nach der Diskussion in 4.1. ist (iii) schließlich gleichbedeutend mit der Aussage von Satz 3.1.19, daß $\bar{\xi} = 0$ Lösung des in $\bar{z}$ linearisierten Problems SIP ($\bar{z}$) ist. Nach Satz 3.2.3 ist hierfür das Kuhn-Tucker-Kriterium (ii) notwendig und hinreichend. Alternativ kann man die Aussage (iii) auch direkt aus Lemma 4.1.3 folgern. $\diamond$

Wir nennen i.f. einen Parameter $\bar{p} \in \mathbb{R}^N$ einen <u>kritischen Punkt</u> für (AP), wenn eine der äquivalenten Bedingungen aus 4.2.1 erfüllt ist.

4.2.B Kriterien für lokal stark eindeutige beste Approximationen

Völlig analog zu Satz 4.2.1 können wir den folgenden Charakterisierungssatz für lokal stark eindeutige beste Approximationen im Parameterraum (vgl. 4.1 (6)) beweisen.

<u>4.2.2 Satz</u> $a(\bar{p},\cdot)$ ist genau dann lokal stark eindeutige beste Approximation im Parameterraum an $f \in C[B]$ aus A, wenn eine der folgenden äquivalenten Bedingungen erfüllt ist.

(i) Es gibt kein $\pi \in \mathbb{R}^N \setminus \{0\}$ mit der Eigenschaft

$$\pi^T a_p(\bar{p},\bar{x}) \cdot \bar{\sigma}(\bar{x}) \leq 0 \qquad \text{für } \bar{x} \in \bar{E}. \tag{4}$$

(ii) Der Vektor $\left(\begin{smallmatrix} 0 \\ -1 \end{smallmatrix}\right) \in \mathbb{R}^{N+1}$ ist innerer Punkt des Kegels $K(\bar{S})$ zu der Menge $\bar{S}$. Insbesondere ist $a(\bar{p},\cdot)$ lokal stark eindeutige Approximation im Parameterraum, wenn es N+1 Punkte $\bar{x}^i \in \bar{E}$ mit linear unabhängigen Vektoren $\bar{\sigma}(\bar{x}^i)\, a_p(\bar{p},\bar{x}^i) \in \mathbb{R}^{N+1}$ und $u_i > 0$ gibt, so daß

$$\sum_{i=1}^{N+1} u_i\, \bar{\sigma}(\bar{x}^i)\, a_p(\bar{p},\bar{x}^i) = 0 \in \mathbb{R}^N \tag{5}$$

$$\sum_{i=1}^{N+1} u_i = 1. \tag{6}$$

(iii) Die Parametrisierung $a(p,\cdot)$ ist <u>regulär im Punkt $\bar{p}$</u>, d.h. es gilt dim $T(\bar{p})$ = N für die Dimension des Tangentialraumes $T(\bar{p})$ und $0 \in T(\bar{p})$ ist stark eindeutige beste Approximation an $f - a(\bar{p},\cdot)$ aus $T(\bar{p})$.

<u>Beweis</u> Die Aussagen (i) und (ii) folgen unter Beachtung von Lemma 4.1.1 direkt aus den Sätzen 3.1.4 bzw. 3.1.16. (4) impliziert die lineare Unabhängigkeit der Funktionen $\frac{\partial}{\partial p_i} a(\bar{p},\cdot)$, d.h. dim $T(\bar{p})$ = N, und unter der Bedingung dim $T(\bar{p})$ = N ist (4) auch äquivalent zur starken Eindeutigkeit der Approximation $0 \in T(\bar{p})$ an $f - a(\bar{p},\cdot)$. $\diamond$

4.3   Lineare Chebyshev-Approximation

4.3.A   Charakterisierung bester Approximationen

Der Vollständigkeit halber notieren wir noch den folgenden Charakterisierungssatz für die lineare Chebyshev-Approximation, der sich durch Spezialisierung der notwendigen Kriterien aus Satz 4.2.1 ergibt, wobei diese nun entsprechend 3.2.3 auch hinreichend werden. (Man beachte , daß das lineare (SIP) die Slaterbedingung (vgl. Lemma 4.1.1) erfüllt.)

<u>4.3.1 Satz</u> $\bar{a} = a(\bar{p},\cdot)$, $\bar{p} \in \mathbb{R}^N$, ist genau dann eine beste lineare Chebyshev-Approximation an $f \in C[B]\backslash A$ aus $A = \{a(p,\cdot) = \sum_{i=1}^{N} p_i a_i(\cdot) \mid p \in \mathbb{R}^N\}$, wenn eines der folgenden äquivalenten Kriterien erfüllt ist

(i) (<u>Kriterium von Kolmogoroff</u>) Es gibt kein $p \in \mathbb{R}^N$ mit der Eigenschaft

$$\bar{\sigma}(\bar{x})\, a(p,\bar{x}) < 0 \qquad \text{für } \bar{x} \in \bar{E}\,. \tag{1}$$

Gebräuchlich ist auch die folgende, äquivalente Formulierung

$$\max_{p \in \mathbb{R}^N} \min_{\bar{x} \in \bar{E}} (f(\bar{x}) - a(\bar{p},\bar{x}))\, a(p,\bar{x}) \leq 0\,. \tag{1'}$$

111

(ii) <u>(duale Form des Kolmogoroffkriteriums)</u> Es sei (vgl. 4.2.(2))

$$\bar{S} = \left\{ s(\bar{x}^l) = \begin{pmatrix} \bar{\sigma}(\bar{x}^l)a_1(\bar{x}^l) \\ \vdots \\ \bar{\sigma}(\bar{x}^l)a_N(\bar{x}^l) \\ -1 \end{pmatrix} \;\Big|\; l \in L \right\}. \tag{2}$$

Dann gibt es Extremalpunkte $\{\bar{x}^l \,|\, l \in L'\} \subset \bar{E}$ mit $|L'| \leq \dim L(\bar{S}) \leq N+1$ und linear unabhängigen $s(\bar{x}^l) \in \bar{S}$, $l \in L'$, sowie $u_l > 0$, so daß

$$\sum_{l \in L'} u_l \, \bar{\sigma}(\bar{x}^l) \left(a_1(\bar{x}^l), \ldots, a_N(\bar{x}^l) \right)^T = 0 \tag{3}$$

$$\sum_{l \in L'} u_l = 1 . \tag{3'}$$

<u>4.3.2 Bemerkung</u> Die Bedingung (ii) aus 4.3.1 wird auch oft in der Form ausgedrückt:

Es gibt ein lineares Funktional $L : C[B] \to \mathbb{R}$, das Linearkombination $L = \sum_{l \in I} v_l \, \delta_{x^l}$, $|I| \leq N+1$, $v_l \in \mathbb{R}$, von höchstens $N+1$ Punktfunktionalen $\delta_{x^l} : C[B] \to \mathbb{R}$, $\delta_{x^l}(g) := g(x^l)$ ist und den Bedingungen genügt:

$$L \in A^{\perp} \quad (\text{d.h. } L(a) = 0 \quad \text{für } a \in A) \tag{4}$$

$$|||L||| := \sup_{||g||_\infty = 1} |L(g)| = 1 \tag{5}$$

und
$$L(f) = L(f - \bar{a}) = ||f - \bar{a}||_\infty . \tag{6}$$

Bedingung (5) ist nämlich äquivalent zu $\sum_{l=I} |v_l| = 1$, und da für ein $L = \sum_{l \in I} v_l \, \delta_{x^l}$ mit (4), (5) in der folgenden Ungleichung

$$L(f) = L(f - \bar{a}) = \sum_{l \in I} v_l(f - \bar{a})(x^l) \leq ||f - \bar{a}||_\infty \tag{7}$$

Gleichheit genau dann gilt, wenn die Punkte x^l Extremalpunkte sind und wenn $\operatorname{sign} v_l = -\bar{\sigma}(x^l)$ gilt, wird durch

$L := -\sum_{l \in L'} u_l \, \bar{\sigma}(\bar{x}^l) \, \delta_{\bar{x}^l}$ ein Funktional definiert, das den Bedingungen (4), (5) und (6) genügt.

Analog zu 4.3.1 gilt der 4.2.2 entsprechende Satz zur Charakterisierung global bester, stark eindeutiger Approximationen.

4.3.3 Satz Die Bedingungen (i) und (ii) aus Satz 4.2.2 (mit $a_p = (a_1, \ldots, a_N)^T$) sind notwendig und hinreichend für stark eindeutige, (global) beste Approximationen.

4.3.B. Zur Existenz bester Chebyshev-Approximationen

Es ist bekannt (vgl. z.B.[24], Satz 3.3) und leicht zu beweisen, daß das Approximationsproblem zu endlich dimensionalen Vektorräumen $A \subset C[B]$ (bei beliebiger Norm auf $C[B]$) stets lösbar ist. Damit ist auch das lineare (SIP) zum Chebyshev-Approximationsproblem ohne weitere Voraussetzungen lösbar. Wir wollen darüber hinaus zeigen, daß dieses lineare (SIP) die äquivalenten Bedingungen aus Satz 3.2.7 erfüllt und damit eine nicht leere, konvexe, kompakte Lösungsmenge besitzt, falls der lineare Raum $A \subset C[B]$ N-dimensional ist, d.h. falls die Funktionen $a_i(x)$, $1 \leq i \leq N$, über B linear unabhängig sind, was man o.B.d.A. stets annehmen kann.

4.3.4 Satz Die Funktionen $a_i(x) \in C[B]$, $1 \leq i \leq N$, seien linear unabhängig. Dann erfüllt das lineare (SIP) zum Chebyshev-Approximationsproblem mit beliebigem $f \in C[B]$ die (äquivalenten) Bedingungen:

(i)   Die Lösungsmenge ist nicht leer, konvex und kompakt.

(ii) Die Niveaumengen sind konvex und kompakt.

(iii) Es gilt für $c = (0, \ldots, 0, 1)^T \in \mathbb{R}^n$ $(n = N+1)$

$$- c \in \text{int } K \, (\{a^1(x), \, a^2(x) \,|\, x \in B\}) \tag{8}$$

(mit $a^1(x) = (-a_1(x), \ldots, -a_N(x), -1)^T$, $a^2(x) = (a_1(x), \ldots, a_N(x), -1)^T$, vgl. 4.1.A).

Beweis: Es ist mit Satz 3.2.7 nur die Bedingung 3.2.7(v) nachzuweisen, welche für das vorliegende lineare (SIP) gerade (8) fordert. Nach Teil b) des Lemmas von Farkas darf also kein $\xi = \left(\begin{smallmatrix} p \\ d \end{smallmatrix}\right) \in \mathbb{R}^n \setminus \{0\}$ existieren mit

$$\xi^T c \leq 0, \quad \xi^T a^1(x) \leq 0 \text{ und } \xi^T a^2(x) \leq 0, \, x \in B, \tag{9}$$

was gleichbedeutend damit ist, daß für $p \neq 0$ die Funktion $\sum_{i=1}^N p_i a_i(x)$ nicht identisch verschwindet. Dies ist gerade durch

113

die lineare Unabhängigkeit der $a_i(x)$ gesichert. ◊

Mit Satz 4.3.4 läßt sich auch unmittelbar der Satz 3.2.10 über die Approximierbarkeit durch diskrete Probleme auf die lineare Chebyshev-Approximation übertragen. Wir betrachten für endliche Teilmengen $\tilde{B} \subset B$ das <u>diskretisierte Approximationsproblem</u>

$$AP(\tilde{B}) \qquad \min_{p \in \mathbb{R}^N} \ \max_{x \in \tilde{B}} \ \left| f(x) - \sum_{i=1}^{N} p_i a_i(x) \right|$$

mit dem zugehörigen diskretisierten linearen $SIP(\tilde{B})$. Dann gilt

<u>Korollar 4.3.5</u> Die Funktionen $a_i(x)$, $1 \leq i \leq N$, seien linear unabhängig. Dann sind für endliche Teilmengen (Gitter) $\tilde{B}_i \subset B$ mit hinreichend kleiner, gegen Null konvergierender Dichte
$$\Delta(\tilde{B}_i) = \max_{x \in B} \ \{ \min_{y \in \tilde{B}_i} \ ||x - y|| \ \}$$ die diskretisierten Approximationsprobleme $AP(\tilde{B}_i)$ lösbar und jeder Häufungspunkt einer Lösungsfolge p_i von $AP(\tilde{B}_i)$ ist Lösung des linearen (AP).

<u>4.3.C Dualität bei der linearen Chebyshev-Approximation</u>

Übertragen wir das in 3.2.C eingeführte duale semi-infinite Problem Max $\{d \mid -\binom{c}{d} \in M_{n+1}\}$ auf das zu (AP) gehörende lineare (SIP), so müssen wir wiederum beide den zulässigen Bereich von (SIP) definierende Nebenbedingungen berücksichtigen. 3.2(21) entsprechend definieren wir

$$M_{n+1} := K\left\{ \begin{pmatrix} a^1(x) \\ b^1(x) \end{pmatrix}, \ \begin{pmatrix} a^2(x) \\ b^2(x) \end{pmatrix} \ \middle| x \in B \right\}$$

$$= K\left\{ \begin{pmatrix} \sigma a_1(x) \\ \vdots \\ \sigma a_N(x) \\ -1 \\ \sigma f(x) \end{pmatrix} \ \middle| x \in B, \ \sigma \in \{-1, 1\} \right\} \tag{10}$$

Da das lineare (SIP) außerdem lösbar ist, können wir uns nach Bemerkung 3.2.14 auf Elemente aus M_{n+1} beschränken, die eine Darstellung der Länge $k \leq N+1 = n$ besitzen. Hiermit erhalten wir als duales Problem zum linearen (AP):

(SIP_D) Bestimme $k \leq N+1$ paarweise verschiedene Punkte $x_i \in B$ mit Vorzeichen $\sigma_i \in \{-1, 1\}$ und Zahlen $u_i > 0$, so daß unter der Nebenbedingung

$$\sum_{i=1}^{k} u_i \sigma_i \begin{pmatrix} a_1(x_i) \\ \vdots \\ a_N(x_i) \end{pmatrix} = 0 \tag{11}$$

$$\sum_{i=1}^{K} u_i = 1 \tag{12}$$

die Funktion $F_D(x,u,\sigma) = -\sum_{i=1}^{k} u_i \sigma_i \, f(x_i)$ maximal wird.

Da das lineare (SIP) die Slaterbedingung erfüllt und außerdem lösbar ist, gilt mit Satz 3.2.13 für das lineare (AP) der <u>starke Dualitätssatz</u>.

<u>4.3.6 Satz</u> Das Dualproblem (SIP_D) zum linearen (AP) ist lösbar und für seinen Wert $v(SIP_D)$ gilt

$$v(SIP_D) = v(SIP) = \min_{p \in \mathbb{R}^N} ||f-a(p,\cdot)||_\infty. \tag{13}$$

<u>4.3.7 Bemerkung</u> In mehr funktionalanalytisch orientierten Zugängen zur Approximationstheorie wird als Dualproblem die Aufgabe $\text{Max}\{L(f)\,|\,L\in A^\perp \subset C[B]^*, |||L||| \leq 1\}$ definiert. $(C[B]^*$ bezeichnet den Raum der stetigen, linearen Funktionale auf $C[B]$, $A^\perp$ den Unterraum der Funktionale, die auf $A \subset C[B]$ verschwinden) Nach Bemerkung 4.3.2 folgt, daß dieses Problem ebenfalls den Wert $v(SIP)$ hat und ein Funktional der Form $L = -\sum_{l\in L} u_l \, \bar{\sigma}(\bar{x}^l) \delta_{x^l}$ als Lösung besitzt.

<u>4.3.8 Bemerkung</u> Ist eine Lösung $a(\bar{p},\cdot)$ von (AP) bekannt, so kann nach Satz 3.2.13 sofort eine Lösung von (SIP_D) konstruiert werden, indem als $x_i \in B$ die Extremalpunkte $\{\bar{x}^l\,|\,l \in L'\}$ (vgl. 4.2.1 (ii)) mit $\sigma_i = -\text{sign } e(\bar{p},x_i)$ gewählt und die u_i aus dem Gleichungssystem (3), (3') bestimmt werden. Nach derselben Methode liefert jede Lösung $\tilde{p} \in \mathbb{R}^N$ des auf eine Teilmenge $\tilde{B} \subset B$ diskretisierten Approximationsproblems $AP(\tilde{B})$ einen dual zulässigen Punkt $(\tilde{x}, \tilde{u}, \tilde{\sigma})$ zu $(SIP)_D$ mit

$$F_D(\tilde{x},\tilde{u},\tilde{\sigma}) = \max_{\tilde{x} \in \tilde{B}} |f(x)-a(\tilde{p},x)| \leq v(SIP_D) \leq ||f-a(\tilde{p},\cdot)||_\infty. \tag{14}$$

4.3.D.   Chebyshev-Approximation mit Haarschen Räumen

Bei der linearen Chebyshev-Approximation gilt natürlich ein beson-
deres Interesse denjenigen linearen Funktionenräumen $A \subset C[B]$, bei
denen a priori, unabhängig von der zu approximierenden Funktion
$f \in C[B]$, die Eindeutigkeit bester Approximationen gesichert ist.
Nach dem Eindeutigkeitssatz von H a a r [46] sind diese Räume durch
die Gültigkeit der folgenden, nach Haar benannten Bedingung charakterisiert, die allerdings eine recht starke Einschränkung an
die Geometrie der durch sie definierten Haarschen Räume darstellt.
Mairhuber hat insbesondere gezeigt [74], daß $C[B]$ einen mindestens
2-dimensionalen Haarschen Teilraum überhaupt nur dann enthalten
kann, wenn der Bereich B homöomorph zu einer abgeschlossenen Teilmenge der Kreissphäre S^1 ist. Daher kann man auch bei der Approximation über mehrdimensionalen Bereichen bei keiner linearen Funktionenfamilie generelle Eindeutigkeitsaussagen erwarten. Obwohl so
das Konzept der Haarschen Räume im wesentlichen auf die Approximation über dem reellen Intervall beschränkt ist, ist es doch für
die Praxis wichtig. Zum einen erfaßt es bekannte lineare Funktionenfamilien wie die Polynome oder die Exponentialsummen mit festen Frequenzen (vgl. 1.1.B, 6.2), zum anderen sind für Haarsche
Räume besonders effektive numerische Approximationsverfahren entwickelt worden (vgl. 5.2.B)

__4.3.9 Definition__   Der Teilraum $A = \{a(p,\cdot) = \sum_{i=1}^{N} p_i a_i(\cdot) \mid p \in \mathbb{R}^N\} \subset C[B]$ genügt der __Haarschen Bedingung__, wenn für je N paarweise verschiede-
ne Punkte $x_i \in B$, $1 \leq i \leq N$, die Vektoren $(a_1(x_i), \ldots, a_N(x_i))^T \in \mathbb{R}^N$
linear unabhängig sind (dabei soll B mindestens N+1 Punkte ent-
halten). Der lineare Raum A heißt dann ein __Haarscher-Raum__.

Offensichtlich äquivalent zu Definition 4.3.9 ist die Forderung,
daß A N-dimensional ist und jede von Null verschiedene Funktion
aus A höchstens N-1 Nullstellen in B besitzt, oder auch, daß auf
je N Punkten in B beliebige Daten durch eine eindeutig bestimmte Funktion aus A interpoliert werden können.
Vergleichen wir die obige Haarsche Bedingung mit der Haarschen
Bedingung nach 3.1.6 für das zum (AP) gehörende lineare (SIP):
Letztere verlangt, daß $F_z = (0, \ldots, 0, 1)^T \in \mathbb{R}^n$ und je n-1 = N Vek-

toren aus $\{a^1(x), a^2(x) \mid x \in B\}$ linear unabhängig sind. Die Haarsche Bedingung nach 4.3.9 sichert dies gerade, sofern diese Vektoren zu N paarweise verschiedenen Punkten von B gehören. Diese gegenüber 3.1.6 etwas abgeschwächte Bedingung reicht zum Beweis des folgenden <u>Eindeutigkeitssatzes</u> aus.

<u>4.3.10 Satz</u> Der Teilraum $A \subset C[B]$ erfülle die Haarsche Bedingung. Dann gibt es zu jedem $f \in C[B]$ genau eine beste Approximation, die überdies stark eindeutig ist.

<u>Beweis</u> Es genügt, für den Fall $f \in C[B] \backslash A$ die lokal starke Eindeutigkeit einer besten Approximation $a(\bar{p}, \cdot)$ (im Parameterraum) nachzuweisen, da dies dann die starke Eindeutigkeit (und insbesondere die Eindeutigkeit) dieser Approximation impliziert. Wir können nun entweder Satz 3.1.7 anwenden, wobei sich dessen Beweis wörtlich auf die hier vorliegende, leicht modifizierte Situation überträgt. Alternativ können wir auch die Sätze 4.3.1 und 4.3.3 benutzen. Die Haarsche Bedingung impliziert nämlich, daß in dem dualen Kolmogoroffkriterium zu $\bar{p}$ die Gleichung (3) nur erfüllt sein kann, wenn $|L'| > N$, also $|L'| = N+1$ nach Konstruktion von $L' \subset L$. Damit ist 4.2.2 (ii) gültig und somit $a(\bar{p}, \cdot)$ lokal stark eindeutige Approximation. $\Diamond$

Für die eingangs genannte Umkehrung von Satz 4.3.10, wonach die Eindeutigkeit bester Approximationen an beliebige $f \subset C[B]$ bereits die Haarsche Bedingung für $A \subset C[B]$ impliziert, verweisen wir auf die Literatur (H a a r [46] , siehe etwa § 3.2, [77]).

Wir bemerken, daß im stark eindeutigen Fall nach 3.1.4 die Fehlerfunktion $e(\bar{p}, \cdot)$ mindestens $n = N+1$ Extrema besitzt, und daß $\bar{p}$ zugleich stark eindeutige Lösung eines auf eine $(N+1)$-elementige Teilmenge von $\bar{E} \subset B$ diskretisierten Approximationsproblems ist. Wir wollen daher diskretisierte Approximationsprobleme $AP(\overset{\approx}{B})$, wo $\overset{\approx}{B} \subset B$ aus genau $N+1$ Punkten besteht, noch genauer untersuchen. Die stark eindeutige Lösung eines derartigen $AP(\overset{\approx}{B})$ ebenso wie die Lösung des zugehörigen dualen (SIP) läßt sich nämlich bei erfüllter Haarscher Bedingung mit Hilfe eines linearen Gleichungssystems bestimmen. Zu $N+1$ paarweise verschiedenen Punkten $x_i \in B$, $1 \leq i \leq N+1$, bezeichne

B(x) die (N+1)x(N+1) Matrix

$$B(x) = \begin{pmatrix} a_1(x_1) & \cdots & a_1(x_{N+1}) \\ \vdots & & \vdots \\ a_N(x_1) & & a_N(x_{N+1}) \\ d_1 & & d_{N+1} \end{pmatrix} \tag{15}$$

mit $d_i := (-1)^{N+1-i} \operatorname{sign}(\det B_i(x))$, $1 \le i \le N+1$, $\tag{16}$

und $B_i(x)$ die aus $B(x)$ durch Streichen der letzten Zeile und der i-ten Spalte entstehende NxN-Untermatrix.

<u>4.3.11 Satz</u> Der Teilraum $A \subset C[B]$ erfülle die Haarsche Bedingung. Dann ist zu je N+1 paarweise verschiedenen Punkten $x_i \in B, 1 \le i \le N+1$ die Matrix $B(x)$ regulär. Die stark eindeutige Lösung $\bar{p} \in \mathbb{R}^N$ des auf die Punkte x_i diskretisierten (AP) mit dem diskreten Approximationsfehler $\bar{d} = |\bar{p}_{N+1}|$ ist gegeben als Lösung des Gleichungssystems

$$B^T(x) \begin{pmatrix} \bar{p} \\ \bar{p}_{N+1} \end{pmatrix} = \begin{pmatrix} f(x_1) \\ \vdots \\ f(x_{N+1}) \end{pmatrix} , \tag{17}$$

d.h. bestimmt durch die Bedingung $e(\bar{p}, x_i) = d_i \, \bar{p}_{N+1}$, und die zugehörigen dualen Parameter $u_i > 0$, $1 \le i \le N+1$, berechnen sich aus der Lösung $v \subset \mathbb{R}^{N+1}$ von

$$B(x)v = \begin{pmatrix} 0 \\ 1 \end{pmatrix} \in \mathbb{R}^{N+1} \tag{18}$$

durch $\quad u_i = d_i \cdot v_i = |v_i|$.

<u>Beweis</u> Entwicklung der Determinante von $B(x)$ nach der letzten Zeile ergibt $\det B(x) > 0$, und nach der Cramerschen Regel sind die Komponenten von v_i gegeben durch $v_i = (-1)^{N+1-i} \dfrac{\det B_i(x)}{\det B(x)}$.
Also gilt $u_i := d_i \cdot v_i > 0$. Aus dem dualen Kolmogoroffkriterium 4.3.1 (ii) folgt dann sofort, daß $\bar{p}$ die stark eindeutige Lösung des diskretisierten (AP) mit (x, u, σ), $\sigma_i := -d_i \cdot \operatorname{sign} p_{N+1}$, als zugehöriger dualen Lösung ist (vgl. 4.3.8). ◊

Die Situation vereinfacht sich noch etwas, wenn der Bereich B ein reelles Intervall $B = [\alpha, \beta]$, $\alpha < \beta$, ist. Bei erfüllter Haarscher Bedingung haben die Determinanten $\det (a_i(x_j))_{1 \le i,j \le n} \neq 0$

118

aus Stetigkeitsgründen für angeordnete Punkte $\alpha \leq x_1 < \ldots < x_N \leq \beta$
alle dasselbe Vorzeichen $\sigma \in \{-1,1\}$. Wir nennen ein geordnetes
(N+1)-elementiges Punkttupel $\alpha \leq x_1 < \ldots < x_{N+1} \leq \beta$ eine __Referenz__.
Für eine solche Referenz gilt dann in (16)

$$d_i = \sigma(-1)^{N+1-i} \qquad \text{für alle } 1 \leq i \leq N+1 \ , \tag{19}$$

so daß nach 4.3.11 die beste diskrete Approximation $\bar{p}$ über einer
Referenz durch die __Alternation der Fehlerfunktion__

$$e(\bar{p},x_i) = \sigma \cdot (-1)^{N+1-i} \cdot \bar{p}_{N+1} \ , \ 1 \leq i \leq N+1 \ , \tag{20}$$

charakterisiert ist. Da die beste kontinuierliche Approximation
über dem Intervall $[\alpha,\beta]$ zugleich beste Approximation über einer
Referenz von Extremalpunkten ist, haben wir damit auch den zuerst
von Y o u n g [125] bewiesenen __Alternantensatz__.

Wir sagen, daß eine Fehlerfunktion $e(\bar{p},\cdot)$ eine __Alternante__ der
Länge N+1 besitzt, wenn es Extremalpunkte $\alpha \leq \bar{x}_1 < \ldots < \bar{x}_{N+1} \leq \beta$
und ein Vorzeichen $\sigma \in \{-1,1\}$ gibt, so daß für $1 \leq i \leq N+1$

$$\sigma \cdot (-1)^{N+1-i} \ e(\bar{p},\bar{x}_i) = ||f - a(\bar{p},\cdot)||_\infty . \tag{21}$$

Offensichtlich ist in Haarschen Räumen diese Alternantenbedin-
gung auch hinreichend für eine beste Approximation. Denn aus
$||f - a(p,\cdot)||_\infty < ||f - a(\bar{p},\cdot)||_\infty$ folgt sofort $\sigma \cdot (-1)^{N+1-i} a(p-\bar{p},\bar{x}_i) > 0$,
und damit besitzt $a(p-\bar{p},\cdot)$ in $[\alpha,\beta]$ mindestens N Nullstellen im
Widerspruch zur Haarschen Bedingung. Es gilt also:

__4.3.12 Satz__ $A \subset C[\alpha,\beta]$ sei ein N-dimensionaler Haarscher Raum.
Dann ist $\bar{a} = a(\bar{p},\cdot)$ die stark eindeutige beste Approximation an
$f \in C[\beta]\backslash A$ aus A genau dann, wenn die Fehlerfunktion $e(\bar{p},\cdot)$ eine
Alternante der Länge N+1 besitzt.

__4.4   Zur globalen Theorie der Chebyshev-Approximation__

Wir haben uns bisher nur mit Charakterisierungen lokal bester Approximationen beschäftigt, wobei wir allerdings im linearen Fall
aufgrund der Konvexität der zugehörigen Optimierungsprobleme zwischen lokalen und globalen Optima nicht weiter zu unterscheiden

brauchten.

Es hat nun in der nichtlinearen Chebyshev-Approximation vielfältige Versuche gegeben, durch geeignete Abschwächung des Konvexitätsbegriffes die Charakterisierungen global bester Approximationen der linearen Theorie auf bestimmte nichtlineare Funktionenfamilien zu verallgemeinern (vgl. z.B. den Übersichtsartikel von B r a e s s [15]). In gewissem Widerspruch zum Abstraktionsgrad der entwickelten Theoreme steht die Tatsache, daß ihr praktischer Anwendungsbereich wegen der starken globalen Voraussetzungen an die Funktionenfamilien doch recht beschränkt ist. Immerhin jedoch konnten die wichtigen Fälle der rationalen Approximation sowie der Exponentialapproximation erfaßt werden (vgl. Kapitel 6). Wir begnügen uns hier mit einer sehr knappen Auswahl der Resultate und verweisen zu den Beweisen auf die Spezialliteratur, wie etwa die ausführliche Darstellung in C o l l a t z - K r a b s [24].

Es gibt im wesentlichen nur ein allgemeines hinreichendes Kriterium für global beste Approximationen. Es ist dies das globale Kolmogoroff-Kriterium, das im linearen Fall mit dem Kolmogoroff-Kriterium 4.3.1(i) zusammenfällt:

Globales Kolmogoroff-Kriterium: Zu $\bar{a} = a(\bar{p}, \cdot) \in A$ gibt es kein $a \in A$

mit $\qquad \bar{\sigma}(\bar{x}^1)\,(a(\bar{x}^1) - \bar{a}(\bar{x}^1)) < 0 \qquad$ für alle $l \in L$.

Man rechnet sofort nach, daß ein solches $\bar{a} \in A$ tatsächlich eine global beste Approximation an $f \in C[B]$ ist. Umgekehrt ist aber das globale Kolmogoroff-Kriterium nicht notwendig in einer besten Approximation $\bar{a} \in A$ erfüllt. Funktionenfamilien, in denen dies doch der Fall ist, sog. Kolmogoroffmengen 1-ter Art, haben B r o s o w s k i und W e g m a n n [16] genau beschrieben, erste Untersuchungen zu diesem Problem gehen auf M e i n a r d u s, S c h w e d t [78], [77] zurück. D u n h a m [29] hat ferner gezeigt, daß diese Mengen gerade durch die Tatsache charakterisiert sind, daß in ihnen jede lokal beste Approximation auch schon global beste Approximation ist. Da nun numerische Verfahren zur Berechnung lokal bester Approximationen im wesentlichen auf den Optimalitätskriterien aus Satz 4.2.1 aufbauen, ist die folgende weiterführende Fragestellung naheliegend: wie können Funktionenfamilien $A = \{a(p, \cdot) \mid p \in P\}$, sogenannte Kolmogoroffmengen 2-ter Art, charakterisiert werden, in denen jeder kritische Punkt $a(\bar{p}, \cdot) \in A$ schon global beste Approximation ist.

Diese Frage beantwortet der folgende, von K r a b s [68], aufge-
stellte Satz (vgl. [24], Satz 5.2, 5.3).

4.4.1 Satz Für eine parametrisierte Funktionenfamilie $A = \{a(p,\cdot) \mid p \in P\} \subset C[B]$ sind folgende Aussagen äquivalent:

(i) A ist Kolmogoroffmenge 2-ter Art.

(ii) A erfüllt die folgende <u>Vorzeichenbedingung</u>: Zu jede zwei
$p, \bar{p} \in P$ und zu einer kompakten Teilmenge $\overset{\curvearrowright}{B} \subset B$, auf der $a(p,\cdot)$
$- a(\bar{p},\cdot)$ nirgends verschwindet, läßt sich das Vorzeichenverhalten
der Differenz $a(p,\cdot) - a(\bar{p},\cdot)$ im Tangentialraum reproduzieren:
$$\underset{\pi \in \mathbb{R}^N}{\exists} \quad \text{sign } \pi^T a_p(\bar{p},x) = \text{sign}(a(p,x) - a(\bar{p},x)) \text{ für alle } x \in \overset{\curvearrowright}{B}.$$

Bei der Beantwortung der Frage, wann eine Kolmogoroffmenge 2-ter
Art zusätzlich <u>Eindeutigkeitsmenge</u> ist, d.h. zu einem $f \in C[B]$
höchstens eine beste Approximation $\bar{a} \in A$ besitzt, beschränken wir
auf den Fall $B = [\alpha,\beta]$. In Verallgemeinerung der Haarschen Bedingung im linearen Fall definiert man

4.4.2 Definition Eine parametrisierte Funktionenfamilie
$A = \{a(p,\cdot) \mid p \in P\} \subset C[\alpha,\beta]$ erfüllt die lokale und globale Haarsche Bedingung, wenn zu jedem $\bar{p} \in P$ gilt

(i) $T(\bar{p})$ ist ein Haarscher Raum der Dimension $d(\bar{p})$.

(ii) Für $p \in P$ besitzt eine Differenz $a(p,\cdot) - a(\bar{p},\cdot) \neq 0$
in $[\alpha,\beta]$ höchstens $d(\bar{p}) - 1$ Nullstellen.

Ohne Beweis vermelden wir den Satz:

4.4.3 Satz Sei $A = \{a(p,\cdot) \mid p \in P\} \subset C[\alpha,\beta]$. Dann sind die Aussagen

(i) A erfüllt die lokale und globale Haarsche Bedingung

(ii) A ist Kolmogoroffmenge 2-ter Art und Eindeutigkeitsmenge
äquivalent, und $\bar{a} = a(\bar{p},\cdot)$ ist beste Approximation an ein $f \in C[\alpha,\beta] \setminus A$
genau dann, wenn die Fehlerfunktion $e(\bar{p},\cdot)$ eine Alternante der Län-
ge $d(\bar{p}) + 1$ besitzt.

<u>Bemerkung:</u> Der Schluß (i) $\rightarrow$ (ii) in 4.4.3 ist wohl bekannt (siehe
etwa [77], Satz 86, 87), zur Umkehrung vgl. [126]. Es ist mit 4.2.1(iii)
und 4.3.12 jedenfalls klar, daß $e(\bar{p},\cdot)$ in einem kritischen Punkt
$\bar{p} \in P$ eine Alternante der Länge $d(\bar{p}) + 1$ besitzt, so daß wegen
4.4.2(ii) auch kein $a \in A$ mit $\|f-a\|_\infty < \|f-a(\bar{p},\cdot)\|_\infty$ existiert,
also $\bar{a} = a(\bar{p},\cdot)$ beste Approximation ist.

5. Numerische Methoden

Nachdem wir in den letzten Kapiteln die Theorie der semi-infiniten
Optimierung dargestellt haben, wenden wir uns nun ihrer numerischen Behandlung zu. Die numerischen Methoden sind dabei sehr
stark in der Theorie verwurzelt und können vielfach nur aus ihr
heraus verstanden und interpretiert werden.

Historisch folgte die Entwicklung numerischer Verfahren in diesem
Bereich zwei, bis in neuere Zeit weitgehend getrennten Linien:

- Zum einen auf dem Gebiet der Chebyshev-Approximation, wo man
sich hauptsächlich an Methoden orientierte, die ursprünglich für
spezielle Problemtypen (Polynomapproximation, rationale Approximation) entwickelt worden waren, und deren Erfolg auch tatsächlich
stark von den dort gegebenen Voraussetzungen, insbesondere der lokal starken Eindeutigkeit der Lösungen, abhängt. Für Austauschverfahren und lineare Probleme erörtern wir dies in 5.2. In gleicher
Weise ist die Effizienz der zunächst ebenfalls auf spezielle Probleme (rationale und Exponentialapproximation) angewandten Linearisierungsmethode an die bei diesen in der Regel gegebene lokal
starke Eindeutigkeit gebunden (5.3,5.4.C).

- Die zweite Entwicklungslinie kommt aus der finiten Optimierung,
die in zweifacher Weise Eingang findet: einmal direkt, um diskretisierte Probleme, etwa zur Gewinnung von Startnäherungen, zu lösen (vgl. 5.2.A und 5.3). Zum anderen haben wir durch lokale Reduktion des semi-infiniten auf ein finites Problem SIP_{red} (vgl.
3.3.A) die Möglichkeit, effiziente Methoden der finiten Optimierung auf semi-infinite Probleme zu übertragen (vgl. 5.4.A).

Sowohl für lineare wie für nichtlineare Probleme gehen wir von einem zweiphasigen Lösungskonzept aus: In Phase 1 verschafft man
sich etwa durch Diskretisierung (vgl. 5.2.A) eine grobe Näherungslösung, die in Phase 2 durch eine Methode mit guter lokaler Konvergenz verbessert wird. Nur in Spezialfällen (vgl. 6.2 , 6.3)
wird man Methoden finden, die in beiden Phasen effizient sind.

In 5.1 behandeln wir zunächst Methoden der linearen finiten Optimierung, da ein effizienter Einsatz derselben später oft wichtig
sein wird. Methoden für die Phase 1 werden in 5.2 für den linearen und in 5.3 für den nichtlinearen Fall behandelt. In 5.4
schließlich betrachten wir solche für die Phase 2.

5.1. Simplex-Algorithmen für die lineare finite Optimierung

Finite lineare Optimierungsprobleme werden uns häufig als Hilfsprobleme bei der Behandlung semi-infiniter Probleme begegnen. Dabei wird sich zeigen, daß je nach Verwendungszweck verschiedene Anforderungen an ein solches Programm gestellt werden, was den Einsatz verschiedener Simplex-Varianten empfehlenswert macht. Wir kommen hierauf in Abschnitt 5.1.B ausführlicher zurück.

5.1.A. Einige Grundbegriffe der finiten linearen Optimierung

Mit $c \in \mathbb{R}^n$, $b \in \mathbb{R}^M$ wobei stets $n \le M$ sei und einer reellen Mxn-Matrix A betrachten wir im ganzen Abschnitt 5.1 das folgende duale Paar finiter Probleme:

(P) Minimiere $F(z) = c^T z$ unter den Nebenbedingungen $Az \le b$.
$Z = \{z \mid Az \le b\}$ heißt der zulässige Bereich von (P).

(D) Maximiere $F_D(u) = - u^T b$ unter den Nebenbedingungen $u \ge 0$ und $A^T u = - c$. $Z_D = \{u \mid u \ge 0, A^T u = - c\}$ heißt der zulässige Bereich von (D).

Wir bezeichnen (P) als primales, (D) als duales Problem. Es gilt der Dualitätssatz (vgl. [25], siehe auch 3.2.C)

5.1.1. __Satz__ (i) Ist z für (P), u für (D) zulässig, so gilt $F(z) \ge F_D(u)$ (sog. schwache Dualität).

(ii) (P) ist genau dann lösbar, wenn (D) lösbar ist. Die Zielwerte $v(P)$ bzw. $v(D)$ beider Probleme stimmen dann überein.

(iii) Haben (P) und (D) zulässige Punkte, so sind beide auch lösbar.

Der zulässige Bereich $Z = \{z \mid Az \le b\}$ des primalen Problems ist konvex und geometrisch als Durchschnitt von M Halbräumen
$H_i = \{z \mid a_i^T z \le b_i\}$ zu deuten, wenn a_i^T die i-te Zeile der Matrix A ist.

Jedem Punkt $z \in Z$ können wir wieder die Menge der dort aktiven Nebenbedingungen zuordnen vermöge der Indexmenge

$$I(z) = \{i \in \{1,..,M\} \mid a_i^T z = b_i\}. \tag{1}$$

Ist $I(z) = \emptyset$ so ist z ein innerer Punkt von Z. Besonders ausge-
zeichnete Punkte sind die Ecken des Bereichs Z, welche sich als
Schnittpunkte von jeweils n der begrenzenden Hyperebenen H_i ergeben:

5.1.2. Definition. Ein $z \in Z$ heißt eine <u>Ecke</u>, wenn es unter den
Vektoren $a_i, i \in I(z)$, n linear unabhängige gibt. Ist $|I(z)| > n$,
so spricht man von einer <u>entarteten Ecke.</u>

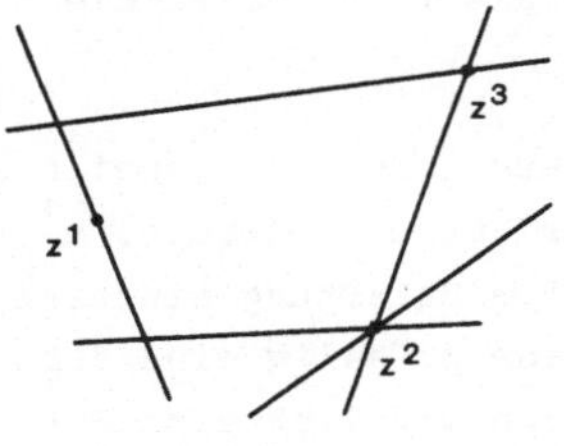

In Fig. 5.1 sind z^2 und z^3 Ecken,
wobei z^2 wegen $|I(z^2)| = 3$ ausge-
artet ist. Wegen $|I(z^1)| = 1$ ist
z^1 keine Ecke.

Fig. 5.1   Es gilt (vgl.[25])

5.1.3. Satz. Ist (P) lösbar, so gibt es stets eine Ecke, die optimal ist, vorausgesetzt, der Bereich Z besitzt überhaupt eine Ecke.

Man beachte, daß nicht jede Lösung eine Ecke zu sein braucht. Tatsächlich kann die Lösungsmenge Kanten und höherdimensionale Teilmengen von Z umfassen.

Der zulässige Bereich Z_D des dualen Problems (D) ist der im Sek-
tor $\mathbb{R}_+^M = \{u \mid u_i \geq 0\}$ liegende Teil der linearen Mannigfaltigkeit
$\{u \mid A^T u = -c\}$ Hat A den Rang $r \leq n$, so ist die Dimension von
Z_D also höchstens M-r.

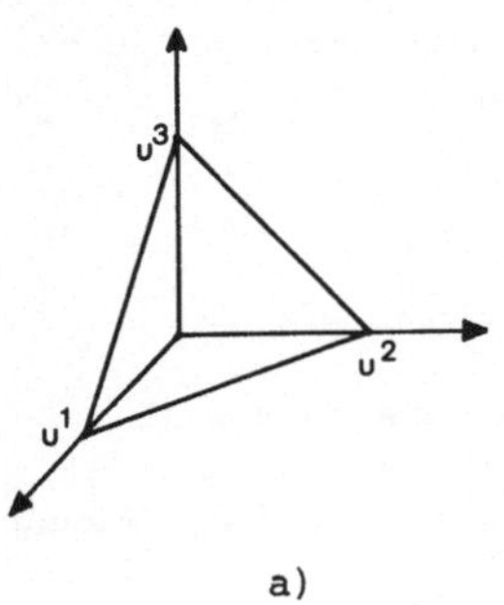

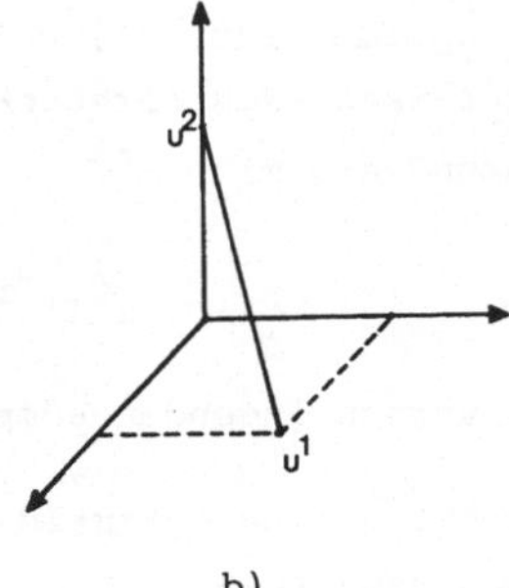

a)   b)

Fig. 5.2

Fig.5.2.a) zeigt den Fall $M = 3$, $r = 1$ und b) den Fall $M = 3, r = 2$. Ecken definieren wir nun als Punkte, die auf einem möglichst niedrigdimensionalen Teil des Randes von $\mathbb{R}^M_+$ liegen, für die also möglichst viele Koordinaten O sind:

__5.1.4. Definition.__ $u \in Z_D$ heißt eine __Ecke__ von Z_D, wenn die den positiven Komponenten $u_i > O$ entsprechenden Spalten a_i von A^T linear unabhängig sind. Sind dies weniger als r, so heißt die Ecke __entartet.__

In Fig. 5.2.a) sind u^1, u^2, u^3 nicht entartete Ecken mit jeweils einer Komponente ungleich Null. In b) ist u^2 eine entartete, u^1 eine nichtentartete Ecke. Man sieht, daß die Entartung eintritt, wenn die durch $A^T u = - c$ beschriebene Gerade zufällig eine der Koordinantenachsen trifft und in diesem Sinn wirklich eine Entartung darstellt. Es wird sich aber zeigen, daß bei manchen Verfahren (sog. Austauschverfahren, 5.2.C) zur Lösung semi-infiniter Probleme oft "nahezu entartete" Ecken - bei denen die a_i fast linear abhängig sind - auftreten.

Wieder gilt:

__5.1.5. Satz.__ Ist (D) lösbar, so gibt es stets einen optimalen Punkt, der Ecke von Z_D ist.

Wir erinnern nochmals daran (vgl. S.79f), daß man in einfacher Weise aus einer bekannten Lösung von (P) eine solche für (D) berechnen kann und umgekehrt:

Ist $\bar{z} \in Z$ optimal für (P), so liefern die nach dem K u h n - T u c k e r-Satz existierenden $\bar{u}_i > O$, $i \in I' \in I(\bar{z})$, a_i, $i \in I'$, linear unabhängig mit

$$\sum_{i \in I'} \bar{u}_i a_i = - c \qquad (2)$$

die nicht verschwindenden Komponenten einer Lösung von (D).

Ist umgekehrt $\bar{u}$ eine optimale Ecke für (D), so ist jede Lösung $\bar{z}$ des Gleichungssystems

$$a_i^T \bar{z} = b_i \ , \ i \in J = \{j \mid \bar{u}_j > O\} \qquad (3)$$

eine Lösung von (P), falls $\bar{z} \in Z$. Ist $\bar{u}$ nicht entartete Ecke, so ist $\bar{z}$ durch (3) eindeutig bestimmt.

5.1.B. Zum Einsatz linearer Programme in der semi-infiniten Optimierung

Wir werden in den Abschnitten 5.1.C bzw. 5.1.D Simplex-Verfahren (V_P) bzw. (V_D) zur Lösung von Problemen des Typs (P) bzw. (D) kennenlernen. Wesentliche Merkmale dieser Verfahren sind:

- Sie benötigen zum Start eine Ecke des jeweiligen Problems.

- In jedem Schritt wird ausgehend von einer nicht optimalen Ecke eine neue mit i.a. besserem Zielwert bestimmt. Dies erfordert u.a. die Lösung eines linearen Gleichungssystems in n Unbekannten, wobei n bei (P) gleich der Zahl der Variablen und bei (D) gleich der der Gleichungsnebenbedingungen ist.

Ist eine Startecke nicht bekannt, so ist eine solche über die Lösung eines weiteren linearen Optimierungsproblems zu bestimmen, was recht aufwendig sein kann (vgl.5.1.E). Da zudem eine so bestimmte Ecke sehr weit von der optimalen entfernt sein kann im Sinne der Zahl der im eigentlichen Verfahren benötigten Schritte, sollte man jede Information über eine gute Startecke nach Möglichkeit ausnutzen.

Lineare Optimierungsprobleme treten als Hilfsprobleme bei der Lösung semi-infiniter Aufgaben häufig auf, wobei dann je nach Kontext gute primale oder duale Startecken leichter zugänglich sind. Wir wollen zeigen, daß dies den Einsatz jeweils einer der beiden Varianten (V_P) und (V_D) der Simplex-Methode empfehlenswert macht:

Nehmen wir einmal an, wir hätten nur den Algorithmus (V_D) zur Verfügung, eine Situation, wie sie die meisten Programmbibliotheken bieten. Ist dann eine zulässige Ecke $\tilde{z} \in Z$ für (P) gegeben, so hat man zwei Möglichkeiten:

(i) Man verzichtet auf die gegebene Ecke von (P), bestimmt eine solche für (D) und behandelt (D), eine Vorgehensweise, auf deren Nachteile soeben hingewiesen wurde.

(ii) Man formt (P) in ein Problem $(\tilde{D})$ des Typs (D) um:

Hierzu spaltet man die Variablen z in einen positiven und einen negativen Anteil auf: $z = z^+ - z^-$, z^+, $z^- \in \mathbb{R}_+^n$. Mit Schlupfvariablen y_i, $i=1,..,M$ erhält man dann das folgende, (P) offensichtlich äquivalente Problem

(D) Minimiere $\tilde{F}(z^+,z^-,y) = - c^T(z^+ - z^-)$ unter den Nebenbedingungen

$$A(z^+ - z^-) + Iy = b, \quad z^+ \geq 0, \quad z^- \geq 0, \quad y \geq 0,$$

wobei I die M x M-Einheitsmatrix ist.

Dies ist ein Problem mit 2n+M vorzeichenbeschränkten Unbekannten z^+, $z^- \in \mathbb{R}^n$, $y \in \mathbb{R}^M$ und M Gleichungsbedingungen. Aus der bekannten zulässigen Ecke $\tilde{z} \in Z$ von (P) kann man sofort eine zulässige Ecke von $(\tilde{D})$ bestimmen. Hierzu setzt man für $i=1,..,n$

$$\tilde{z}_i^+ = \begin{cases} z_i & \text{falls } \tilde{z}_i \geq 0 \\ 0 & \text{sonst} \end{cases}, \quad \tilde{z}_i^- = \begin{cases} - \tilde{z}_i & \text{falls } \tilde{z}_i < 0 \\ 0 & \text{sonst} \end{cases}.$$

Natürlich gilt $\tilde{z} = \tilde{z}^+ - \tilde{z}^-$, $\tilde{z}^+$, $\tilde{z}^- \geq 0$, wenn $\tilde{z}^+$, $\tilde{z}^-$ die Vektoren mit den $\tilde{z}_i^+$, $\tilde{z}_i^-$ als Komponenten sind. Mit $\tilde{y} = b - A\tilde{z}$ folgt weiter wegen $A\tilde{z} \leq b$ (also $\tilde{y} \geq 0$)

$$A(\tilde{z}^+ - \tilde{z}^-) + I\tilde{y} = A\tilde{z} + \tilde{y} = b.$$

$\tilde{z}^+$, $\tilde{z}^-$, $\tilde{y}$ ist also eine zulässige Ecke von $(\tilde{D})$, die man sofort aus der gegebenen Ecke $\tilde{z}$ für (P) erhält. Wendet man nun aber (V_D) auf $(\tilde{D})$ an, so erfordert nach dem eingangs gesagten jeder Schritt nicht mehr die Lösung von Gleichungssystemen in n sondern solcher in M Unbekannten entsprechend der Anzahl der Gleichungsnebenbedingungen von $(\tilde{D})$. Ist M >> n - eine später typische Situation (vgl. etwa 5.2.B) - so führt dies zu einem gegenüber der Anwendung von (V_P) auf (P) erheblich gesteigerten Aufwand pro Schritt. Aufgrund des organisatorischen Aufwands gilt dies auch, wenn (V_D) in der Lage ist, die spezielle Gestalt der Gleichungsnebenbedingungen in $(\tilde{D})$ (schwach besetzte Matrix) zu berücksichtigen, was bei den üblichen Bibliotheksprozeduren nicht der Fall ist.

In beiden Fällen ergeben sich also schwerwiegende Nachteile gegenüber der Situation, daß ein Algorithmus (V_P) verfügbar ist.

Ganz entsprechend sind die Verhältnisse, wenn man einen Algorithmus (V_p) aber nun eine gute Startecke für (D) hat. Eine Behandlung des zu (D) äquivalenten Problems

(P) Minimiere $u^T b$ unter den Nebenbedingungen $A^T u \le - c$, $-A^T u \le c$, $-u \le 0$

mit (V_p) würde wieder zu M x M-Gleichungssystemen in jedem Schritt führen.

5.1.C. <u>Ein Algorithmus (V_p) für primale Probleme.</u>

Wir betrachten das primale Problem (P), $F(z) = c^T z$ zu minimieren unter den Nebenbedingungen $Az \le b$. Hierbei nehmen wir an, die Mxn-Matrix A habe den Rang n ($n \le M$).

Im weiteren werden wir häufig von der folgenden Bezeichnungsweise Gebrauch machen:

Sei $v \in \mathbb{R}^k$ ein Vektor, $v = \begin{pmatrix} v_1 \\ \vdots \\ v_k \end{pmatrix}$, und $I \subset \{1,..,k\}$ eine Indexmenge, $I = \{i_1,..,i_l\}$. O.B.d.A. sei $i_1 <...< i_l$. Mit $v' = (v_i)_{i \in I}$ bezeichnen wir dann den Vektor in $\mathbb{R}^l$ mit den Komponenten $v'_\nu = v_{i_\nu}, \nu =1,..,l$. Am einfachsten stellt man sich vor, daß v' aus v durch Streichen der v_j mit $j \notin I$ hervorgeht.

Ist V eine k x n Matrix mit Zeilen $v_i^T (v_i \in \mathbb{R}^n)$, so ist entsprechend $V' = (v_i^T)_{i \in I}$ die Matrix, die aus V durch Streichen der Zeilen v_j^T, $j \notin I$, entsteht.

Es sei nun z^o eine Ecke des zulässigen Bereichs Z und $I' \subset I(z^o)$ sei so, daß $|I'| = n$ und die $a_i, i \in I'$, linear unabhängig sind. $(a_i^T)_{i \in I'}$ heißt dann eine <u>Basismatrix</u> zur Ecke z^o. Das Gleichungssystem

$$\sum_{i \in I'} u_i a_i = - c \tag{4}$$

besitzt eine eindeutige Lösung u^o. Wären alle Komponenten u_i^o von u^o nichtnegativ, so wäre z^o optimal für (P) und $\tilde{u}^o$ optimal für (D) (vgl.5.1.A), wo $\tilde{u}^o \in \mathbb{R}^M$ definiert ist durch $\tilde{u}_i^o = u_i^o$, $i \in I'$, $\tilde{u}_i^o = O$, $i \notin I'$.

Sei deshalb $j \in I'$ so, daß $u_j^O = \min\limits_{i \in I'} \{u_i^O\} < 0$. Die Ecke z^O ist eindeutig bestimmt durch die Forderung, daß die Nebenbedingungen für
$i \in I'$ aktiv sind. M.a.W. z^O ist die eindeutige Lösung des Gleichungssystems

$$a_i^T z = b_i \ , \ i \in I'. \tag{5}$$

Läßt man die Gleichung mit $i=j$ aus (5) fort, so wird durch (5) und
die Forderung $z \in Z$ eine zulässige Kante von Z beschrieben. Ist Δ^O
die eindeutige Lösung von

$$a_i^T \Delta = \delta_{ij} \ , \ i \in I' \ , \ \delta_{ij} \text{ das Kronecker-Symbol,} \tag{6}$$

so kann man diese Kante darstellen durch

$$K^O = \{z(t) = z^O - t\Delta^O \mid 0 \leq t \leq t^O\}, \tag{7}$$

wo t^O als der maximale t-Wert zu bestimmen ist, für den $z(t)$ noch
in Z liegt. Ist $t_O = 0$ so <u>entartet die Kante</u> zum Punkt z^O. Zunächst sehen wir uns die Zielfunktion F auf K^O an. Es gilt mit (4)
und (6)

$$F(z(t)) = F(z^O) - t \cdot c^T \Delta^O$$

$$= F(z^O) + t \cdot \sum_{i \in I'} u_i^O a_i^T \Delta^O$$

$$= F(z^O) + t \cdot u_j^O < F(z^O) \text{ für } t > 0,$$

d.h. der Zielwert nimmt für wachsende t ab und wird auf K^O somit
für $t = t^O$ minimal. t^O wird nun wie folgt bestimmt: Wegen

$$a_i^T z(t) = a_i^T z^O - t \cdot a_i^T \Delta^O$$

ist $a_i^T z(t) \leq b_i$ erfüllt für $t \in [0, t_i]$, wenn wir setzen

$$t_i = \begin{cases} \infty & \text{für } a_i^T \Delta^O \geq 0 \\[2mm] \dfrac{a_i^T z^O - b_i}{a_i^T \Delta^O} & \text{für } a_i^T \Delta^O < 0. \end{cases} \tag{8}$$

Da z^O zulässig ist, ist $t_i \geq 0$. Somit erhält man

$$t^O = \min_{i \notin I'} \{t_i\}. \tag{9}$$

Sei l der kleinste Index in $\{1,..,M\}\setminus I'$ mit $t_l = t^O$. Wir zeigen, daß für $t^O < \infty$ die Vektoren a_i, $i \in (I'\setminus\{j\}) \cup \{l\}$, linear unabhängig sind und somit $z(t^O)$ wieder eine Ecke ist:

Angenommen, es sei $a_l = \sum\limits_{i \in I'\setminus\{j\}} \mu_i a_i$. Dann ist aber

$a_l^T \Delta^O = \sum\limits_{i \in I'\setminus\{j\}} \mu_i a_i^T \Delta^O = 0$ wegen (6), also wäre nach (8) $t_l = t^O = \infty$,

ein Widerspruch.

Ist $t^O = \infty$, so läßt sich $F(z)$ beliebig verkleinern, d.h. (P) hat dann keine Lösung.

Ist $0 < t^O < \infty$, so hat sich beim Übergang $z^O \to z^1 = z(t^O)$ der Wert der Zielfunktion verkleinert. Dies ist insbesondere stets der Fall, wenn z^O eine nicht entartete Ecke war, da dann für $i \notin I'$ stets $a_i^T z^O - b_i \neq 0$ gilt, t^O somit nicht 0 sein kann. Treten im Verlauf der Rechnung nur nicht entartete Ecken auf, so folgt hieraus sofort, daß der Algorithmus nach endlich vielen Schritten stoppt, da einerseits die Menge aller Ecken endlich ist und andererseits wegen der monotonen Abnahme der Zielfunktion sich keine Ecke wiederholen kann.

Ist $t^O = 0$, so ist $z^1 = z^O$ eine entartete Ecke. Der Schritt hat dann nur die Indexmenge I' verändert, so daß es theoretisch möglich ist, daß sich die Austauschritte zyklisch wiederholen, das Verfahren also im Punkt z^O stehenbleibt. Durch gewisse Zusatzstrategien (vgl. [25] oder auch [9]) kann dies vermieden werden. Die Praxis zeigt aber, daß man auf solche verzichten kann, da Zyklen praktisch nie beobachtet wurden.

Wir wollen den Algorithmus noch im Zusammenhang angeben.

<u>5.1.6. Algorithmus (V_P)</u>. Im i-ten Schritt sei eine zu einer Ecke $z^i \in Z$ gehörige Basismatrix $A^i = (a_j^T)_{j \in I^i}$, $I^i \in \{1,..,M\}$, $|I^i| = n$, gegeben, die also insbesondere regulär ist. Man führe nun die folgenden Teilschritte (a) – (f) durch:

a) Berechne z^i selbst als Lösung des Gleichungssystems

$$A^i z = b^i \ , \ b^i = (b_j)_{j \in I^i}. \tag{5'}$$

b) Berechne u^i durch Lösung des Gleichungssystems

$$(A^i)^T u = - c . \tag{4'}$$

c) Bestimme ein $j \in I^i$ mit $u_j^i = \min_{k \in I^i} \{u_k^i\}$. Ist $u_j^i \geq 0$, so ist z^i eine optimale Ecke und man kann abbrechen.

d) Berechne Δ^i als Lösung des Gleichungssystems

$$A^i \Delta = e_j \ , \ e_j \text{ der } j\text{-te Einheitsvektor des } \mathbb{R}^n. \tag{6'}$$

e) Berechne nach (8),(9) das kleinste $l \in \{1,..,M\} \setminus I^i$ mit $t_1 = t^o$. (Ist $t^o = \infty$, so breche man ab, da dann (P) nicht lösbar ist).

f) Setze $I^{i+1} = (I^i \setminus \{j\}) \cup \{l\}$ und fahre fort mit Schritt $i + 1$.

Entscheidend für die Effizienz des Verfahrens ist nun, daß einmal in den drei zu lösenden Gleichungssystemen (4'),(5'),(6') dieselbe System-Matrix A^i (in (4') transponiert) auftritt, so daß etwa eine L^i-R^i-Zerlegung oder eine Q^i-R^i-Zerlegung für alle drei Systeme nur einmal durchzuführen ist. Darüber hinaus unterscheiden sich A^i und A^{i+1} nur in jeweils einer Zeile, was eine einfache Berechnung der Q^{i+1}, R^{i+1} aus den Q^i, R^i ermöglicht, die überdies numerisch stabil ist, im Gegensatz etwa zu der Berechnung von $(A^{i+1})^{-1}$ aus $(A^i)^{-1}$ mit Hilfe der Sherman-Morrison-Formel, die älteren Versionen des Simplex-Verfahrens (revidierter Simplex [25]) zugrundeliegt. In [7],[38] findet man stabile Algorithmen beschrieben, eine ausführliche Diskussion in [35].

5.1.D. Ein Algorithmus (V_D) für Probleme vom dualen Typ (D).

Das lineare Programm vom Typ (D)

Maximiere $F_D(u) = - u^T b$ unter den n Gleichungsnebenbedingungen $A^T u = - c$, und den Vorzeichenbedingungen $u \geq o$ $(u \in \mathbb{R}^M)$

wird in der Literatur vielfach als Standardtyp linearer Optimierungsprobleme aufgefaßt, auf den die Algorithmen zugeschnitten sind. Da zudem die Herleitung des nun zu beschreibenden Algorithmus (V_D) der von (V_P) analog ist, beschränken wir uns auf seine Formulierung.

Hierzu benötigen wir erst noch den Begriff der Basis bzw. der Basismatrix einer Ecke von (D). Sei $\tilde{u}$ eine solche Ecke, d.h. $\tilde{u}_i > 0$, $i \in \tilde{I}$, $\tilde{u}_i = 0$, $i \in \{1,..,M\} \setminus \tilde{I}$, und a_i, $i \in \tilde{I}$, linear unabhängig. (Die a_i, $i = 1,..,M$, sind wieder die Spalten von A^T). Wir nehmen nun generell an, daß <u>die Matrix A vollen Rang n hat</u>. Ist nun $|\tilde{I}| < n$, d.h. ist $\tilde{u}$ eine entartete Ecke, so können wir die (nach Definition linear unabhängigen) a_i, $i \in \tilde{I}$, durch $n - |\tilde{I}|$ weitere Spalten a_i, $i \in \tilde{\tilde{I}}$, $|\tilde{\tilde{I}}| = n - |\tilde{I}|$, zu einer Basis des $\mathbb{R}^n$ ergänzen. Wir nennen $I^* = \tilde{I} \cup \tilde{\tilde{I}}$ eine zur Ecke $\tilde{u}$ gehörige Indexmenge, die a_i, $i \in I^*$ eine <u>Basis</u> zu $\tilde{u}$ und $A^* = (a_i^T)_{i \in I^*}$ eine <u>Basismatrix</u> zu $\tilde{u}$. Nur bei nicht-entarteten Ecken sind Basis und Basismatrix eindeutig bestimmt.

<u>5.1.7. Algorithmus (V_D)</u>. Im i-ten Schritt sei eine zu einer Ecke $u^i \in Z_D$ gehörige Basismatrix $A^i = (a_j^T)_{j \in I^i}$ gegeben. Man führe die folgenden Teilschritte (a) - (f) durch:

(a) Berechne z^i als Lösung des Gleichungssystems

$$A^i z = b^i \qquad (5')$$

$(b^i = (b_j)_{j \in I^i}$, wie üblich).

(b) Berechne $u^i \in \mathbb{R}^M$ wie folgt: Sei $\tilde{u}^i = (u_j^i)_{j \in I^i}$. Bestimme $\tilde{u}^i$ als Lösung des Gleichungssystems

$$(A^i)^T u = -c \qquad (4')$$

und setze $u_j^i = 0$, $j \notin I^i$. Nach Voraussetzung ist $u^i \geq 0$.

(c) Bestimme ein $k \in \{1,..,M\} \setminus I^i$, so daß

$$d_k = a_k^T z^i - b_k = \max \{a_j^T z^i - b_j \mid j = \{1,..,M\} \setminus I^i\}.$$

Ist $d_k \leq 0$, so ist z^i zulässig und z^i, u^i sind Lösungen von (P) resp. (D), so daß das Verfahren abbricht.

132

(d) Berechne μ als Lösung des Gleichungssystems

$$(A^i)^T \mu = a_k \tag{10}$$

(es gilt dann $- c = ta_k + \sum_{j \in I^i}(u_j - t\mu_j)a_j$).

(e) Sind alle Komponenten $\mu_1 \leq 0$, $1 = 1,..,n$, so ist die Zielfunktion $F_D(u)$ auf Z_D nicht beschränkt und (P) besitzt keinen zulässigen Punkt, so daß man abbrechen kann.

Andernfalls bestimme man den kleinsten Index $j \in I^i$ mit

$$u_j^i/\mu_j = \min_{r \in I^i}\ \{u_r^i/\mu_r \mid \mu_r > 0\}.$$

(f) Setze $I^{i+1} = (I^i\setminus\{j\})\cup\{k\}$ und fahre fort mit Schritt $i + 1$.

Wie bei (V_P) sind somit in jedem Schritt drei Gleichungssysteme (5'), (4') und (10) zu lösen, wofür das am Ende von 5.1.C Gesagte entsprechend gilt. Wie bei (V_P) hat man wieder gesicherten Abbruch nach endlich vielen Schritten, falls keine entarteten Ecken auftreten. Andernfalls kann man ebenfalls wieder durch Zusatzstrategien das Auftreten von Zykeln vermeiden, was sich aber für die Praxis als überflüssig erweist.

5.1.E. Bestimmung von Startecken für (V_P) oder (V_D).

Um den Algorithmus (V_P) oder (V_D) starten zu können, benötigt man eine zulässige Ecke von (P) oder (D). Wir wollen drei Situationen näher betrachten, die im weiteren auftreten werden.

5.1.8. Man kennt weder für (P) noch für (D) einen zulässigen Punkt.

In diesem Fall kann man ein Standardverfahren zur Bestimmung einer Ecke von (D) (vgl. etwa [25]) anwenden, das wir in einer in [38] ausführlich diskutierten Variante kurz skizzieren wollen:

Mit Unbekannten $u \in \mathbb{R}^M, v,w \in \mathbb{R}^n$ betrachte man die Aufgabe

$$\text{Maximiere } L(u,v,w) = -\sum_{i=1}^n (v_i + w_i) \text{ unter den Nebenbedin-}$$

gungen $A^T u + v - w = -c$, $u \geq 0$, $v \geq 0$, $w \geq 0$.

Definiert man $v^O = (v_i^O)$, $w^O = (w_i^O)$ durch

$$v_i^O = \begin{cases} - c_i & \text{falls } c_i < 0 \\ O & \text{sonst} \end{cases} \quad , \quad w_i^O = \begin{cases} c_i & \text{falls } c_i > 0 \\ O & \text{sonst} \end{cases} \quad , \tag{11}$$

so ist durch $u^O = O$, v^O, w^O offensichtlich eine Ecke dieses Problems gegeben. Da weiter die Zielfunktion durch O nach oben beschränkt ist, kann man mit (V_D) eine optimale Ecke $\tilde{u}, \tilde{v}, \tilde{w}$ berechnen. Man sieht leicht ein, daß (D) genau dann zulässige Punkte besitzt, wenn $L(\tilde{u}, \tilde{v}, \tilde{w}) = O$, also $\tilde{v} = \tilde{w} = O$. $\tilde{u}$ ist dann offensichtlich eine Ecke von (D). Ist diese entartet, so muß man die
a_j, $j \in \tilde{I} = \{k \in \{1,..,m\} \mid \tilde{u}_k > O\}$, gegebenenfalls noch durch weitere a_i zu einer Baismatrix ergänzen.

Man beachte, daß die Bestimmung einer solchen Startecke völlig unabhängig von der rechten Seite b des Ungleichungssystems $Ax \leq b$ in (P) ist, so daß nicht zu erwarten ist, daß diese Startecke eine gute Ausgangsposition bietet.

__5.1.9 Ein $\tilde{z} \in \mathbb{R}^n$ und ein $\delta > O$ sind bekannt, so daß für einen optimalen Punkt $\bar{z}$ von (P) gilt $||\tilde{z} - \bar{z}||_\infty \leq \delta$.__

Einer solchen Situation begegnet man etwa bei Linearisierungsverfahren (vgl. 5.3.A), wo im Fall der Konvergenz die Lösungen der linearisierten Probleme gegen O konvergieren.

In diesem Fall ersetze man (P) durch das sog. __regularisierte Problem__ (vgl. [38]):

Minimiere $F(z) = c^T z$ unter den Nebenbedingungen
$Az \leq b$, $-\delta \leq z_i - \tilde{z}_i \leq \delta$

für das $\bar{z}$ dann ebenfalls optimal ist. Das duale Problem wird

Maximiere $L(u,v,w) = - b^T u - \delta \sum_{i=1}^{n} (v_i + w_i) - \tilde{z}^T (v - w)$ unter

den Nebenbedingungen $A^T u + v - w = -c$, $u \geq O, v \geq O, w \geq O$,

für das man wieder den durch (11) definierten Punkt als Startecke verwenden kann. Für kleine δ kann man erwarten, daß dies ein effizienteres Verfahren als das unter Verwendung von (a) wird. Es birgt allerdings das Risiko, daß neu gerechnet werden muß, falls

$||\tilde{z} - \bar{z}||_\infty > \delta$ ist.

5.1.10. Ein zulässiger Punkt z^o von (P) ist bekannt.

Für diskrete Chebyshev-Approximationsprobleme ohne Nebenbedingungen ist dies stets gegeben: Ist $f(x)$ auf $B = \{x_1,..,x_M\}$ durch ein $a(p,x), p \in P \subset \mathbb{R}^N$, zu approximieren, so ist also die Funktion $F(z) = d(z = \begin{pmatrix} p \\ d \end{pmatrix} \in \mathbb{R}^n, n = N+1)$ zu minimieren unter den Nebenbedingungen

$$\left. \begin{array}{l} - a(p,x_j) - d \leq - f(x_j) \\ \quad a(p,x_j) - d \leq \quad f(x_j) \end{array} \right\} \quad j = 1,..,M.$$

Für beliebiges $p^o \in P$ ist dann mit $d^o = \max\limits_{1 \leq j \leq M} \{|a(p,x_j) - f(x_j)|\}$ $z^o = \begin{pmatrix} p^o \\ d^o \end{pmatrix}$ ein zulässiger Punkt.

Würde man in diesem Fall nach 5.1.8 vorgehen, so würde eine Startecke unabhängig von der zu approximierenden Funktion f bestimmt, was bei Vorliegen einer guten Näherung p^o für den optimalen Parameter $\bar{p}$ sicherlich nicht empfehlenswert ist.

Wir schlagen das folgende Verfahren vor, wobei wir annehmen, daß zu einem Punkt $z^i \in Z$ die Menge $I^i \subset I(z^i)$ eine maximale Teilmenge ist, so daß die a_j, $j \in I^i$, linear unabhängig sind: Ausgehend von dem gegebenen $z^o \in Z, |I^o| = r < n$, werden $z^1,..,z^k (k \leq n-r)$ bestimmt mit $|I^j| > |I^{j-1}|, j = 1,..,r$, $|I^k| = n$, (d.h. die Zahl der aktiven Nebenbedingungen wächst von Punkt zu Punkt und z^k ist Ecke) und so, daß $F(z^i) \leq F(z^{i-1})$. Die z^{i+1} werden wie folgt berechnet:

Es sei
$$H^i = \{\xi \mid a_j^T \xi = 0 , j \in I^i\}$$

und $P^i : \mathbb{R}^n \to H^i$ die senkrechte Projektion auf H^i.

Man betrachte nun das Problem (P) unter der zusätzlichen Nebenbedingung $z \in H^i$.

Dann ist klar, daß $y = - P^i c$ für $P^i c \neq 0$ eine zulässige Abstiegsrichtung ist. Ist $P^i c = 0$, so wähle man $y \in H^i$ beliebig. Nun gehe man auf dem Strahl $\{z^i + ty \mid t \geq 0\}$ zu dem Punkt z^{i+1}, in dem erstmals eine neue Nebenbedingung $a_k^T z = b_k$ aktiv wird (vgl. Fig. 5.3). a_k ist dann von den a_j, $j \in I^i$, linear unabhängig, andernfalls wäre $a_k^T(z^i + ty) = \text{const}$), d.h. für den z^{i+1} entsprechenden Teilraum H^{i+1} gilt dim $H^{i+1} <$ dim H^i. Nach $r \le n$ Schritten ist somit dim $H^r = 0$ und also z^r Ecke.

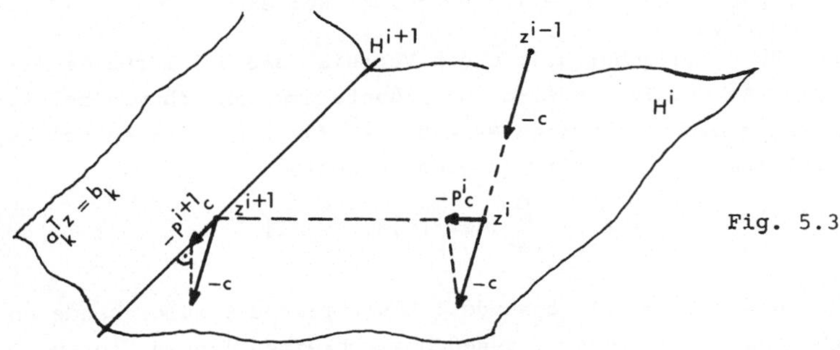

Fig. 5.3

Bemerkungen.

(a) Das Verfahren ähnelt dem der projizierten Gradienten von R o- s e n [93] der nichtlinearen Optimierung. Im Unterschied zu diesem halten wir aber, um möglichst rasch eine Ecke zu erreichen, jede bereits aktive Nebenbedingung fest, auch wenn durch deren Freigabe die Zielfunktion verkleinert werden könnte. G i l l und M u r- r a y [35] gehen noch einen Schritt weiter und entwerfen Verfahren zur linearen Optimierung, die nicht mehr von Ecke zu Ecke laufen.

(b) Für z^i sei $|I^i| = r_i$, und A_i die $r_i \times n$-Matrix mit den Zeilen a_j^T, $j \in I^i$. Man rechnet leicht nach, daß

$$P^i = I - A_i^T(A_i A_i^T)^{-1} A_i.$$

Kennt man nun ein QR-Zerlegung $A_i = Q_i \binom{R_i}{0}$, R_i eine rechte obere $r_i \times r_i$-Dreiecksmatrix, so kann man $P^i c$ wie folgt mit etwa $2nr_i + r_i^2$ arithmetischen Operationen berechnen:

- Berechne $w = A_i c$.
- Löse $A_i A_i^T y = w$ durch Lösen der $r_i \times r_i$-Gleichungssysteme $R_i \tilde{w} = w$, $R_i^T y = \tilde{w}$ (beachte: $A_i A_i^T = R_i R_i^T$!)
- Berechne $P^i c = c - A_i^T y$.

Da man aus der Kenntnis der Zerlegung von A_i mit geringem Aufwand die für A_{i+1} berechnen kann, ist am Ende des Verfahrens nicht nur die Ecke z^r sondern zugleich eine Q-R-Zerlegung einer zugehörigen Basismatrix A_r gegeben, die in (V_p) also sofort verwendbar ist, falls die Gleichungssysteme in (V_p) ebenfalls mit einer schrittweise anzupassenden Q-R-Zerlegung gelöst werden.

(c) Gegenüber 5.1.9 hat 5.1.10 den Vorteil, daß bei lösbarem (P) stets eine Ecke gefunden wird. Man könnte erwägen, ob man bei Vorliegen einer nichtzulässigen Näherung z^0 für $\bar{z}$ erst einen zulässigen Punkt etwa durch Minimierung der Funktion

$$\varphi(z) = \sum_{i=1}^{m} \{\max [0, a_i^T z - b_i]\}^2$$

bestimmt und dann 5.1.10 anwendet. Ausführliche vergleichende Untersuchungen zu den verschiedenen Möglichkeiten liegen hierzu nicht vor.

5.2. Numerische Behandlung linearer semi-infiniter Probleme

In diesem Abschnitt beschäftigen wir uns mit der numerischen Behandlung linearer semi-infiniter Probleme (vgl. 3.2):

Gegeben seien ein Kompaktum $B \subset \mathbb{R}^m$, n linear unabhängige Funktionen $a_1, .., a_n \in C[B]$, eine weitere Funktion $b \in C[B]$ sowie ein Vektor $c \in \mathbb{R}^n$. Dann ist das lineare Problem (SIP):

Minimiere $F(z) = c^T z$ unter den Nebenbedingungen

$$g(z,x) \leq 0, \quad x \in B, \tag{1}$$

mit

$$g(z,x) = \sum_{i=1}^{n} z_i a_i(x) - b(x) = z^T a(x) - b(x), \tag{2}$$

wobei die Funktionen $a_i(x), i = 1, .., n$, zur vektorwertigen Funktion

$$a : B \to \mathbb{R}^n, \quad a(x) = (a_1(x), .., a_n(x))^T \tag{3}$$

zusammengefaßt sind. Statt (1) kann man somit auch schreiben

$$z^T a(x) \leq b(x) \ , \ x \in B \tag{1'}$$

Da für endliche Mengen B das Simplexverfahren zur Lösung herangezogen werden kann, liegt es nahe, bei nichtendlichen Mengen B zu versuchen, diese durch endliche zu ersetzen. Hierzu gibt es grundsätzlich zwei Möglichkeiten:

- <u>Diskretisierung</u>. Man wählt irgendein festes Gitter $B_d \subset B$ (etwa äquidistant) und löst das Problem für B_d anstelle von B. Nach Satz 3.2.10 ist unter relativ schwachen Voraussetzungen gesichert, daß man durch hinreichende Feinheit des Gitters Lösungen des semi-infiniten Problems mit beliebiger Genauigkeit approximieren kann. Ein Nachteil dieser Methode ist, daß bei feineren Gittern, insbesondere im Falle $B \subset \mathbb{R}^m$, m > 1, die Zahl der Nebenbedingungen ungeheuer groß wird mit entsprechendem Aufwand im Simplex-Verfahren.

- <u>Punktaustausch.</u> Einen zweiten Weg beschreiten soq. Austauschverfahren, bei denen versucht wird, iterativ die Menge $\bar{E} \subset B$ der Punkte zu bestimmen, in denen die Nebenbedingung im Optimalpunkt aktiv wird. Da üblicherweise $|\bar{E}|$ ungefähr gleich n ist, rechnet man in jedem Schritt nur mit relativ kleinen Mengen. In der Regel erfordern aber diese Verfahren in jedem Schritt die Bestimmung aller relativen Maxima von $g(z,x)$ (z fest) auf B, was recht aufwendig ist. Deshalb sind diese Verfahren nur effizient, wenn die Konvergenzgeschwindigkeit redlich ist, was i.a. nur bei stark eindeutiger Lösung zu erwarten ist (vgl.5.2.C).

In 5.2.A beschreiben wir eine Diskretisierungsmethode, die als Kompromiß zwischen den obigen Methoden angesehen werden kann: Einerseits wird mit festen (von Schritt zu Schritt feineren) Gittern B_i gearbeitet, was den Aufwand zur Bestimmung lokaler Maxima von $g(z,x), x \in B_i$, erträglich hält. Andererseits wird auf Grund der Lage dieser lokalen Extrema das Gitter im folgenden Schritt sehr stark ausgedünnt, was bei feinen Gittern Zahl und Aufwand der Simplex-Schritte drastisch reduziert. Wir empfehlen, dieses Verfahren in der Praxis zur Bestimmung von Näherungslösungen zu verwenden und diese - falls man überhaupt an höheren Genauigkeiten interessiert ist - mit dem Newton-Verfahren (5.4.A) zu verbessern, also eine Zwei-Phasen-Strategie anzuwenden (vgl. [43]).

In 5.2.B beschreiben wir die klassischen Remes-Verfahren der Chebyshev-Approximation bei erfüllter Haarscher Bedingung, welche
beim Entwurf der neueren Austauschverfahren, auf die wir in 5.2.C
näher eingehen werden, Pate gestanden haben.

Da lineare semi-infinite Optimierung und konvexe Optimierung eng
verwandte Gebiete sind (vgl.1.1.E) erhebt sich die Frage nach Beziehungen zu Verfahren der konvexen Optimierung. In 5.2.D diskutieren wir kurz den Zusammenhang zwischen Austauschverfahren und
Schnittebenenverfahren der konvexen Optimierung.

5.2.A. Diskretisierungsmethoden

Ist $\tilde{B}$ eine Teilmenge von B, so bezeichne $SIP(\tilde{B})$ das durch Ersetzen von B durch $\tilde{B}$ aus (SIP) hervorgehende Problem. Endliche Teilmengen $\tilde{B}$ nennen wir Gitter. Wie früher sei

$$\Delta(\tilde{B}) = \max_{x \in B} \{\min_{y \in \tilde{B}} ||x - y||_2\} \tag{4}$$

die Dichte von $\tilde{B}$ in B. Sind B_1, B_2 Gitter mit $\Delta(B_2) < \Delta(B_1)$, so
nennen wir B_2 feiner als B_1.

Das Prinzip eines Diskretisierungsverfahrens besteht darin, statt
(SIP) eine Folge finiter Probleme $SIP(B_i)$, i = 0,1,2,.., mit zunehmend feineren Gittern B_i zu lösen. Unter den Voraussetzungen
von Satz 3.2.10 (etwa wenn(SIP) eine kompakte Lösungsmenge hat)
sind Häufungspunkte von Lösungen z^i von $SIP(B_i)$ Lösungen von
(SIP).

Über diese Konvergenzaussage hinaus kann man im stark eindeutigen
Fall sogar quadratische Konvergenz bzgl. der Dichte zeigen (vgl.
etwa D u n h a m [30] für die Approximation mit Haarschen Räumen).
Da es für diesen Fall aber wesentlich effizientere Verfahren gibt,
und wir zudem aus noch zu besprechendem Grund Diskretisierungsver-
fahren nur zur Gewinnung von Startnäherungen empfehlen, verzichten
wir auf Einzelheiten.

Bei allen Konkretisierungen des Verfahrens sollte man einen Punkt
auf jeden Fall beachten: Um zur Behandlung von $SIP(B_{i+1})$ eine
gute Startecke zur Verfügung zu haben, wende man den Simplex-Algo-

rithmus (V_D) auf das duale Problem $SIP_D(B_i)$ an. Die Lösung ist dann, <u>falls B_{i+1} die aktiven Punkte dieser Lösung umfaßt</u> (d.h. alle $x_j \in B_i$ mit $g(z^i, x_j) = 0$), eine zulässige Ecke von $SIP_D(B_{i+1})$, von der aus man in der Regel mit nur wenigen Schritten des Algorithmus (V_D) zur Lösung von $SIP_D(B_{i+1})$ gelangt.

Wir geben einen Algorithmus an, der sich in der Praxis bewährt hat.

<u>5.2.1. Algorithmus.</u> Es seien $\delta_0, \delta_1, \varepsilon \in 0,1)$, $K \in (0,1)$ vorgegeben.

<u>Start.</u> Man wähle ein Gitter $B_0 \subset B$. Kennt man nicht von vornherein eine zulässige Ecke von $SIP_D(B_0)$, so versuche man, eine solche mit dem Verfahren 5.1.8 zu bestimmen. Gelingt dies nicht, so verfeinere man B_0 so lange, bis entweder eine Ecke gefunden oder $\Delta(B_0) \leq \delta_0$ ist. Im letzteren Fall bricht man das Verfahren ab.

Mit der gefundenen Ecke als Start wende man den Algorithmus (V_D) auf $SIP_D(B_0)$ an. Erweist sich der zulässige Bereich von $SIP(B_0)$ als leer (d.h. der Zielwert von $SIP_D(B_0)$ ist nicht beschränkt), so breche man ab. Andernfalls liefert (V_D) Lösungen $\bar{z}^0$ bzw. $\bar{u}^0$ von $SIP(B_0)$ bzw. $SIP_D(B_0)$. Man setze $\tilde{B}_0 = B_0$.

Weiter sei

$$\bar{A}^0 = \bar{A}^0(\bar{x}_1^0, \ldots, \bar{x}_n^0) = (a^T(\bar{x}_j^0))_{j=1,\ldots,n} \tag{5}$$

eine Basismatrix zur Lösung $\bar{u}^0$ von $SIP_D(B_0)$. Es gilt dann

$$(\bar{z}^0)^T a(\bar{x}_j^0) = b(\bar{x}_j^0) \ , \ j = 1,\ldots,n, \tag{6}$$

d.h. die den $\bar{x}_j^0$ entsprechenden Nebenbedingungen sind aktiv.

<u>Schritt i</u> $(i \geq 1)$: Gegeben seien Gitter $\tilde{B}_{i-1} \subset B_{i-1}$, eine Lösung $\bar{z}^{i-1}$ von $SIP(\tilde{B}_{i-1})$ sowie eine optimale Ecke $\bar{u}^{i-1}$ des dualen Problems $SIP_D(\tilde{B}_{i-1})$ mit zugehöriger Basismatrix $\bar{A}^{i-1}(\bar{x}_1^{i-1}, \ldots, \bar{x}_n^{i-1})$.

(a) Bestimme ein Gitter $B_i \supset B_{i-1}$ mit $\Delta(B_i) \leq K\Delta(B_{i-1})$. Ist $\Delta(B_{i-1}) < \delta_1$, so gehe man zur Schlußphase über.

(b) Wähle aus B_i eine Teilmenge $\tilde{B}_i$ wie folgt aus: Ein $x \in B_i$ wird genau dann in $\tilde{B}_i$ aufgenommen, wenn

$$g(\bar{z}^{i-1},x) = (\bar{z}^{i-1})^T a(x) - b(x) \geq - \varepsilon. \qquad (7)$$

Es gilt dann $\bar{x}_j^{i-1} \in \tilde{B}_i$ wegen $g(\bar{z}^{i-1},\bar{x}_j^{i-1}) = 0$, $j = 1,..,n$. (Eine Alternative wäre, zu $\tilde{B}_i$ noch $\tilde{B}_{i-1}$ hinzuzufügen; vgl. Bemerkung (vi) unten).

(c) Bestimme ausgehend von der Startecke $\bar{u}^{i-1}$ mit (V_D) eine Lösung $\bar{z}^i$ von SIP($\tilde{B}_i$) und eine optimale Ecke $\bar{u}^i$ von $SIP_D(\tilde{B}_i)$ mit Basismatrix $\bar{A}^i(\bar{x}_1^i,..,\bar{x}_n^i)$.

(d) Fahre fort mit Schritt $i + 1$.

<u>Schlußphase</u>. Sei $\bar{z}^i$ Lösung von SIP($\tilde{B}_i$). Ist $\bar{z}^i$ zulässig für SIP(B_i), so ist es auch optimal für SIP(B_i), und man bricht ab. Andernfalls füge man Punkte $x \in B_i$ mit $g(\bar{z}^i,x) > 0$ zu $\tilde{B}_i$ hinzu und berechne erneut die optimale Lösung. Ggf. wiederhole man diesen Schritt, bis man (nach endlich vielen Schritten) zu einer Lösung von SIP(B_i) gekommen ist.

<u>Bemerkungen</u>.

(i) Die B_i kann man etwa als Durch-
schnitte von B mit äquidistanten
Gittern

$$G_i = \{x = (x_k) \mid x_k = p_k h_i,\ p_k \in \mathbb{Z},\ k=1,..,m\}$$

wählen (Fig.5.4.). Es gilt dann

$$\Delta(B_i) = \frac{\sqrt{m}}{2} h_i.$$

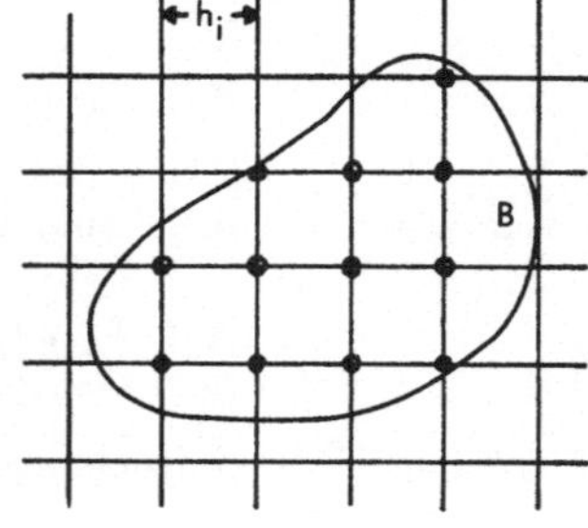

Fig. 5.4

(ii) Die Auswahl von $\tilde{B}_i$ aus B_i bedeutet, daß nur bezüglich der diskreten Lösung des vorigen Schrittes verletzte und nahezu aktive Nebenbedingungen im Problem berücksichtigt werden (Fig.5.5). Dieses Vorgehen ähnelt dem der Austauschverfahren (vgl.5.2.C), bei denen jedoch typischerweise nur die Extrema von $g(\bar{z}^{i-1},x)$ auf B (ggf. im Austausch gegen andere Punkte) berücksichtigt werden. Dieser noch stärkeren Reduktion der Zahl der Punkte steht die Notwendigkeit der kontinuierlichen Maximabestimmung gegenüber.

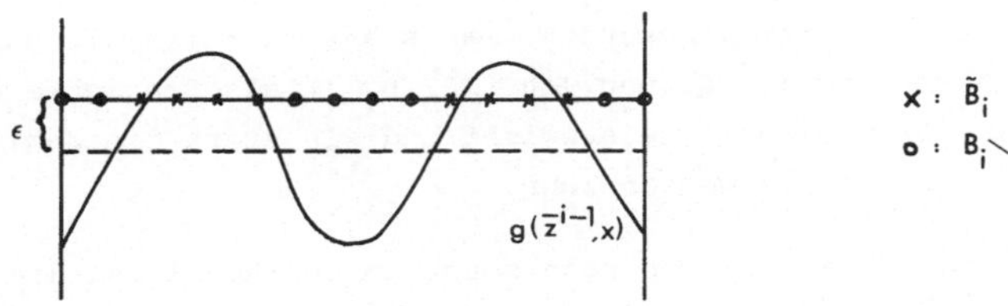

Fig. 5.5

Praktisch ist zur Bestimmung von $\tilde{B}_i$ nicht immer das Absuchen von ganz B_i notwendig. Es genügt in der Regel, dies in einer Umgebung des alten $\tilde{B}_{i-1}$ und zusätzlich auf einem gleichmäßigen groben Gitter zu tun.

5.2.2. Beispiel Zur Illustration ein Beispiel: Mit einem implementierten Algorithmus des Typs 5.2.1 wurde das Problem, die Funktion $f(x) = (x_1)^{x_2}$ durch Polynome

$$a(p,x) = p_1 + p_2 x_1 + p_3 x_2 + p_4 x_1 x_2 + p_5 x_1^2 + p_6 x_2^2$$

in $B = [1,2] \times [1,2] \subset \mathbb{R}^2$ im Sinne der Maximumnorm zu approximieren, auf einer IBM 370/168 gerechnet.

Es wurde mit nicht konstantem K gearbeitet: die Gitterweiten wurden nacheinander geviertelt, gedrittelt und halbiert. Mit ϵ ebenfalls variabel zwischen 10^{-2} und 10^{-5} ergab sich folgende Tabelle:

I	$N(B_i)$	$N(\tilde{B}_i)$	NSIMP	FEHLER·10^2
1	36	36	16	7.16..
2	441	69	14	7.257..
3	3 721	78	13	7.265 197..
4	14 641	55	11	7.265 218..

Hierbei bedeutet

I: die Nummer der Iteration
$N(B_i)$: die Zahl der Punkte in B_i
$N(\tilde{B}_i)$: die Zahl der Punkte in $\tilde{B}_i$
NSIMP: die Zahl der Simplexschritte, um $SIP_D(\tilde{B}_i)$ zu lösen
FEHLER: der Approximationsfehler auf B_i.

Die CPU-Zeit lag unter 5 Sekunden. Man sieht deutlich, wie positiv sich die Verwendung der Lösung von $SIP_D(\widetilde{B}_{i-1})$ als Startecke auf die Zahl der Simplexschritte auswirkt und wie stark die Zahl der Gitterpunkte reduziert werden kann.

(iii) Im obigen Beispiel wie auch sonst in der Regel ist die Lösung von $SIP(\widetilde{B}_i)$ zugleich Lösung von $SIP(B_i)$, so daß die Schlußphase des Verfahrens nicht zur Anwendung kommt.

(iv) Im obigen Beispiel ist die Zahl der kontinuierlichen Fehlerextrema gleich 6 (d.h. $|\bar{E}| = 6 < n = 7$), die Lösung mithin nicht stark eindeutig. Da das Simplex-Verfahren aber stets mit Ecken (d.h. mit 7 aktiven Nebenbedingungen) arbeitet, hat dies zur Folge, daß von den 7 entsprechenden Punkten in B_i zwei benachbart sind, also bei feinem Gitter sehr nahe beieinanderliegen. Die Folge ist eine zunehmend schlechte Kondition der Basismatrizen, die eine numerische Grenze setzt, unterhalb der man die Gitterweite nicht mehr wählen kann. Dies motiviert, das Verfahren nur zur Gewinnung von Startnäherungen zu wählen, also Zwei-Phasen-Methoden anzuwenden. Die Frage, wann man in die zweite Phase übergehen kann, stellen wir zurück bis wir die Anforderungen an eine Startnäherung zum Gebrauch in Phase 2 kennen (vgl. Abschnitt 5.4).

Verwendet man das Verfahren ohne zweite Phase - etwa weil man an einer sehr genauen Lösung gar nicht interessiert ist - so wird man abbrechen, wenn $\bar{z}^i$ im Rahmen einer gegebenen Genauigkeitsschranke $\eta > 0$ zulässig ist, d.h. wenn z.B. $g(\bar{z}^i,x) < \eta$, $x \in B_{i+1}$, gilt. I.a. ist damit keine Aussage über die tatsächlich erzielte Genauigkeit möglich.

(v) Man beachte, daß man nicht nur die Startecke $\bar{u}^{i-1}$ übernehmen kann, sondern auch je nach Simplex-Version z.B. die Inverse der zugehörigen Basismatrix oder eine Q-R-Zerlegung derselben, was die Effektivität ebenfalls erhöht (vgl. 5.1.10, Bemerkung (b)).

(vi) Die in Teilschritt (b) erwähnte Alternative, bei der $\widetilde{B}_{i-1} \subset \widetilde{B}_i$, kann in Fällen Vorteile haben, in denen die Lösung und somit auch $\bar{E}$ nicht eindeutig ist. In diesem Fall kann es vorkommen, daß sich die Punktmengen $\widetilde{B}_i$ von Schritt zu Schritt stark ändern und die Näherungslösungen entsprechend zwischen verschiedenen Lösungen hin- und herschwanken. Durch die Wahl $\widetilde{B}_{i-1} \subset \widetilde{B}_i$ wird dies weitgehend stabilisiert.

5.2.B. Die Verfahren von Remes.

In diesem Abschnitt betrachten wir lineare Chebyshev-Approximationsprobleme auf einem Intervall mit Haarschen Räumen:

(AP) Approximiere die Funktion $f \in C[\alpha,\beta]$ $(-\infty < \alpha < \beta < \infty)$ durch eine Funktion des N-dimensionalen Haarschen Raumes

$$A = \{a(p,x) = \sum_{i=1}^{N} p_i a_i(x) \mid p_i \in \mathbb{R}\} \subset C[\alpha,\beta] \tag{8}$$

im Sinne der Maximumnorm, d.h. gesucht ist ein $\bar{p} \in \mathbb{R}^N$ mit

$$||e(\bar{p},\cdot)||_\infty = \inf_{p \in \mathbb{R}^N} ||e(p,\cdot)||_\infty = \bar{d} \tag{9}$$

wo $e(p,x) = f(x) - \sum_{i=1}^{N} p_i a_i(x)$ die Fehlerfunktion bezeichnet.

Wir wissen bereits, daß dieses Problem stets eine stark eindeutige Lösung $\bar{p}$ besitzt (4.3.10), und daß diese durch den Alternantensatz (4.3.12) charakterisiert ist:

Es gibt eine Teilmenge

$$\bar{E}' = \{\bar{x}_1,..,\bar{x}_{N+1}\} \subset \bar{E} = \{x \mid |e(\bar{p},x)| = ||e(\bar{p},x)||_\infty\} \tag{10}$$

der Menge der Fehlerextremalen, so daß mit einem $\sigma \in \{1,-1\}$

$$e(\bar{p},\bar{x}_i) = \sigma\,(-1)^{N+1-i}\,\bar{d}, \quad i = 1,..,N + 1 \tag{11}$$

gilt, wobei vorausgesetzt ist, daß die $\bar{x}_i$ der Größe nach geordnet sind, d.h. $\bar{x}_1 < \cdot\cdot < \bar{x}_{N+1}$.

Die Idee der nun zu besprechenden Verfahren besteht darin, iterativ eine Menge $\bar{E}'$ mit obigen Eigenschaften zu bestimmen.

Zunächst einige Bezeichnungen: Einen Vektor

$$X = (x_i)_{i=1,..,N+1}\,,\quad \alpha \leq x_1 < \cdot\cdot < x_{N+1} \leq \beta$$

nennen wir eine __Referenz__ in$[\alpha,\beta]$. Δ^{N+1} sei die Menge aller Referenzen in $[\alpha,\beta]$.

Ist X eine Referenz, so bezeichne weiter AP(X) das Approximationsproblem auf X an Stelle von $[\alpha,\beta]$, d.h. das auf X diskretisierte Problem. Dessen Lösung sei p(X), der zugehörige (diskrete) Approximationsfehler sei

$$d(X) = \max \{\, |\, e(p(X),x_i)\, |\quad |\ 1 \le i \le N+1\}.$$

Nach Satz 4.3.11 sind p(X) und $d(X) = |\tilde{d}(X)|$ eindeutig bestimmt durch das lineare Gleichungssystem

$$\sum_{i=1}^{N} p_i(X)a_i(x_j) + (-1)^j \tilde{d}(X) = f(x_j)\ ,\ j=1,..,N+1, \qquad (12)$$

so daß also $d(X) = |e(p(X),x_j)|$, $j=1,..,N+1$. Aus der Eindeutigkeit der Lösung $\bar{p}$ von (AP) folgt für $p(X) \ne \bar{p}$

$$d(X) < \bar{d} < ||e(p(X),\cdot)||_\infty, \qquad (13)$$

wo $||\cdot||_\infty$ die Maximumnorm auf $[\alpha,\beta]$ bezeichnet. Definiert man $\sigma(X)$ durch

$$\sigma(X) = \operatorname{sign} e(p(X),x_{N+1}), \qquad (14)$$

so gilt nach (12)

$$e(p(X),x_j) = (-1)^{N+1-j}\sigma(X)d(X),j=1,..,N+1. \qquad (15)$$

Nach Satz 4.3.11 ist dann weiterhin die Lösung u(X) des zu AP(X) dualen Problems $AP_D(X)$ eindeutig bestimmt als Lösung des linearen Gleichungssystems

$$\sum_{i=1}^{N+1} u_i(X)\sigma(X)\,(-1)^{N+1-i}a_j(x_i) = 0, j=1,..,N$$

$$\sum_{i=1}^{N+1} u_i(X) = 1. \qquad (16)$$

Dabei ist $u_i(X) > 0$, $i=1,..,N+1$, und es gilt

$$d(X) = \sum_{i=1}^{N+1} u_i(X)\sigma(X)(-1)^{N+1-i}f(x_i). \qquad (17)$$

<u>5.2.3. Lemma.</u> Die Funktionen p,u,d sind stetig auf der Menge der Referenzen $\Delta^{N+1} \subset \mathbb{R}^{N+1}$. Ist d > 0, so ist die Menge
$$K_d = \{X \in \Delta^{N+1} \mid d(X) \geq d\} \text{ kompakt.}$$

<u>Beweis:</u> p(X) und $\tilde{d}(X)$ sind für $X \in \Delta^{N+1}$ die eindeutigen Lösungen des Gleichungssystems (12), welches die Gestalt $A(X)\begin{pmatrix} p \\ d \end{pmatrix} = b(X)$ hat mit stetig von X abhängender, regulärer Matrix A(X) und stetiger rechter Seite b(X). Somit sind p und $\tilde{d}$ und damit auch $d(X) = |\tilde{d}(X)|$ stetig auf Δ^{N+1}. Entsprechend folgt die Stetigkeit von u(X) durch Betrachtung des Gleichungssystems (16).

Zu zeigen bleibt die Kompaktheit von K_d. Da Δ^{N+1} und damit K_d beschränkt ist, genügt es, die Abgeschlossenheit zu zeigen.

Sei hierzu $\{X^\nu\}$ eine konvergente Folge, $X^\nu \in K_d$,
$\lim_{\nu \to \infty} X^\nu = X \in \text{clos}(\Delta^{N+1})$. Ist $X \in \Delta^{N+1}$, so folgt aus der Stetigkeit
von d in X, daß $d(X) = \lim_{\nu \to \infty} d(X^\nu) \geq d$, d.h. X in K_d.

Angenommen, $X \in \text{clos}(\Delta^{N+1}) \setminus \Delta^{N+1}$. Wegen der Haarschen Bedingung gibt es dann eine Funktion $a(p, \cdot)$ mit

$$a(p, x_i) = f(x_i) \quad , \quad i = 1, .., N + 1$$

(beachte, daß höchstens N der x_i verschieden sind). Für diese Funktion gilt dann wegen $x_i^\nu \to x_i$, $i = 1, .., N + 1$

$$\lim_{\nu \to \infty} \max_{1 \leq i \leq N+1} \mid a(p, x_i^\nu) - f(x_i^\nu) \mid = 0$$

im Widerspruch zu $d(X^\nu) \geq d > 0$. $\diamond$

Wir geben nun ein allgemeines Verfahren an, dem sich die Verfahren von R e m e s als Spezialfälle einordnen, und dessen Konvergenz wir beweisen werden.

<u>5.2.4. Verfahren zur Lösung des linearen Haar'schen Problems (AP)</u>

<u>Schritt 1.</u> Wähle $X^1 \in \Delta^{N+1}$. Berechne $p^1 = p(X^1)$, $d^1 = d(X^1)$.

<u>Schritt $(\nu+1)$.</u> Gegeben seien X^ν, $p^\nu = p(X^\nu)$, $d^\nu = d(X^\nu)$. Gilt

$$d^\nu = ||e(p^\nu, \cdot)||_\infty, \tag{18}$$

146

so ist p^ν die Lösung des linearen Problems (AP) und man ist fertig. Andernfalls bestimme man $X^{\nu+1} \in \Delta^{N+1}$, so daß folgende Bedingungen erfüllt sind:

(i) $$|e(p^\nu, x_i^{\nu+1})| \geq d^\nu \ , \ i = 1, .., N + 1. \tag{19}$$

(ii) Es gibt ein $i_\nu \in \{1, .., N+1\}$, so daß

$$|e(p^\nu, x_{i_\nu}^{\nu+1})| \ = \ ||e(p^\nu, \cdot)||_\infty. \tag{20}$$

(iii) Mit einem $\sigma \in \{-1,1\}$ gilt

$$\text{sign } e(p^\nu, x_i^{\nu+1}) = \sigma \text{ sign } e(p^\nu, x_i^\nu), \ i = 1, .., N + 1. \tag{21}$$

Bestimme $p^{\nu+1} = p(X^{\nu+1})$, $d^{\nu+1} = d(X^{\nu+1})$ und fahre fort mit Schritt $(\nu+2)$.

Bemerkung: Praktisch wird man mit einem $\varepsilon > 0$ als Abbruchkriterium $(1+\varepsilon)d^\nu \geq ||e(p^\nu, \cdot)||_\infty$ anstelle von (18) verwenden.

Ist man nur an der Reproduktion von f und nicht an den optimalen Parametern interessiert, so ist dies das angemessene Abbruchkriterium.

Eine Abschätzung des Fehlers $||p^\nu - \bar{p}||$ kann man etwa wie folgt erhalten: Nach 4.3.11 ist p^ν die stark eindeutige Lösung von $AP(X^\nu)$. Somit gibt es ein $\gamma_\nu > 0$, so daß für beliebige p gilt

$$\max_{x \in X^\nu} |e(p,x)| \ - d^\nu \geq \gamma_\nu \ ||p^\nu - p||. \tag{22}$$

Für $p = \bar{p}$ ergibt dies wegen $\max\limits_{x \in X^\nu} |e(\bar{p},x)| \leq \bar{d} \leq ||e(p^\nu, \cdot)||_\infty$

$$||p^\nu - \bar{p}|| \leq \frac{1}{\gamma_\nu}(\bar{d} - d^\nu) \leq \frac{1}{\gamma_\nu}(||e(p^\nu, \cdot)||_\infty - d^\nu). \tag{23}$$

Leider gibt es keine allgemeine, praktikable Methode um γ_ν zu schätzen. Da wir später überdies zeigen werden, daß unter geeigneten Differenzierbarkeitsvoraussetzungen fast immer superlineare Konvergenz der p^ν gegen $\bar{p}$ vorliegt, wollen wir auf (23) aufbauende Abschätzungen nicht weiter verfolgen. Es sei jedoch darauf hingewiesen, daß Schaback [94] durch eine leichte Variation des obigen Ansatzes zu einer praktikablen Schranke kommt.

Ebenso wird man in der Praxis (20) nicht exakt erfüllen. Wir werden noch sehen (5.4.C), daß es zumindest für hinreichend große ν genügt, die $x_i^{\nu+1}$ ausgehend von x_i^{ν} mittels eines Newtonschrittes (zur Bestimmung lokaler Extrema der Fehlerfunktion) zu bestimmen.

<u>5.2.5. Konvergenzsatz.</u> Der lineare Raum A(vgl.(19)) genüge der Haarschen Bedingung und es sei f $\notin$ A. Dann bricht das Verfahren 5.2.4 zur Behandlung des linearen Chebyshev-Approximationsproblems (AP) entweder nach endlich vielen Schritten mit der besten Approximation ab, oder aber die Folge der $a(p^{\nu},\cdot)$ konvergiert gleichmäßig in $[\alpha,\beta]$ gegen die beste Approximation $a(\bar{p},\cdot)$. Weiterhin gibt es ein $k \in (0,1)$, so daß

$$\bar{d} - d^{\nu+1} \leq k\,(\bar{d} - d^{\nu}), \qquad (24)$$

d.h. bzgl. des Approximationsfehlers ist die Konvergenz mindestens linear.

<u>Beweis.</u> Es genügt, den Fall zu betrachten, daß das Verfahren nicht abbricht, d.h. $d^{\nu} < \bar{d} < ||e(p^{\nu},\cdot)||_{\infty}$, $\nu = 1,2,\ldots$.
Wir zeigen zunächst, daß die Folge der d^{ν} streng monoton wächst.
Mit den Abkürzungen $u_i^{\nu} = u_i(X^{\nu})$, $\sigma^{\nu} = \sigma(X^{\nu})$ folgt aus (17) und (16)

$$d^{\nu+1} = \sum_{i=1}^{N+1} u_i^{\nu+1} \sigma^{\nu+1} \, (-1)^{N+1-i} f(x_i^{\nu+1})$$

$$= \sum_{i=1}^{N+1} u_i^{\nu+1} \sigma^{\nu+1} \, (-1)^{N+1-i} e(p^{\nu},x_i^{\nu+1}).$$

Mit (21) folgt hieraus (beachte (14))

$$d^{\nu+1} = \sigma^{\nu+1}\,\sigma^{\nu}\sigma \sum_{i=1}^{N+1} u_i^{\nu+1} \, |e(p^{\nu},x_i^{\nu+1})|.$$

Da $d^{\nu+1}$ und die Summe auf der rechten Seite positiv sind, $(u_i^{\nu+1} > 0, i=1,..,N+1)$, gilt somit $\sigma^{\nu+1}\,\sigma^{\nu}\sigma = 1$. Mit (16) folgt weiter

$$d^{\nu+1} = d^{\nu} + \sum_{i=1}^{N+1} u_i^{\nu+1} \, [\,|e(p^{\nu},x_i^{\nu+1})| - d^{\nu}\,]. \qquad (25)$$

Unter Beachtung von (19) erhält man mit dem i_ν aus (20)

$$d^{\nu+1} \geq d^\nu + u_{i_\nu}^{\nu+1} \, (\|e(p^\nu,\cdot)\|_\infty - d^\nu)$$
$$\geq d^\nu + u_{i_\nu}^{\nu+1} \, (\bar{d} - d^\nu) > d^\nu . \tag{26}$$

Somit ist die Folge d^ν strikt monoton wachsend und nach oben durch $\bar{d}$ beschränkt. Also konvergieren die d^ν und insbesondere ist $\lim\limits_{\nu \to \infty} (d^{\nu+1} - d^\nu) = 0$. (26) liefert die Abschätzung

$$0 < \bar{d} - d^\nu \leq (d^{\nu+1} - d^\nu)/u_{i_\nu}^{\nu+1} , \tag{27}$$

woraus sich die Konvergenz von d^ν gegen $\bar{d}$ ergibt, falls es eine von ν unabhängige Konstante $c > 0$ gibt mit

$$u_i^\nu \geq c \text{ für } i = 1,..,N+1; \; \nu = 1,2,.. . \tag{28}$$

Dies folgt aber sofort aus Lemma 5.2.3: Wegen $d^\nu > d^2 > d^1 \geq 0$ gilt $X^\nu \in K_{d2} = \{X \in \Delta^{N+1} \mid d(X) \geq d^2\}$. Da nun $u(X) > 0$ für $X \in \Delta^{N+1}$, u stetig und K_{d2} nach dem Lemma kompakt ist, folgt die Existenz eines $c > 0$ mit (28).

Damit ist die Konvergenz von d^ν gegen $\bar{d}$ bewiesen.

Um (24) zu beweisen, wählen wir ein c, für das (28) gilt und $0 < c < 1$. Aus (26) folgt

$$\bar{d} - d^{\nu+1} \leq \bar{d} - d^\nu - u_{i_\nu}^{\nu+1}(\bar{d} - d^\nu)$$
$$= (1 - u_{i_\nu}^{\nu+1})(\bar{d} - d^\nu) \leq (1 - c) \, (\bar{d} - d^\nu),$$

also (24) mit $k = 1 - c$.

Da schließlich $p(X)$ auf der oben definierten kompakten Menge K_{d2} stetig ist, sind die p^ν beschränkt. Somit gibt es eine konvergente Teilfolge $p^{\nu_i} \to \tilde{p}$. Wegen $\lim\limits_{i \to \infty} d^{\nu_i} = \bar{d}$ ist nach (13) notwendigerweise $\tilde{p} = \bar{p}$. Da dies für jede konvergente Teilfolge gilt, folgt $p^\nu \to \bar{p}$ und hieraus weiter die gleichmäßige Konvergenz der $a(p^\nu,\cdot)$ gegen $a(\bar{p},\cdot)$, was den Beweis beendet. $\diamond$

Satz 5.2.5 ist ein _globaler Konvergenzsatz_ in dem Sinne, daß bei
beliebiger Wahl der Ausgangsreferenz X^1 die Lösung gefunden wird.
Von entscheidender Bedeutung für die Effizienz des Verfahrens ist
die Konvergenzgeschwindigkeit. Nach Satz 5.2.5 ist diese im Approximationsfehler wenigstens linear. In 5.4.17 werden wir sehen,
daß unter schwachen zusätzlichen Voraussetzungen beim Simultanaustauschverfahren 5.2.8 die p^ν, d^ν und u^ν sogar superlinear konvergieren.

Verfahren 5.2.4 erlaubt noch einige Freiheit bei der Wahl der $X^{\nu+1}$.
Wir wollen zwei nach Remes benannte Standardalgorithmen angeben.

5.2.6. Der erste Algorithmus von Remes (Ein-Punkt-Austausch).

Die Bestimmung von $X^{\nu+1}$ wird hier so vorgenommen, daß einer der
alten Punkte, etwa x_j^ν, durch x^* ersetzt wird, wobei x^* so bestimmt wird, daß

$$|e(p^\nu, x^*)| = \|e(p, \cdot)\|_\infty.$$

x_j^ν ist so zu wählen, daß die Alternationsbedingung (21) erfüllt
ist. Dies ist gewährleistet, wenn j nach folgenden Regeln bestimmt
wird:

(i) Sei $x^* \in [\alpha, x_1^\nu)$. Ist $\sigma^* := \text{sign } e(p^\nu, x^*) = \text{sign } e(p^\nu, x_1^\nu)$, so
wähle man $j = 1$, andernfalls $j = N+1$ (vgl. Fig.5.6)

(ii) Sei $x^* \in (x_{N+1}^\nu, \beta]$. Ist $\sigma^* = \text{sign } e(p^\nu, x_{N+1}^\nu)$, so wähle man
$j = N+1$, andernfalls $j = 1$.

(iii) Sei $x^* \in (x_i^\nu, x_{i+1}^\nu)$. Ist $\sigma^* = \text{sign } e(p^\nu\ x_i^\nu)$, so wähle man $j = i$
andernfalls $j = i+1$.

In Fig. 5.6 ist $x^* = \alpha$. Wegen $\sigma^* \neq \text{sign } d(p^\nu, x_1^\nu)$ wird $j = N+1$, d.h.
$X^{\nu+1} = (x^*, x_1^\nu, x_2^\nu)^T$.

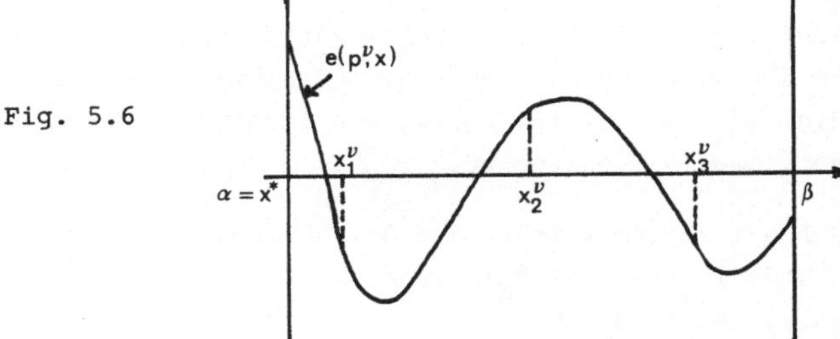

Fig. 5.6

<u>Bemerkung.</u> Im ersten Schritt ist $d^1 = 0$ möglich, also sign $e(p^1, x_i^\nu) = 0$, $i=1,..,N+1$. Dann kann jeder beliebige Punkt gegen x^* ausgetauscht werden. In allen anderen Fällen ist j durch obige Regeln eindeutig bestimmt.

5.2.7. <u>Bemerkung.</u> Selbstverständlich läßt sich der Algorithmus unter den gegebenen Voraussetzungen auch verwenden, um diskretisierte Probleme $AP(B_d)$, $B_d = \{x_1,..,x_M\} \subset [\alpha,\beta]$ zu lösen. S t i e f e l [104], [105] hat gezeigt, daß Verfahren 5.2.6 dem Simplex-Algorithmus (V_D) äquivalent ist, wenn dieser auf das $AP(B_d)$ zugeordnete duale Programm angewandt wird, d.h. auf:

Bestimme $u_i^+ \geq 0$, $\bar{u}_i \geq 0$, $i = 1,..,M$, so daß

$$F_D(u^+, u^-) = \sum_{i=1}^{m} (u_i^+ - u_i^-) f(x_i)$$

maximal wird unter den Nebenbedingungen

$$\sum_{i=1}^{m} (u_i^+ - u_i^-) a_j(x_i) = 0, \quad j=1,..,N, \quad \sum_{i=1}^{m} (u_i^+ + u_i^-) = 1.$$

Gegenüber (V_D) ergeben sich jedoch praktisch einige Vorteile:

- Jede Auswahl von N+1 Punkten $x_1 < .. < x_{N+1} \in B_d$ liefert nach (16) sofort eine dual zulässige Startecke. Hierbei wird ausgenutzt, daß auf Grund des Alternantensatzes für das Problem $AP(\{x_1,..,x_{N+1}\})$ nur die beiden Ecken als optimale Ecken in Frage kommen, welche gegeben sind durch

$$u_1^+ = u_3^+ = u_5^+ = .. = 0 \quad , \quad u_2^- = u_4^- = u_6^- = .. = 0$$

oder

$$u_2^+ = u_4^+ = u_6^+ = .. = 0 \quad , \quad u_1^- = u_3^- = u_5^- = .. = 0.$$

- Wiederum auf Grund des Alternantensatzes ist weiterhin die Bestimmung der auszutauschenden Nebenbedingung rechnerisch weniger aufwendig: (d) und (e) in (V_D) werden durch die Regeln (i) - (iii) des Algorithmus 5.2.6 ersetzt.

S t i e f e l zeigte weiter, daß die Anwendung der primalen Simplex-Methode (V_P) auf $AP(B_d)$ einem von Z u h o v i c k i i [131] vorgeschlagenen Algorithmus entspricht, der keine entsprechenden

Vereinfachungen zuläßt und somit im Haarschen Fall dem Austauschalgorithmus unterlegen ist.

Diese Vorteile entfallen weitgehend, wenn (AP) nicht mehr der Haarschen Bedingung genügt und somit der Alternantensatz nicht mehr anwendbar ist (bei $B \subset \mathbb{R}^m$, $m > 1$, versteht sich das von selbst).
Demzufolge werden in der Verallgemeinerung des Stiefelschen Aus-
tauschverfahrens auf diskrete Probleme ohne Haarbedingung die Aus-
tauschregeln und das Bestimmen einer Startecke kaum einfacher als
im Algorithmus (V_D) (B i t t n e r [8]).

Damit der Algorithmus effizient arbeitet, sollte man wieder wie
beim Simplex-Verfahren davon Gebrauch machen, daß sich in dem in
jedem Schritt zu lösenden Gleichungssystem (12) von Schritt zu
Schritt nur eine Zeile ändert. Wie beim Simplex-Verfahren sind die
älteren Verfahren [105] [8] nicht stabil. Stabile Versionen wurden
von B a r t e l s und G o l u b [6] vorgeschlagen.

5.2.8. Der zweite Algorithmus von Remes (Simultan-Austausch)

Bei diesem werden die $x_i^{\nu+1}$ als lokale Fehlerextrema von $e(p^\nu,x)$
auf $[\alpha,\beta]$ bestimmt. Es ist nicht schwierig, zu zeigen, daß sich
stets N+1 dieser lokalen Extrema so auswählen lassen, daß die Bedingungen (i)-(iii) im Verfahren 5.2.4 erfüllt sind. Anstatt die
technischen Details wiederzugeben, erläutern wir das Vorgehen an
einem Beispiel (Fig. 5.7).

Fig. 5.7

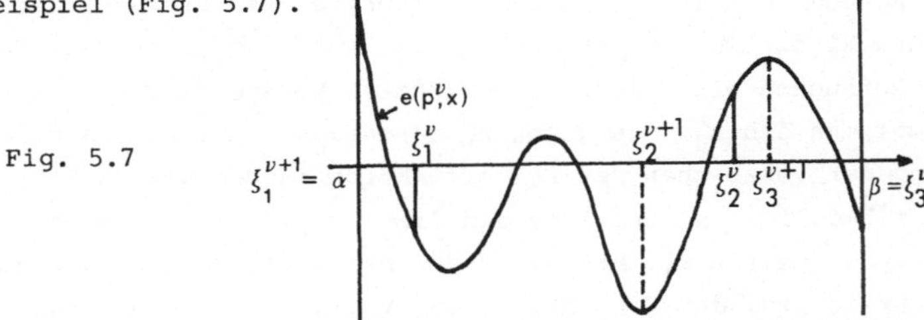

Bemerkung. Vergleicht man den obigen Algorithmus mit dem Ein-Punkt-
Austausch, so beachte man, daß sich nun von Schritt zu Schritt die
Gleichungssysteme (12) und (16) vollständig ändern, so daß die Lösung
derselben nahezu (N+1) mal aufwendiger wird als beim Ein-Punkt-Austausch. Zählt man somit einen Simultan-Schritt als N+1 Einzel-
schritte, so liegt der Vorteil des Simultan-Austausches darin, daß
für diese N+1 Schritte nur einmal die Bestimmung der Extrema von

$a(p^\nu,x)$ auf $[\alpha,\beta]$ nötig ist im Gegensatz zum Ein-Punkt-Austausch, wo dies in jedem Schritt erforderlich ist. Dies ist der entscheidende Vorteil des Simultan-Austausches.

5.2.C. Austauschverfahren für lineare (SIP)

Angesichts der Effizienz und einfachen Handhabung der Remes-Verfahren überrascht es nicht, daß in zahlreichen Publikationen versucht wurde, diese auf Probleme zu verallgemeinern, bei denen die Haarsche Bedingung nicht erfüllt ist. Wegbereiter waren dabei sicherlich die Arbeiten von S t i e f e l [104],[105] , in denen die Beziehungen des Ein-Punkt-Austauschverfahrens zur dualen Simplexmethode (V_D) aufgezeigt wurden.

Es bezeichne wieder $AP(\widetilde{B})$, $\widetilde{B} \subset B$, $|\widetilde{B}| < \infty$, das diskretisierte Problem (AP) des vorigen Abschnitts und $SIP(\widetilde{B})$ das zugehörige (finite) Optimierungsproblem. Man beachte, daß jedem $x \in \widetilde{B}$ in $SIP(\widetilde{B})$ zwei Restriktionen $(e(p,x) - d \leq 0, -e(p,x) - d \leq 0)$ entsprechen, von denen jedoch - abgesehen von dem trivialen Fall, daß der diskrete Approximationsfehler $d(\widetilde{B}) = 0$ - höchstens eine aktiv wird.

Ein Schritt des ersten Algorithmus von Remes ist dann wie folgt zu interpretieren:

Gegeben sei die (im Haarschen Fall eindeutig bestimmte) beste Approximation $p^\nu = p(X^\nu)$, $d^\nu = d(X^\nu)$ auf der Referenz $X^\nu \in \Delta^{N+1}$, bzw. die Lösung von $SIP(X^\nu)$. Die Bestimmung eines betragsgrößten Extremus X_*^ν der Fehlerfunktion $e(p^\nu,x)$ auf B bedeutet dann für (SIP) das Aufsuchen einer maximal verletzten Nebenbedingung. Danach bestimmt man ein x_j^ν, das gegen x_*^ν auszutauschen ist, was allein auf Grund der Vorzeichen der Fehlerfunktion in den N+2 Punkten von $X^\nu \cup \{x_*^\nu\}$ möglich ist und löse das Problem auf der neuen Referenz $X^{\nu+1} = X^\nu \setminus \{x_j^\nu\} \cup x_*^\nu$. Mit Hilfe der Haarschen Bedingung kann man leicht zeigen, daß dann die Lösung von $SIP(X^{\nu+1})$ auch Lösung von $SIP(X^\nu \cup \{x_*^\nu\})$ ist. Vom Ergebnis her ist dieses Vorgehen somit äquivalent dazu, das zugehörige Optimierungsproblem $SIP(X^\nu \cup \{x_*^\nu\})$ mit 2N+4 Restriktionen zu lösen. Bei der Berechnung werden lediglich die sich auf Grund der Haarschen Bedingung ergebenden, bereits in 5.2.7 diskutierten Vorteile ausgenutzt. Entfallen diese, so kann man natürlich immer noch entsprechend vorgehen, indem man nun

$SIP(X^\nu \cup \{x^\nu_*\})$ - allerdings mit erhöhtem Aufwand - mit dem Simplex-Verfahren löst, wobei man vorzugsweise die duale Version (V_D) benutzt, für die die bekannte Lösung von SIP (X^ν) eine Ausgangsecke liefert. Daneben kann man noch die Tatsache ausnutzen, daß von den zwei einem $x \in B$ entsprechenden Nebenbedingungen nur höchstens eine aktiv wird (vgl. B i t t n e r [8]).

Der so entstehende Algorithmus läßt sich in naheliegender Weise auf allgemeine semi-infinite Probleme übertragen (vgl.[38]):

5.2.9. Ein-Punkt-Austausch-Algorithmus für lineare (SIP).

Für den folgenden Austauschalgorithmus setzen wir voraus, daß der zulässige Bereich $Z \subset \mathbb{R}^n$ des linearen (SIP) nicht leer und der Wert von (SIP) beschränkt ist. Unter einer <u>zulässigen Ecke</u> des dualen Problems (SIP_D)

$$\text{Maximiere} \qquad F_D(u,x) = - \sum_{i=1}^{r} u_i b(x_i)$$

unter den Nebenbedingungen $x_i \in B$, $u_i \geq 0$ und

$$\sum_{i=1}^{r} u_i a(x_i) = - c \tag{29}$$

wollen wir auch im semi-infiniten Fall eine Wahl von n Punkten $x_1,..,x_n \in B$ zusammen mit positiven $u_i \geq 0$, $1 \leq i \leq n$ verstehen, für die die $a(x_i)$, $1 \leq i \leq n$ linear unabhängig sind und die (29) mit $r=n$ erfüllen. Der Ein-Punkt-Austausch-Algorithmus besteht dann aus den folgenden Schritten:

<u>Start.</u> Man bestimme eine Ausgangsecke $x_1^0,..,x_n^0,u_1^0,..,u_n^0$ von (SIP_D), die man etwa entsprechend Algorithmus 5.2.1 nach Diskretisierung von (SIP) mit den Methoden in 5.1.E berechnen kann. Man berechne weiter z^0 durch Lösen des Gleichungssystems

$$(z)^T a(x_i^0) = b(x_i^0) \; , \; i=1,..,n.$$

z^0 löst dann $SIP(B^0)$, $B^0 = \{x_1^0,..,x_n^0\}$.

<u>Schritt $\nu+1$.</u> Gegeben sei eine zulässige Ecke $x_1^\nu,..,x_n^\nu,u_1^\nu,..,u_n^\nu$ des dualen Problems (SIP_D) und eine Lösung z^ν des diskretisierten Pro-

blems SIP(B^ν), $B^\nu = \{x^\nu_1, \ldots, x^\nu_n\}$.

Man bestimme ein x^ν_* mit der Eigenschaft

$$m^\nu = (z^\nu)^T a(x^\nu_*) - b(x^\nu_*) = \max_{x \in B} \{(z^\nu)^T a(x) - b(x)\}. \qquad (30)$$

Ist $m^\nu \leq 0$, so ist z^ν eine Lösung von (SIP). Andernfalls berechne man ausgehend von der obigen, dual zulässigen Ecke durch Anwendung eines Schrittes des Algorithmus (V_D) eine optimale duale Ecke $x^\nu_1+1, \ldots, x^\nu_n+1, u^\nu_1+1, \ldots, u^\nu_n+1$ des diskretisierten Problems SIP$(B^\nu \cup \{x^\nu_*\})$, setze $B^{\nu+1} = \{x^\nu_1+1, \ldots, x^\nu_n+1\}$. Das in (V_D) berechnete $z^{\nu+1}$ genügt

$$(z^{\nu+1})^T a(x^\nu_i+1) = b(x^\nu_i+1), \quad i=1,\ldots,n.$$

Nun fahre fort mit Schritt $\nu+2$.

<u>Bemerkungen.</u> Es ist nach Konstruktion klar, daß $B^{\nu+1}$ aus B^ν durch Austausch eines Punktes gegen x^ν_* hervorgeht, so daß ein Schritt des obigen Algorithmus sich von einem Simplex-Schritt (V_D) nur darin unterscheidet, daß in (30) das Maximum über ein Kontinuum und nicht über eine endliche Menge zu nehmen ist. Der obige Algorithmus ist somit eine direkte Verallgemeinerung von (V_D) für finite Probleme.

Was die Konvergenz betrifft, kann man nun natürlich i.a. nicht mehr die Lösung in endlich vielen Schritten erwarten. Selbst wenn nur nichtentartete Ecken auftreten, die Werte der dualen Zielfunktion also in jedem Schritt strikt monoton wachsen, ist somit Konvergenz nicht ohne weiteres gesichert. Daneben hat man wieder das Problem des Stehenbleibens mit einem nicht optimalen Zielwert im Falle entarteter Ecken, das sich nun auch nicht mehr so einfach wie im finiten Fall beheben läßt. In [57] geben H o f f m a n n und K l o s t e r m a i r einen Algorithmus an, der Zusatzschritte zur Vermeidung von Zyklen enthält. Ein sehr komplizierter Konvergenzbeweis wird in [66] gegeben. Weitere Ein-Punkt-Austausch-Algorithmen wurden u.a. von T ö p f e r [108] (Konvergenzbeweis in L a u - r e n t - C a r a s s o [71]) und S c h ä f e r [97] entwickelt.

Die Frage der Konvergenz vereinfacht sich erheblich, wenn man an-

statt eines Austauschs in jedem Schritt einen oder mehrere Punkte
zur alten Menge hinzufügt, so daß also $B_\nu \subset B_{\nu+1}$. Wir wollen auch
solche Verfahren der Einfachheit halber wieder Austauschverfahren
nennen, obwohl der Austausch nur noch impliziert durch das Simplex-
verfahren erfolgt.

5.2.10. Simultan-Austausch-Algorithmus für lineare (SIP).

<u>Start</u>. Man wähle eine endliche Teilmenge $B^O \subset B$ (etwa wie bei Algo-
rithmus 5.2.1) und bestimme eine Lösung z^O von SIP(B^O).

<u>Schritt $\nu+1$</u> ($\nu \geq 0$). Gegeben sei $B^\nu \subset B$ und eine Lösung z^ν von SIP(B^ν).
Bestimme lokale Maxima $x_1^\nu,..,x_r^\nu$ von $g(z^\nu,x) = (z^\nu)^T a(x) - b(x)$ auf B,
wobei für wenigstens ein $j \in \{1,..,r\}$ gelte

$$g(z^\nu,x_j^\nu) = m^\nu = \max_{x \in B} g(z^\nu,x). \tag{31}$$

Ist $m^\nu \leq O$ (d.h. z^ν zulässig), so ist z^ν eine Lösung von (SIP) und
man kann das Verfahren abbrechen. Andernfalls setze man

$$B^{\nu+1} = B^\nu \cup \{x_1^\nu,..,x_r^\nu\}, \tag{32}$$

berechne eine Lösung $z^{\nu+1}$ von SIP($B^{\nu+1}$) und fahre fort mit Schritt
$\nu+2$.

<u>Bemerkungen.</u> (a) Natürlich wird man (31) sowie $m^\nu \leq O$ wieder nur
innerhalb gewisser Toleranzen erfüllen.

(b) Das Verfahren läßt noch offen, wie viele bzw. welche Maxima
von $g(z^\nu,x)$ auf B bestimmt werden. Für $r = 1$ erhält man ein bereits
von C h e n e y und G o l d s t e i n [20] für semi-infinite Probleme vorgeschlagenes Verfahren. Dort findet man auch schon im wesentlichen den unten folgenden Konvergenzsatz 5.2.11.

Andere Möglichkeiten sind:

– Bestimme jeweils alle lokalen Extrema (bzw. praktisch so viele
wie möglich). Dies führt zu einem Simultan-Austausch-Algorithmus
wie er für die Chebyshev-Approximation von W a t s o n [112] vorgeschlagen wurde. Vgl. auch die numerischen Untersuchungen in [3].

156

- Bestimme alle lokalen Extrema mit $g(z^\nu, x_j^\nu) > -k$ für eine vorgegebene Schranke $k > 0$, d.h. solche, die wenigstens näherungsweise aktiv oder verletzt sind.

(c) Wie bei den Remes-Verfahren liegt die erhöhte Effizienz der Simultan- im Vergleich zu den Ein-Punkt-Austauschverfahren in der Reduktion der Zahl der Maxima-Bestimmung für $g(z,x)$ auf B; dies vor allem im Fall $B \subset \mathbb{R}^m$, $m \geq 2$.

(d) Nachteilig gegenüber Algorithmus 5.2.9 ist die von Schritt zu Schritt wachsende Zahl der Restriktionen. Eine Möglichkeit, diese wieder zu reduzieren, wird in S c h a b a c k - B r a e s s [96] angegeben. Ein echtes Austauschverfahren wurde von R o l e f f [92] vorgeschlagen, bei dem entsprechend 5.2.9 in jedem Schritt die Menge auf die n Punkte der optimalen Basis reduziert wird.

Hierzu verallgemeinert Roleff einen Algorithmus aus J u d i n - G o l s t e i n [61] für finite lineare Optimierungsprobleme und gibt zugleich eine numerisch stabile Form. Konvergenz wurde für diesen Algorithmus nicht gezeigt.

Nun zu dem angekündigten Konvergenzsatz:

5.2.11.Satz Der zulässige Bereich Z des linearen (SIP) sei nicht leer und B^o sei so, daß $-c \in \text{int } K(\{a(x) \mid x \in B^o\})$. Dann ist $\text{SIP}(B^\nu)$ für jedes $\nu = 0,1,2,..$, lösbar und Algorithmus 5.2.10 bricht entweder nach endlich vielen Schritten mit einer Lösung von (SIP) ab, oder für die Folge der z^ν gilt

(i) $F(z^{\nu+1}) \geq F(z^\nu)$, $\nu = 0,1,..$, $\lim\limits_{\nu \to \infty} F(z^\nu) = v(\text{SIP}) = m$.

(ii)   Die Folge $\{z^\nu\}$ hat Häufungspunkte und jeder solche ist
       eine Lösung von (SIP).

Beweis. Es bezeichne $Z^\nu = Z(B^\nu) = \{z \mid g(z,x) \leq 0, x \in B^\nu\}$ den zulässigen Bereich von $\text{SIP}(B^\nu)$. Wegen $B^o \subset B^1 \subset \cdots \subset B$ gilt

$$\emptyset \neq Z \subset \cdots \subset Z^\nu \subset \cdots \subset Z^1 \subset Z^o. \qquad (33)$$

Zu $\tilde{z} \in Z$ ist entsprechend dem Satz 3.2.7 die Niveaumenge $L^o = \{z \in Z^o \mid c^T z \leq c^T \tilde{z}\}$ kompakt, und wegen (33) sind dann auch die Niveaumengen $L = \{z \in Z \mid c^T z \le c^T \tilde{z}\}$ und $L^\nu = \{z \in Z^\nu \mid c^T z \le c^T \tilde{z}\}$ nicht leer und kompakt. Insbesondere sind die Probleme (SIP), $SIP(B^\nu)$ lösbar und für die Lösung $\bar{z}$ von (SIP) bzw. die durch den Algorithmus bestimmten Lösungen z^ν von $SIP(B^\nu)$ gilt

$$c^T \tilde{z} \ge F(\bar{z}) \ge \cdots \ge F(z^{\nu+1}) \ge F(z^\nu) \ge \cdots \ge F(z^O). \qquad (34)$$

Wegen $z^\nu \in L^O$ und L^O kompakt besitzt die Folge z^ν Häufungspunkte, und es bleibt zu zeigen, daß für einen solchen Häufungspunkt $z^* = \lim_{i \to \infty} z^{\nu_i}$ gilt $z^* \in Z$, was mit (34) sofort $F(z^*) = F(\bar{z})$ impliziert.

Mit (33) gilt offensichtlich $z^* \in \bigcap_{\nu=1}^{\infty} Z^\nu$. Man sieht leicht ein, daß die Funktion $\varphi(z) = \max_{x \in B} g(z,x)$ stetig ist.

$z^* \notin Z$ ist gleichbedeutend mit $\varphi(z^*) > 0$. Wegen $z^{\nu_i} \to z^*$ gibt es ein $i_O \in \mathbb{N}$ mit $\varphi(z^*) - \varphi(z^{\nu_i}) < \frac{1}{2}\varphi(z^*)$ für $i \ge i_O$. Weiter sei $i_1 \ge i_O$ so, daß $||z^{\nu_i} - z^*||_2 < \frac{1}{2}\varphi(z^*)/K$ für $i \ge i_1$ und $K > 0$ so, daß $||a(x)||_2 \le K$, $x \in B$. Für $i \ge i_1$ erhält man somit unter Beachtung von $z^* \in Z^{\nu_i+1}$ und von $\varphi(z^{\nu_i}) = \max_{x \in B^{\nu_i+1}} g(z^\nu,x) = (z^\nu)^T a(\tilde{x}) - b(\tilde{x})$ mit einem $\tilde{x} \in B^{\nu_i+1}$

$$\varphi(z^*) = \varphi(z^{\nu_i}) + [\varphi(z^*) - \varphi(z^{\nu_i})]$$

$$< (z^{\nu_i})^T a(\tilde{x}) - b(\tilde{x}) + \frac{1}{2}\varphi(z^*)$$

$$= (z^*)^T a(\tilde{x}) - b(\tilde{x}) + (z^{\nu_i} - z^*)^T a(\tilde{x}) + \frac{1}{2}\varphi(z^*)$$

$$\le ||z^{\nu_i} - z^*||_2 \cdot K + \frac{1}{2}\varphi(z^*) < \varphi(z^*),$$

ein Widerspruch. Somit ist $z^* \in Z$. $\Diamond$

Wir wollen abschließend noch an einem Beispiel eine Schwierigkeit diskutieren, der man sich bei Verwendung von Austausch-Verfahren bei nicht stark eindeutiger Lösung grundsätzlich gegenübersieht.

5.2.12. Beispiel. Wir betrachten das bereits in 3.2.5 diskutierte

Chebyshev-Approximationsproblem, die Funktion $f(x) = x^2$ in $B = [0,2]$ durch eine Funktion $a(p,x) = p_1 x + p_2 e^x$ bzgl. der Maximumnorm bestmöglich anzunähern. Dieses Problem besitzt die eindeutige, jedoch nicht stark eindeutige Lösung $\bar{p} = (0.184..,0.418..)^T$ mit maximalem Fehler $\bar{d} = ||e(\bar{p},\cdot)||_\infty = ||f-a(\bar{p},\cdot)||_\infty = 0.538..$ und $\bar{E} = \{\bar{x}^1 = 0.406..,\bar{x}^2 = 2\}$. Ausgehend von $B^0 = \{0,1,2\}$ erhält man mit Algorithmus 5.2.10 (und allen anderen Austauschverfahren) qualitativ folgende Iterierten:

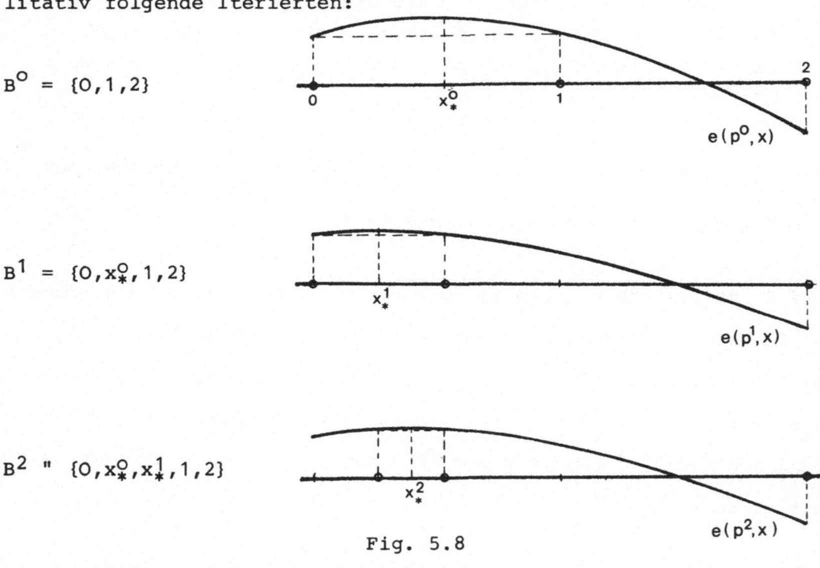

$B^0 = \{0,1,2\}$

$B^1 = \{0,x_*^0,1,2\}$

$B^2 = \{0,x_*^0,x_*^1,1,2\}$

Fig. 5.8

In Fig. 5.8 sind jeweils die Punkte der optimalen Referenzen für die Probleme $AP(B^i)$ durch $\circ$ hervorgehoben. Bezeichnet man sie mit $x^{i1} < x^{i2} < x^{i3} = 2$, $i = 0,1,2,..$, so gilt

$$\lim_{i\to\infty} x^{i1} = \lim_{i\to\infty} x^{i2} = \bar{x}^1.$$

Dies bedeutet, daß die zugehörigen Basismatrizen zunehmend schlecht konditioniert werden, das Verfahren also grundsätzlich numerisch instabil wird. Weiterhin sieht man, daß das Intervall $[x^{i1}, x^{i2}]$ sich von Schritt zu Schritt etwa halbiert, was eine nur langsame Konvergenz zur Folge hat (im stark eindeutigen Fall werden wir auch bzgl. der Annäherung der Punkte in $\bar{E}$ superlineare Konvergenz nachweisen). Numerische Beispiele,die obige Problematik belegen, findet man in [3]. Es sei darauf hingewiesen, daß im

Falle $B \subset \mathbb{R}^m$, $m \geq 2$, der nicht stark eindeutige Fall der Normalfall ist. Vor allem dann sollte man Austauschverfahren ähnlich wie
Diskretisierungsmethoden nur zur Gewinnung von Startnäherungen
einsetzen.

Abschließend sei noch darauf hingewiesen, daß die von Austauschverfahren produzierten Näherungslösungen in aller Regel nicht zulässig sind. Es hängt vom konkreten Problem ab, ob man dies als
gravierenden Nachteil ansehen will, denn oft wird ein nahezu zulässiger Punkt auch akzeptabel sein. In vielen Fällen - wie etwa
bei der T-Approximation ohne Nebenbedingungen - läßt sich auch
leicht eine Korrektur angeben, so daß ein zulässiger Punkt erreicht wird.

5.2.D. Austauschalgorithmen und Schnittebenen-Verfahren

In 1.1.E hatten wir den Zusammenhang linearer (SIP) mit konvexen
Optimierungsproblemen dargestellt. Dies wirft die Frage auf, ob
und wie unsere Algorithmen für lineare (SIP) mit solchen der konvexen Optimierung zusammenhängen. Wir werden zeigen, daß der Austauschalgorithmus 5.2.10 für $r = 1$ (d.h. pro Schritt wird eine Nebenbedingung hinzugefügt) geometrisch mit dem Schnittebenenverfahren von K e l l e y [65] übereinstimmt. Wir beschränken uns der
Einfachheit halber auf das konvexe Problem

$$\text{Min } \{F(z) = c^T z \mid \varphi(z) \leq 0\} \tag{35}$$

wobei φ eine stetig differenzierbare, konvexe Funktion ist. Weiterhin sei der zulässige Bereich $Z = \{z \mid \varphi(z) \leq 0\}$ enthalten in einem
kompakten Polyeder

$$P_0 = \{z \mid Az \leq b\}$$

mit einer k x n Matrix A und $b \in \mathbb{R}^k$. Schritt i des Kelleyschen Ver-
Verfahrens lautet dann:

Schritt i. Löse Min $\{F(z) = c^T z \mid z \in P_{i-1}\}$. z^i sei der Minimal-
punkt. Ist z^i zulässig, d.h. $z^i \in Z$, so löst z^i das Problem (35).
Andernfalls definiere man

$$P_i = P_{i-1} \cap \{z \mid \varphi(z^i) + (z-z^i)^T \varphi_z(z^i) \le O\}, \qquad (36)$$

und fahre fort mit Schritt i+1.

Beschreibt man Z wieder wie in 1.1.E mit Hilfe der Tangentialebenen an den Graphen von φ, so gelangt man zu dem zu (35) äquivalenten linearen (SIP):

$$\text{Min } \{F(z) = c^T z \mid g(z,x) = \varphi(x) + (z-x)^T \varphi_z(x) \le O, \ x \in P_O\}. \quad (37)$$

Die in (36) zu $z \in P_{i-1}$ hinzukommende Nebenbedingung ist somit $g(z,z^i) \le O$.

Behandelt man (37) mit dem Austauschalgorithmus 5.2.10 mit r=1, so wird bei gegebenem z^i die hinzukommende Nebenbedingung $g(z,x_*^i) \le O$ dadurch bestimmt, daß x_*^i das Maximum von $g(z^i,x)$ über P_O wird.

Wegen

$$g_x(z^i,x) = \varphi_z(x) - \varphi_z(x) + (z^i-x)^T \varphi_{zz}(x)$$

$$= (z^i-x)^T \varphi_{zz}(x)$$

wird, wenn wir der Einfachheit halber φ_{zz} überall positiv definit voraussetzen (strikte Konvexität), $x_*^i = z^i$, d.h. in beiden Algorithmen erhält man dasselbe P_i und somit bei gleichem Start dieselbe Punktfolge z^i.

Es ist somit ganz selbstverständlich, daß das Kelley'sche Verfahren dieselben Probleme (wachsende Zahl der Nebenbedingungen, numerische Instabilität bei fast zusammenfallenden Schnittebenen im nicht stark eindeutigen Fall, erhaltene Näherungen sind nicht zulässig) aufwirft wie Austauschverfahren vgl. [31]).

Man kann das Kelleysche Verfahren so sehen, daß es neben der Beschreibung von Z durch φ auch die semi-infinite nach (37) nutzt, welche sich durch Linearität der Nebenbedingungen auszeichnet. Kennt man nur eine semi-infinite Umschreibung, so ist die Bestimmung von x_*^i in jedem Schritt mit einer Maximierung von $g(z^i,x)$ über B verbunden, also ungleich aufwendiger als im Kelley-Verfahren. Dies ist sozusagen der Preis für die Unkenntnis von φ.

Von anderen Schnittebenenverfahren, die die oben genannten Nachteile zum Teil nicht aufweisen, sei nur das zentrale Schnittebe-
nen-Verfahren von E l z i n g a und M o o r e [31] hervorgehoben,
welches zum einen auch zulässige Näherungen produziert und zum
zweiten Regeln zur Reduktion der Zahl der Nebenbedingungen enthält. Weiterhin erlaubt es oft "tiefere Schnitte", d.h. der jeweils noch zu untersuchende Restbereich schrumpft schneller als
beim Kelley-Algorithmus. Die Konvergenz im Funktionswert bleibt
jedoch linear, ebenfalls lineare Konvergenz gegen den optimalen
Punkt kann unter zusätzlichen Voraussetzungen, die die eindeutige Lösbarkeit implizieren, gezeigt werden [31]. G r i b i k [40]
hat den Algorithmus auf semi-infinite Probleme übertragen. Das
entstehende Verfahren hat den Vorteil, daß man x_*^i nicht über eine
Maximierung von $g(z^i,x)$ über B zu bestimmen braucht, sondern beliebige x_*^i mit $g(z^i,x_*^i) > 0$ verwenden kann.

5.3. Abstiegsverfahren zur Behandlung nichtlinearer Probleme.

Wir wenden uns nun der Behandlung nichtlinearer (SIP) zu, die gegenüber dem linearen Fall eine Reihe zusätzlicher Schwierigkeiten mit sich bringt. Grundsätzlich werden wir uns auf Methoden zur
Berechnung lokaler Minima beschränken und alle globalen Aspekte
ausklammern. Praktisch wird es doch nur in Spezialfällen möglich
sein, zu entscheiden, ob ein berechnetes lokales Minimum auch ein
globales ist. Höchstens kann man versuchen, von anderen Startpunk-
ten aus weitere lokale Minima zu bestimmen.

Dem zweiphasigen Lösungskonzept folgend, betrachten wir in diesem
Abschnitt 5.3. einige Methoden im Hinblick auf ihre Verwendbar-
keit als Verfahren der Phase I, die also ohne besondere Voraussetzungen an die Startnäherung auskommen. Zumindest in Spezialfällen
weisen einige von ihnen zudem superlineare Konvergenz auf und sind
dann im Prinzip auch für die zweite Phase tauglich, mit der wir
uns in Abschnitt 5.4 näher beschäftigen werden.

Wie im linearen Fall wird man sich in Phase I in der Regel auf
die Behandlung diskretisierter Probleme beschränken, wobei man
wieder die in 5.2.A.beschriebene Strategie zur Gitterverfeinerung

anwenden kann. Theoretisch wird dies fundiert durch die Tatsache
(vgl. [129]), daß die Lösungen der diskretisierten Probleme bei
Gitterverfeinerung gegen die des semi-infiniten konvergieren unter derselben hinreichenden Bedingung, unter der auch das Newton-
Verfahren aus 5.4. und andere Verfahren der Phase II superlinear
konvergieren.

Im Prinzip ist jede nichtlineare Optimierungsmethode auf die diskretisierten Probleme anwendbar. Es würde weit über den Rahmen
dieses Buches hinausgehen, all diese Methoden im einzelnen zu behandeln. Der Leser sei hierzu auf die umfangreiche Spezialllitera-
tur verwiesen (etwa [56], [36],[130]). Im folgenden beschränken
wir uns auf die Diskussion einiger Verfahren, die speziell auf
semi-infinite Probleme und Approximationsprobleme angewandt wurden und zur Lösung des diskretisierten wie auch direkt des semi-
infiniten Problems herangezogen werden können. Insbesondere sind
dies

- Linearisierungsmethoden ([82], [81], [26]).
- Verfahren der quadratischen Approximation ([51], [60], [113],[84])
- Verfahren zulässiger Richtungen ([44], [80], [99])

Diese Auswahl spiegelt mehr die Aufmerksamkeit wieder, die den
Methoden in der Literatur entgegengebracht wurde, als daß sie eine
Wertung in Bezug auf ihre Güte darstellt. Beispielsweise findet
man in [79] sehr vielversprechende Ergebnisse mit Methoden der erweiterten Lagrangefunktion.

5.3.A. Die Grundform der Linearisierungsmethode

Gegeben sei nun wieder das allgemeine, nicht notwendig lineare
(SIP):

$$\text{Min } \{F(z) \mid g(z,x) \leq 0, \ x \in B\}, \tag{1}$$

mit stetig differenzierbaren $F : Z_0 \rightarrow \mathbb{R}$ und $g: Z_0 \times B \rightarrow \mathbb{R}$. Für ein
(nicht notwendigerweise zulässiges) $z \in Z_0$ sei wieder (vgl. 3.1.E)
das in z linearisierte, semi-infinite Optimierungsproblem definiert durch

SIP_{lin} (z): Minimiere

$$\tilde{F}(\xi) = F(z) + \xi^T F_z(z) \tag{2}$$

unter den Nebenbedingungen $z + \xi \in Z_O$ sowie

$$\widetilde{g}(\xi,x) = g(z,x) + \xi^T g_z(z,x) \leq 0, \quad x \in B. \tag{3}$$

Hiermit betrachten wir das folgende iterative Verfahren:

5.3.1. Linearisierungsmethode. Ausgehend von einem Startpunkt $z^O \in Z_O$ werden für $i = 1,2,\ldots$ Punkte z^i bestimmt nach:

- Bestimme eine Lösung ξ^i von $SIP_{lin}(z^{i-1})$. Ist $SIP_{lin}(z^{i-1})$ nicht eindeutig lösbar, so sei ξ^i die Lösung kleinster, etwa euklidischer Norm.

- Setze $z^i = z^{i-1} + \xi^i$.

Eine Minimalforderung an ein sinnvolles numerisches Verfahren ist, daß es bei Start in einem optimalen Punkt $\bar{z} \in Z$ stehenbleibt. Nach Satz 3.1.19 a) gilt dies für obige Methode, wenn die constraint qualification (CQ) aus 3.1.B erfüllt ist, welche die Lösbarkeit des Ungleichungssystems

$$\xi^T g_z(\bar{z},\bar{x}^l) < 0, \quad l \in L \tag{4}$$

fordert, wo L wieder definiert ist durch

$$\bar{E} = \{x \mid g(\bar{z},x) = 0 \} = \{\bar{x}^l \mid l \in L\}. \tag{5}$$

Ist (CQ) nicht erfüllt, so braucht dies nicht zu gelten, wie das folgende (finite) Beispiel zeigt:

Beispiel 5.3.2. Es sei $F(z) = -z_1$ $(z \in \mathbb{R}^2)$ zu minimieren auf der negativen z_1-Achse, die wie in Beispiel 3.1.15 beschrieben sei durch die Nebenbedingungen $g^i(z) \leq 0$, $i = 1,2$, mit

$$g^1(z) = \begin{cases} z_1^2 - z_2 & \text{für } z_1 \geq 0 \\ \\ - z_2 & \text{für } z_1 < 0 \end{cases}, \quad g^2(z) = \begin{cases} z_1^2 + z_2 & \text{für } z_1 \geq 0 \\ \\ z_2 & \text{für } z_1 < 0 \end{cases}$$

(vgl. auch Fig. 3.6). Offensichtlich ist $\bar{z} = 0$ die eindeutige Lösung. Das in $\bar{z}$ linearisierte Problem $SIP_{lin}(\bar{z})$ wird

$$\text{Min } \{- \xi_1 \mid \xi_2 = 0\},$$

und besitzt offensichtlich keine Lösung. Fügt man die (redundante) Nebenbedingung $g^3(z) = z_1 - 1 \leq 0$ hinzu, so erhält man für $SIP_{lin}(\bar{z})$

$$\text{Min } \{- \xi_1 \mid \xi_2 = 0, \; \xi_1 \leq 1\}$$

mit eindeutiger Lösung $\xi = \begin{pmatrix} 1 \\ 0 \end{pmatrix}$, d.h. das Verfahren verläßt den optimalen Punkt $\bar{z} = 0$ wieder. Man sieht sofort, daß (CQ) in diesem Beispiel nicht erfüllt ist.

Daß das Verfahren in obiger Form auch bei Gültigkeit von (CQ) selbst in einfachsten Fällen versagt, zeigt das folgende, ebenfalls finite Beispiel:

Beispiel 5.3.3. Zu minimieren sei die quadratische Funktion

$$F(z) = z_1^2 + (z_2 + 1)^2$$

auf dem Halbstreifen $- 1 \leq z_1 \leq 1$, $z_2 \geq 0$. Ersichtlich ist $\bar{z} = 0$ die eindeutige Lösung. Fig. 5.9 zeigt den Bereich und einige Niveaulinien von F.

Für $z^0 = \begin{pmatrix} -1 \\ 0 \end{pmatrix}$ ergibt sich das linearisierte Problem

Min $\{2 - 2\xi_1 + 2\xi_2 \mid 0 \leq \xi_1 \leq 2, \; \xi_2 \geq 0\}$.

Ersichtlich ist $\xi = \begin{pmatrix} 2 \\ 0 \end{pmatrix}$ die eindeutige Lösung, so daß man

$$z^1 = z^0 + \xi = \begin{pmatrix} 1 \\ 0 \end{pmatrix}$$

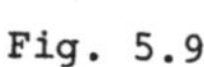

Fig. 5.9

erhält. Aus Symmetriegründen wird $z^2 = z^0$, $z^3 = z^1$, etc., d.h. das Verfahren springt zwischen den Punkten z^0, z^1 hin und her.

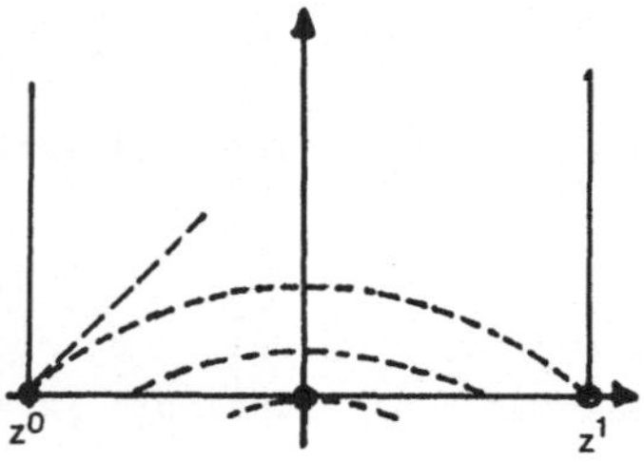

Obwohl ξ von z^0 aus in die richtige Richtung weist, ist die Schrittlänge so bemessen, daß kein Fortschritt erzielt wird.

Das Beispiel legt nahe, das Verfahren durch eine Schrittweitensteuerung zu modifizieren. Zwei Möglichkeiten hierzu werden wir im nächsten Abschnitt diskutieren.

Das lokale Verhalten des Verfahrens hängt entscheidend vom Problem ab. Für den Fall stark eindeutiger Lösung werden wir in Abschnitt 5.4.C superlineare Konvergenz zeigen. Für Approximationsprobleme vgl. hierzu [26]. Daß bei nicht stark eindeutiger Lösung das Verhalten beliebig schlecht sein kann, zeigt das obige Beispiel 5.3.3, bei dem auch bei beliebig guter Näherung Oszillation zwischen z^0 und z^1 eintritt.

Sehr wichtig für die Effizienz des Verfahrens ist die Art, wie die linearisierten Probleme gelöst werden. Für den semi-infiniten Fall werden wir hierauf in 5.4.20 eingehen. Im diskreten Fall SIP($\tilde{B}$), $\tilde{B} = \{x_1,..,x_M\}$, ist vor allem die Wahl guter Startecken für das Simplexverfahren, mit dem in jedem Schritt die linearisierten Probleme gelöst werden, von großer Bedeutung.

Im $(k+1)$-ten Schritt ist das im Punkt $z = z^k$ linearisierte (finite) Optimierungsproblem zu lösen, dessen Nebenbedingungen sich in der Form

$$A(z^k)\xi \leq b(z^k) \quad \text{mit} \quad A(z^k) = \left(\begin{array}{c} \vdots \\ g_z^T(z^k,x_j) \\ \vdots \end{array}\right)_{j=1,..,M} \tag{6}$$

schreiben lassen. Sei A_B^{k-1} die Basismatrix der Lösung vom vorhergehenden Schritt, die ja eine Submatrix von $A(z^{k-1})$ ist:

$$A_B^{k-1} = \left(\begin{array}{c} \vdots \\ g_z^T(z^{k-1},x_j) \\ \vdots \end{array}\right)_{j \in I_{k-1}} \quad , \quad I_{k-1} \subset \{1,..,M\}, \quad |I_{k-1}| = n.$$

Zur Bestimmung einer geeigneten Startbasis für den $(k+1)$-ten Schritt wird in [75] folgendes Vorgehen vorgeschlagen:

(i) Sei $\tilde{A}^k$ die der Indexmenge I_{k-1} aus dem vorigen Schritt entsprechende Submatrix von $A(z^k)$. Hat dann

$$F_z(z^k)u + (\tilde{A}^k)^T u = 0 \tag{7}$$

eine eindeutige Lösung $\tilde{u}^k \geq 0$, so haben wir in I_{k-1}, $\tilde{A}^k$, $\tilde{u}^k$ eine dual zulässige Ecke mit Basismatrix $\tilde{A}^k$ gefunden.

(ii) Hat $\tilde{u}^k$ auch negative Komponenten, so wende man unter Negierung der jeweils verletzten Nebenbedingungen die Simplexmethode (V_P) auf das primale Problem an, solange bis man eine dual zulässige Ecke findet.

Schritt (ii) ist (auch programmtechnisch) einigermaßen aufwendig
und es ist keineswegs gesichert, daß man jemals eine dual zulässige Ecke auf diesem Wege findet. Auch wenn eine solche gefunden ist,
ist schwer zu sagen, ob diese günstig ist oder nicht. Es scheint
deswegen vorteilhafter zu sein, wenn (i) nicht erfolgreich war,
eine der Strategien 5.1.8 oder 5.1.9 anzuwenden, letztere insbe-
sondere in der Endphase, wo $||\xi^k|| \to 0$ zu beobachten ist. Insbe-
sondere bei Approximationsproblemen ist alternativ zu obigem Vorgehen auch die Verwendung der primalen Methode in Verbindung mit
5.1.10 zu erwägen. Man beachte, daß bereits der obige Schritt (i)
größenordnungsmäßig n Simplexschritten entspricht, während das
Vorgehen nach 5.1.10 nach n "simplexähnlichen" Schritten garantiert eine primal zulässige Ecke findet. Im stark eindeutigen Fall
allerdings kann man zeigen, daß ab einem gewissen Schritt (i) immer eine zulässige Startecke liefert.

5.3.B. Modifizierte Linearisierungsmethoden für die Chebyshev-Approximation

Im Anschluß an Beispiel 5.3.3 hatten wir bemerkt, daß das Verfahren 5.3.1 zwar eine vernünftige Korrekturrichtung lieferte, daß
aber die Schrittweite so ungünstig war, daß man dem Optimalpunkt
nicht näherkam. Dies legt nahe, anstatt $z^{i-1} + \xi^i$ als neuen Punkt

$$z^i = z^{i-1} + \lambda_i \xi^i$$

zu wählen, mit einem $\lambda_i > 0$, welches so gewählt wird, daß z^i
"besser" ist als z^{i-1}. Da die z^i nun nicht notwendigerweise zulässig sind, ist es im allgemeinen Fall nicht ganz leicht, sinnvoll zu definieren, wann ein Punkt besser als der andere ist. Wir
beschränken uns deshalb in diesem Abschnitt auf Chebyshev-Approximationsprobleme (AP),wie sie in Kapitel 4 untersucht wurden:

$$(AP) \qquad \text{Min } \{||f - a||_\infty \mid a \in A\}, \qquad (8)$$

mit $f \in C[B]$ und parametrisierter Funktionenfamilie

$$A = \{a(p,\cdot) \mid p \in P\} \subset C[B] \qquad (9)$$

mit stetig differenzierbarem $a : P \times B \to \mathbb{R}$, $P \subset \mathbb{R}^N$. Das in $\tilde{p}$ linearisierte Problem ist wie in 4.1.C gegeben durch

$$\underline{AP(\widetilde{p})} \; : \; \text{Min} \; \{ ||f - a(\widetilde{p}, \cdot) - \pi^T a_p(\widetilde{p}, \cdot)||_\infty \; | \; \pi \in \mathbb{R}^N \} \qquad (10)$$

d.h. die Fehlerfunktion $f - a(\widetilde{p}, \cdot)$ ist durch Funktionen des linearen Raumes

$$T(\widetilde{p}) = \{ \pi^T a_p(\widetilde{p}, \cdot) \; | \; \pi \in \mathbb{R}^N \} \subset C[B] \qquad (11)$$

zu approximieren.

Für (AP) modifizieren wir nun das Linearisierungsverfahren durch eine sog. λ-Strategie in folgender Weise:

5.3.4. Linearisierungsmethode mit λ-Strategie.

Ausgehend von einem Startpunkt $p^0 \in P$ werden p^i, $i = 1,2,\cdots$, berechnet nach

(i) Bestimme eine Lösung π^i des linearisierten Problems $AP(p^{i-1})$ unter der zusätzlichen Nebenbedingung $||\pi||_\infty \le K$ (vgl. unten).

Es sei
$$d_1^i = ||f - a(p^{i-1}, \cdot) - (\pi^i)^T a_p(p^{i-1}, \cdot)||_\infty \qquad (12)$$

der Approximationsfehler des linearisierten Problems. Gilt dann

$$||f - a(p^{i-1}, \cdot)||_\infty = d_1^i \qquad (13)$$

(d.h. $\pi^i = 0$ löst $AP(p^{i-1})$), so breche man ab.

(ii) Bestimme $\lambda_i > 0$, so daß

$$||f - a(p^{i-1} + \lambda_i \pi^i, \cdot)||_\infty = \min_{\lambda \ge 0} \; \{ ||f - a(p^{i-1} + \lambda \pi^i, \cdot)||_\infty \} \qquad (14)$$

(iii) Setze $p^i = p^{i-1} + \lambda_i \pi^i.$ \hfill (15)

Aus Lemma 4.1.3 wissen wir, daß, wenn (13) nicht gilt, also $d_1^i < ||f - a(p^{i-1})||_\infty$ ist, π^i eine Abstiegsrichtung ist und somit in (ii) stets ein $\lambda_i > 0$ bestimmt wird. In der Praxis ist (14) recht aufwendig. Stattdessen benutzt man deshalb oft einfachere Strategien wie etwa $\lambda_i = 2^{-k}$, wo $k \in \mathbb{N} \cup \{0\}$ die kleinste Zahl ist mit

$$||f - a(p^{i-1} + 2^{-k} \pi^i, \cdot)||_\infty < ||f - a(p^{i-1}, \cdot)||_\infty.$$

In (i) ist K eine große Zahl. Die Nebenbedingung $||\pi||_\infty \le K$ ist technischer Natur und soll im Falle nicht eindeutiger Lösung von $AP(p^{i-1})$ verhindern, daß die Richtungen unbeschränkt sind. In der Regel wird diese Nebenbedingung nie aktiv.

Einen Punkt, in dem (13) erfüllt ist, nennt man <u>kritisch</u>. Es ist klar, daß nicht jeder kritische Punkt eine beste Approximation liefert. Von obigem Verfahren kann man somit bestenfalls Konvergenz gegen kritische Punkte erwarten, die natürlich noch nicht daraus folgt, daß in jedem Schritt der Approximationsfehler abnimmt.

Wir folgen Schaback [95] in den folgenden Konvergenzbetrachtungen.

<u>5.3.5. Lemma</u>. Es sei $\tilde{p}$ nicht kritischer Punkt. Dann gibt es eine Kugel $K_\delta(\tilde{p}) = \{p \mid ||p - \tilde{p}||_\infty < \delta\}$, eine Konstante $\varepsilon > 0$ und ein Intervall $[\lambda_1, \lambda_2]$, $0 < \lambda_1 < \lambda_2$, so daß für beliebige $p \in K_\delta(\tilde{p})$ und $\lambda \in [\lambda_1, \lambda_2]$ gilt

$$||f - a(p + \lambda\Pi_p, \cdot)||_\infty \leq ||f - a(p, \cdot)||_\infty - \varepsilon, \tag{16}$$

wo Π_p eine Lösung des linearisierten Problems AP(p) unter der Restriktion $||\Pi||_\infty \leq K$ ist.

Anschaulich besagt das Lemma, daß der Approximationsfehler in jedem $p \in K_\delta(\tilde{p})$ durch einen Linearisierungsschritt um wenigstens ε verbessert werden kann.

<u>Bemerkung</u> Die Aussage des Lemmas und damit auch des folgenden Satzes 5.3.6 bleibt richtig, wenn für $p \in K_\delta(\tilde{p})$ und eine feste Konstante $0 < c \leq 1$ statt der Lösung des linearisierten Problems AP(p) nur eine Näherung Π_p für diese mit $||\Pi_p||_\infty \leq K$ gewählt wird, die der Abschätzung genügt

$$||f-a(p,\cdot)||_\infty - ||f-a(p,\cdot)-\Pi_p^T a_p(p,\cdot)||_\infty \geq$$
$$\geq c(||f-a(p,\cdot)||_\infty - \min_{||\Pi||_\infty \leq K}||f-a(p,\cdot)-\Pi^T a_p(p,\cdot)||_\infty)$$

<u>Beweis</u>. Abkürzend bezeichnen wir wieder die Fehlerfunktion mit $e(p,x) = f(x) - a(p,x)$. Da $\tilde{p}$ nicht kritisch ist, gilt unter Beachtung von $a_p(p,x) = - e_p(p,x)$

$$\delta_1 = ||e(\tilde{p},\cdot)||_\infty - ||e(\tilde{p},\cdot) + \Pi_{\tilde{p}}^T e_p(\tilde{p},\cdot)||_\infty > 0.$$

Die Funktion
$$\varphi(p) = ||e(p,\cdot)||_\infty - ||e((p,\cdot) + \Pi_{\tilde{p}}^T e_p(p,\cdot)||_\infty$$

ist stetig und $\varphi(\widetilde{p}) = \delta_1$. Somit gibt es ein $\delta_2 > 0$, so daß

$\varphi(p) \geq \dfrac{\delta_1}{2}$ für $p \in K_{\delta_2}(\widetilde{p})$.

δ_2 kann weiterhin so gewählt werden, daß $\delta_2 < 2K$ und daß für beliebige $p_1, p_2 \in K_{\delta_2}(\widetilde{p})$ gilt

$$||e(p_2, \cdot) - e(p_1, \cdot) - (p_2 - p_1)^T e_p(p_1, \cdot)||_\infty \leq \dfrac{\delta_1}{4K} ||p_2 - p_1||_\infty, \quad (17)$$

was sofort aus der stetigen Differenzierbarkeit von e folgt.

Setzt man $\delta = \dfrac{\delta_2}{2}$, $\varepsilon = \dfrac{\delta_1 \delta_2}{16K}$, $\lambda_2 = \dfrac{\delta_2}{2K}$ $(<1!)$, $\lambda_1 = \dfrac{\lambda_2}{2}$,

so gilt für beliebige $p \in K_\delta(\widetilde{p})$, $\lambda \in [\lambda_1, \lambda_2]$

$$||p + \lambda \Pi_p - \widetilde{p}||_\infty \leq \delta + \lambda_2 K = \delta_2,$$

d.h. $p + \lambda \Pi_p \in K_{\delta_2}(\widetilde{p})$. Hiermit folgt nun mit (17)

$$||e(p + \lambda \Pi_p, \cdot)||_\infty = ||e(p, \cdot) + \lambda \Pi_p^T e_p(p, \cdot)$$

$$+ e(p + \lambda \Pi_p, \cdot) - e(p, \cdot) - \lambda \Pi_p^T e_p(p, \cdot)||_\infty$$

$$\leq (1 - \lambda) ||e(p, \cdot)||_\infty + \lambda ||e(p, \cdot) - \Pi_p^T a_p(p, \cdot)||_\infty + \dfrac{\delta_1}{4K} \lambda K.$$

Da Π_p das in p linearisierte Problem löst, gilt weiter

$$||e(p, \cdot) - \Pi_p^T a_p(p, \cdot)||_\infty \leq ||e(p, \cdot) - \Pi_{\widetilde{p}}^T a_p(p, \cdot)||_\infty$$

$$= ||e(p, \cdot)||_\infty - \varphi(p)$$

$$\leq ||e(p, \cdot)||_\infty - \dfrac{\delta_1}{2} ,$$

letzteres wegen $\varphi(p) \geq \dfrac{\delta_1}{2}$ für $p \in K_{\delta_2}(\widetilde{p})$. Hieraus folgt

$$||e(p + \lambda \Pi_p, \cdot)||_\infty \leq ||e(p, \cdot)||_\infty - \lambda \dfrac{\delta_1}{2} + \lambda \dfrac{\delta_1}{4}$$

$$\leq ||e(p, \cdot)||_\infty - \lambda_1 \dfrac{\delta_1}{4} = ||e(p, \cdot)||_\infty - \varepsilon. \quad \Diamond$$

Hiermit läßt sich nun leicht der Satz zeigen (vgl. [95])

<u>5.3.6. Satz</u> Ein nicht kritischer Punkt kann nicht Häufungspunkt der vom Verfahren erzeugten Folge der p^i sein.

Hat somit die Folge $\{p^i\}$ einen Häufungspunkt, so ist dieser kritisch. Insbesondere hat die Folge einen Häufungspunkt, falls sie beschränkt ist. In [95] wird dies für eine Reihe konkreter Approximationsaufgaben nachgewiesen.

Trotz dieser positiven globalen Konvergenzaussagen gibt es insbesondere im Falle nicht stark eindeutiger Lösung praktisch oft Schwierigkeiten durch ein oszillierendes Fehlerverhalten. Intuitiv kann man sich dies anhand des bereits in Beispiel 5.3.3 betrachteten Problems klarmachen.

<u>5.3.7. Beispiel</u> Wendet man das modifizierte Verfahren auf das Problem

$$\text{Min } \{z_1^2 + (z_2 + 1)^2 \mid - 1 \leq z_1 \leq 1,\ z_2 \geq 0\}$$

an, so ergibt sich bei Start in z^0 etwa der in Fig. 5.10 dargestellte Verlauf, also ein auch als "jamming" oder "zigzagging" bekannter Effekt.

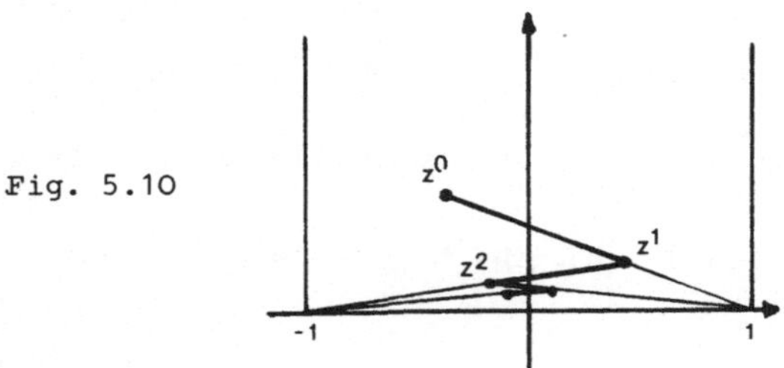

Fig. 5.10

Daß dieser Effekt tatsächlich auch bei nichtkonstruierten Problemen auftritt, zeigt folgendes Beispiel.

<u>5.3.8. Beispiel.</u> Es soll die Funktion $f(x) = \sqrt{x}$ auf der endlichen Punktmenge $B = \{x_i = 0.25 + 0.75 \cdot i/4 \mid i = 0, \cdots, 4\}$ durch ein H-Polynom (vgl. [54])

$$a(p,x) = - ((p_1 x + p_2)x + p_3)^2 + p_4,\ p_i \in \mathbb{R}$$

approximiert werden. Die beste Approximation führt zu einem Approximationsfehler von 0.00246.., welcher in allen 5 Punkten auftritt, wobei der Fehler 3 mal das Zeichen wechselt (d.h. die Alternantenlänge ist 4). Verfahren 5.3.4 führt zu folgender Tabelle

i	0	5	10	20	30
$||e(p_i,\cdot)||_\infty$	9.0	0.0849	0.0751	0.0745	0.0737
ZW	0	1	1	1	1

Während also der Fehler in den ersten Iterationen sehr stark zurückgeht, ist ab dem zehnten Iterationsschritt nur noch ein sehr schwacher Abstieg zu verzeichnen, obwohl der Fehler noch etwa um den Faktor 30 über dem optimalen liegt und sich die endgültige Alternationszahl noch lange nicht eingestellt hat.

Betrachtet man nochmals Beispiel 5.3.7, so beobachtet man zwei - nicht unabhängige - Effekte, die zu praktischen Schwierigkeiten führen:

- Die Richtungen sind so schlecht, daß pro Schritt nur ein sehr geringer Abstieg erreichbar ist. Dies hat in der Regel eine sehr große Zahl notwendiger Linearisierungsschritte zur Folge.

- Um überhaupt einen Abstieg zu erreichen, muß die Schrittlänge auf sehr kleine Werte reduziert werden, was die eindimensionale Minimierung der Funktion (und damit den Aufwand pro Schritt)

$$\varphi(\lambda) = ||f - a(p^{i-1} + \lambda \Pi^i, \cdot)||_\infty$$

(vgl.(14)) extrem aufwendig macht, insbesondere im Hinblick auf die rechenintensive Auswertung von $\varphi(\lambda)$.

Ähnlich wie bei Linearisierungsmethoden der finiten Optimierung [56] kann man nun die eindimensionale Minimierung vermeiden, indem man die linearisierten Probleme unter einer Nebenbedingung $||\Pi||_\infty \leq \delta_i$ mit in jedem Schritt anzupassendem δ_i löst. Sozusagen als Nebeneffekt beobachtet man dabei oft gleichzeitig eine Verbesserung der Richtung, dank einer durch die Nebenbedingung induzierten mehr oder weniger zufälligen Störung der schlechten unbeschränkten Richtung. Fig. 5.11 zeigt einen solchen Fall am Beispiel 5.3.7.

Das folgende Verfahren entspricht
weitgehend dem in [73] von Madsen
für den diskreten Fall angegebe-
nen (vgl. auch [47], [34]

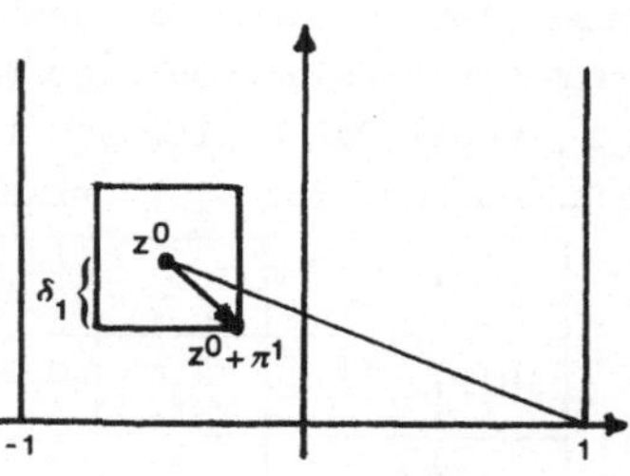

Fig. 5.11

5.3.9 Linearisierungsmethode mit Normbeschränkung. Es seien

$0 < k_1 < 1 < k_2$ und $0 < \rho_1 < \rho_2 < \rho_3 < 1$ fest gegebene Konstanten.
Weiterhin sei $p^0 \in P$ ein Startpunkt und $\delta_0 > 0$ eine Anfangsschran-
ke. Dann werden p^i, $\delta_i > 0$, $i = 1,2,\cdots$ bestimmt nach

(i) Bestimme eine Lösung π^i des linearisierten Problems $AP(p^{i-1})$
unter der zusätzlichen Nebenbedingung $||\pi||_\infty \leq \delta_{i-1}$.

Es sei

$$d_1^i = ||f - a(p^{i-1}, \cdot) - (\pi^i)^T a_p(p^{i-1}, \cdot)||_\infty$$

der Approximationsfehler dieses Problems. Gilt

$$d_{i-1} := ||f - a(p^{i-1}, \cdot)||_\infty = d_1^i \qquad (18)$$

(d.h. $\pi^i = 0$ löst $AP(p^{i-1})$), so breche man ab.

(ii) Gilt mit d_{i-1} wie in (18) und $\tilde{d}_i = ||f - a(p^{i-1} + \pi^i, \cdot)||_\infty$

$$d_{i-1} - \tilde{d}_i \geq \rho_1(d_{i-1} - d_1^i) \qquad (19)$$

so setze $p^i = p^{i-1} + \pi^i$, andernfalls $p^i = p^{i-1}$.

(iii) Gilt

$$d_{i-1} - \tilde{d}_i \geq \rho_3(d_{i-1} - d_1^i)$$

so setze $\delta_i = k_2 ||\pi^i||_\infty$. $\qquad (20)$

(iv) Gilt

$$d_{i-1} - \tilde{d}_i \leq \rho_2(d_{i-1} - d_1^i) \qquad (21)$$

so setze $\delta_i = k_1 ||\pi^i||_\infty$.

(v) Gilt weder (20) noch (21) so setze man $\delta_i = \delta_{i-1}$.

Bemerkung. Die Steuerung der Normschranken δ_i in (iii) und (iv) wird anhand des Verhältnisses $q_i = (d_{i-1} - \tilde{d}_i)/(d_{i-1} - d_1^i)$ der tatsächlich erzielten Verbesserung des Fehlers zu der im (beschränkten) Tangentialraum erzielten vorgenommen. Ist $q_i < \rho_1$, so wird p^{i-1} überhaupt nicht korrigiert, sondern nur δ_i in Schritt (iv) verkleinert. Aus dem nachfolgenden Lemma 5.3.10 folgt, daß für nicht kritisches p^{i-1} das Verhältnis nach endlich vielen Reduktionen der δ_j größer ρ_1 wird, das Verfahren somit nicht stehenbleiben kann.

5.3.10. Lemma. $\tilde{p}$ sei ein nicht kritischer Punkt. Dann gibt es eine Kugel $K_\varepsilon(\tilde{p})$ und ein $\Delta > 0$, so daß mit der Lösung Π_p^δ von AP(p) unter der Nebenbedingung $||\Pi|| \le \delta$ für alle $p \in K_\varepsilon(\tilde{p})$ und $\delta \le \Delta$ gilt

$$\rho = \frac{||f - a(p,\cdot)||_\infty - ||f - a(p + \Pi_p^\delta,\cdot)||_\infty}{||f - a(p,\cdot)||_\infty - ||f - a(p,\cdot) - \Pi_p^\delta a_p(p,\cdot)||_\infty} \ge \rho_2 \qquad (22)$$

Beweis. Da im wesentlichen bereits des öfteren herangezogene Beweistechniken benutzt werden, begnügen wir uns mit einer groben Skizze des Beweises. Zunächst ist

$$\rho = 1 + \frac{||f - a(p,\cdot) - \Pi_p^\delta a_p(p,\cdot)||_\infty - d_{p+\Pi_p^\delta}}{d_p - ||f - a(p,\cdot) - \Pi_p^\delta a_p(p,\cdot)||_\infty}, \qquad (23)$$

wo zur Abkürzung $d_q = ||f - a(q,\cdot)||_\infty$ gesetzt ist.

Der Zähler des Bruches in (23) läßt sich nun in einer gegebenen Umgebung $K_\varepsilon(\tilde{p})$ aufgrund der stetigen Differenzierbarkeit von $a(p,\cdot)$ durch eine von p unabhängige Funktion $\psi(\delta) = o(\delta)$ nach oben abschätzen.

Da $\tilde{p}$ nicht kritisch ist, gibt es nach dem Kolmogoroff-Kriterium von Satz 4.3.1 ein Π, so daß der Approximationsfehler $||f - a(\tilde{p},\cdot) - \lambda \Pi a_p(\tilde{p},\cdot)||_\infty \le d_{\tilde{p}} - \text{const}\cdot\lambda$. Mit Stetigkeitsargumenten läßt sich dies wieder auf eine hinreichend kleine Umgebung von $\tilde{p}$ mit einer gemeinsamen Konstanten übertragen. Hiermit ergibt sich (22) aus (23).

Wäre nun ein nichtkritischer Punkt p Häufungspunkt der mit Methode 5.3.9 erzeugten Folge $\{p^k\}$, so würde aus dem Lemma folgen, daß ab einem gewissen Index $\delta_i \leq ||\Pi^j||_\infty, j \leq i$ gilt. Hieraus würde folgen, daß die Nebenbedingung $||\Pi|| \leq \delta_i$ ab einem gewissen Schritt nicht mehr aktiv wäre. Hieraus folgert man entsprechend Satz 5.3.6

5.3.11. Satz. Ein nicht kritischer Punkt kann nicht Häufungspunkt der nach Methode 5.3.9 bestimmten Folge p^k sein.

Von G e i g e r [34] wurde auch die quadratische Konvergenzaussage von C r o m m e [26] für Verfahren 5.3.1 unter denselben Voraussetzungen auf obiges Verfahren übertragen. Die wesentliche dieser Voraussetzungen ist die starke Eindeutigkeit der Lösung. Der Beweis wird geführt, indem man zeigt, daß ab einer gewissen Iteration die Nebenbedingung $||\Pi|| \leq \delta_i$ in Schritt (i) des Verfahrens nicht mehr aktiv wird, so daß es in Verfahren 5.2.1 übergeht.

Abschließend wollen wir noch anhand des Problems von Beispiel 5.3.8 die Verbesserung gegenüber dem Verfahren mit λ-Strategie demonstrieren, wobei zu beachten ist, daß durch den Wegfall der eindimensionalen Minimierung die einzelnen Iterationen wesentlich schneller ablaufen. Es ergibt sich folgende Tabelle

i	O	5	10	20	26
$||e(p_i,\cdot)||_\infty$	9.0	0.0851	0.0256	0.00636	0.00327
ZW	O	2	2	2	3

Hierbei wurde mit den Konstanten $\rho_1 = 0.01$, $\rho_2 = 0.25$, $\rho_3 = 0.75$, $k_1 = 0.25$, $k_2 = 2$ sowie $\delta_O = 1$ gearbeitet. Nach 26 Iterationen erreicht man eine Approximation, die dasselbe Alternationsverhalten wie die beste aufweist, was sie als Start für die Phase 2 brauchbar macht.

5.3.C. Methoden zulässiger Richtungen

Eine recht allgemein anwendbare Technik zur Lösung nichtlinearer Optimierungsprobleme Min $\{F(z) \mid z \in Z\}$ läßt sich kurz so beschreiben:

Ausgehend von $z^{i-1} \in Z$ wird im i-ten Schritt $z^i \in Z$ bestimmt nach:

(i) Bestimme eine <u>zulässige Abstiegsrichtung</u> ξ^i, d.h. ein $\xi^i \in \mathbb{R}^n$, zu dem es ein $\lambda_o > 0$ gibt mit

$$\left.\begin{array}{c} F(z^{i-1} + \lambda\xi^i) < F(z^{i-1}) \\[2mm] z^{i-1} + \lambda\xi^i \in Z \end{array}\right\} \quad 0 < \lambda \leq \lambda_o. \tag{24}$$

(ii) Bestimme eine <u>Schrittweite</u> λ_i, so daß $z^i = z^{i-1} + \lambda_i\xi^i \in Z$ und $F(z^i) < F(z^{i-1})$.

Im Falle $Z = \{z \mid f^i(z) \leq 0,\ i = 1,\cdots,M\}$, d.h. endlicher Optimierungsprobleme, ist jede Lösung ξ des Ungleichungssystems

$$\xi^T F_z(z^{i-1}) < 0,\ \xi^T f_z^i(z^{i-1}) < 0,\ i \in I(z^{i-1}) \tag{25}$$

mit

$$I(z^{i-1}) = \{i \mid 1 \leq i \leq M,\ f^i(z^{i-1}) = 0\}$$

eine zulässige Abstiegsrichtung. Ist in z^{i-1} die "constraint qualification"(CQ) erfüllt, so ist für das in z^{i-1} linearisierte Problem die Slater-Bedingung erfüllt und somit (25) genau dann lösbar, wenn z^{i-1} nicht kritisch ist, d.h. wenn das in z^{i-1} linearisierte Problem nicht 0 als Lösung besitzt (vgl. 3.2.3, 3.1.2, 3.2.1). Ist somit für jedes zulässige z (CQ) erfüllt (wie etwa im Falle der Chebyshev-Approximation), so kann man in jedem nichtkritischen Punkt z^{i-1} eine zulässige Abstiegsrichtung durch Lösen von (25) finden. Ein üblicher Weg hierzu ist, das Problem

$$\begin{array}{c} \text{Maximiere } \varphi(\xi,\kappa) = \kappa \text{ unter den Nebenbedingungen } ||\xi||_\infty = 1 \\[2mm] \xi^T F_z(z^{i-1}) + \kappa \leq 0,\ \xi^T f_z^i(z^{i-1}) + \kappa \leq 0,\ i \in I(z^{i-1}) \end{array} \tag{26}$$

zu lösen. Ist für die Lösung $\begin{pmatrix}\xi^* \\ \kappa^*\end{pmatrix}$ $\kappa^* > 0$, so erfüllt ξ^* (25) und ist somit eine zulässige Abstiegsrichtung. Auf diese Weise gelangt man im Falle, daß (CQ) erfüllt ist, zu Algorithmen, für die man unter schwachen zusätzlichen Voraussetzungen Konvergenz gegen kritische Punkte zeigen kann (vgl. etwa [130]). Die Konvergenzgeschwindigkeit ist dabei in der Regel schlecht, so daß die Verfahren auch im finiten Fall nicht zur genauen Lösung sondern nur zur

Beschaffung grober Näherungen empfehlenswert sind.

Im semi-infiniten Fall ergibt sich eine Komplikation dadurch, daß
zwar unter Voraussetzung von (CQ) wieder zulässige Abstiegsrichtungen über die Lösung des (25) entsprechenden Ungleichungssystems

$$\xi^T F_z(z^{i-1}) < 0 \ , \ \xi^T g_z(z^{i-1},x) < 0, \ x \in E(z^{i-1}) \tag{27}$$

mit

$$E(z) = \{x \in B \mid g(z,x) = 0\} \tag{28}$$

bestimmt werden können, daß aber Verfahren mit vernünftigen Konvergenzeigenschaften nur dann erhalten werden, wenn man nicht nur
wie in (27) die Extremalpunkte von $g(z^{i-1},x)$ auf B, sondern ganze
Umgebungen derselben in Betracht zieht (vgl.[44]).

In Analogie zu (26) betrachten wir zu $z \in Z$ und $\tilde{B} \subset B$ das lineare
Optimierungsproblem

$$\text{Maximiere } \varphi(\xi,\kappa) = \kappa \text{ unter den Nebenbedingungen } ||\xi||_\infty = 1,$$
$$\xi^T F_z(z) + \kappa \leq 0, \ \xi^T g_z(z,x) + \kappa \leq 0 \quad \text{für } x \in \tilde{B}. \tag{29}$$

Mit $\xi(\tilde{B},z),\kappa(\tilde{B},z)$ bezeichnen wir im folgenden eine Lösung von (29)
Nach dem obigen ist $\xi(\tilde{B},z)$ eine zulässige Abstiegsrichtung, falls
$\kappa(\tilde{B},z) > 0$ und $E(z) \subset \tilde{B}$. Es bezeichne nun $E_\varepsilon(z)$ für $\varepsilon \geq 0$ die Menge

$$E_\varepsilon(z) = \{x \in B \mid g(z,x) \geq -\varepsilon\}, \tag{30}$$

d.h. also die Menge derjenigen $x \in B$,
in denen die Nebenbedingung mit
"ε-Genauigkeit" aktiv ist (vgl.
Fig. 5.12). Wir sprechen auch von
ε-aktiven Punkten.

Bestimmt man nun Abstiegsrichtungen
über die Lösung von (29) mittels Men-
gen $\tilde{B} = E_\varepsilon(z)$, so ist folgendes zu
bemerken:

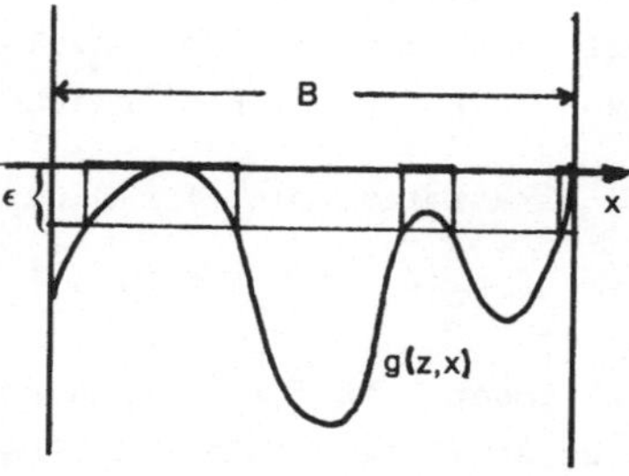

Fig. 5.12

(a) Ist ε sehr klein, so wird die Richtung ohne Rücksicht auf nahezu aktive Punkte bestimmt. Dies kann dazu führen, daß die
Schrittweite sehr klein gewählt werden muß, um im zulässigen Be-

reich zu bleiben. Das Verfahren neigt dann zu einem oszillatori-
schen Verhalten mit langsamer Konvergenz.

(b) Ist andererseits ε zu groß, so wird der Fall eintreten, daß
ein Abstieg bei gleichzeitiger Reduktion der g-Werte auf $E_\varepsilon(z)$
nicht mehr möglich ist, ohne daß z kritisch ist. Um weiterzukommen,
muß ε dann reduziert werden.

In diesen beiden Bemerkungen zeigt sich die grundsätzliche Problematik dieses Verfahrenstyps:

Um Konvergenz zu erhalten, muß ε im Laufe des Verfahrens auf O zu-
rückgehen. Wird ε andererseits zu schnell reduziert, so werden die
Richtungen schlecht und der Fortschritt pro Schritt entsprechend
gering.

Numerische Erfahrung hat ergeben (vgl.[98]), daß global mit ε-Wer-
ten zwischen $0.25\, d(z)$ und $0.05 d(z)$ $(d(z) = \max_{x \in B} g(z,x) - \min_{x \in B} g(z,x))$
ein recht guter Abstieg erzielt wird, bei weiterer Näherung an die
Lösung das Verfahren jedoch sehr langsam wird. Es ist deshalb nur
für die Phase 1 geeignet.

Das folgende Verfahren geht im Falle der Chebyshev-Approximation
auf G u t k n e c h t [44], [45] zurück, der auch Konvergenz gegen kritische Punkte zeigt.

<u>5.3.12. Verfahren zulässiger Richtungen.</u> Gegeben seien $\delta_0 > 0$,
$\varepsilon_0 > 0$, $\alpha \in (0,1)$. Im i-ten Schritt sei z^i gegeben sowie $\varepsilon_i > 0, \delta_i > 0$.

(i) Bestimme die Lösung $\xi^i = \xi(E_{\varepsilon_i}(z^i), z^i)$, $\kappa_i = \kappa(E_{\varepsilon_i}(z^i), z^i)$
von (29). Ist $\kappa_i > \delta_i$ so gehe nach (iv). Ist $0 < \kappa_i \leq \delta_i$ so gehe
nach (iii).

(ii) Es gilt nun $\kappa_i \leq 0$, d.h. ξ^i ist nicht notwendig eine zulässige Abstiegsrichtung. Setze $\varepsilon_i = \varepsilon_i/2$ und wiederhole Schritt (i).

(iii) Setze $\varepsilon_i = \varepsilon_i/2$ sowie $\delta_i = \alpha \cdot \delta_i$ und wiederhole Schritt (i).

(iv) Bestimme λ_i, so daß $\varphi(\lambda_i) = \min_{\lambda > 0} F(z^i + \lambda \xi^i)$ unter der Nebenbedingung $z^i + \lambda \xi^i \in Z$.

Setze $z^{i+1} = z^i + \lambda_i \xi^i$, $\varepsilon_{i+1} = \varepsilon_i$, $\delta_{i+1} = \delta_i$ und fahre fort mit

Schritt $i+1$.

Praktisch wird man das Verfahren abbrechen, wenn es zu einem
$\varepsilon_i < \varepsilon$ keine Lösung von (29) mit $\kappa_i < \delta$ mehr gibt, wobei ε, δ vorgegebene Schranken sind.

Benutzt man das Verfahren nur zur Beschaffung von Startnäherungen,
so kann man natürlich auch mit konstantem $\varepsilon_i = \varepsilon_o$ rechnen. Das
folgende (lineare) Beispiel illustriert die Abhängigkeit des Verfahrens von der Wahl der ε_i.

<u>5.3.13. Beispiel [98].</u> Approximiere $f(x,y) = e^{-x^2-y}$ durch Polyno-
me vom totalen Grad 2, d.h.

$$a(p,x) = p_1 + p_2 x + p_3 y + p_4 xy + p_5 x^2 + p_6 y^2$$

auf der diskreten Punktmenge $B_d = \{0.25\binom{i}{j} \mid i,j = 0,..,4\} \subset [0,1]^2$.
Gerechnet wurde mit $\varepsilon_i = \gamma \cdot ||f - a(p^i,\cdot)||_\infty$ für verschiedene γ.
Es ergab sich folgende Tabelle

γ	It	Err
0.5	7	0.0349835
0.125	12	0.0271545
0.0001	39	0.0259128

in der It die Zahl der Iterationen, nach der $\kappa_i \leq 0$ erreicht war
und Err den mit dem jeweiligen γ erzielten Approximationsfehler
auf B_d angibt (exakt: 0.0259109..).Bemerkenswert ist, daß bereits
die mit $\gamma = 0.5$ oder $\gamma = 0.875$ berechneten Näherungen als Start-
werte für das Newton-Verfahren 5.4.1 zur Lösung des semi-infiniten
Problems auf $B = [0,1] \times [0,1]$ ausreichen, welches dann in wenigen
Iterationsschritten (≈ 5) die Lösung praktisch exakt liefert, wobei zudem ein Iterationsschritt weit weniger aufwendig als bei
Verfahren 5.3.12 ist.

Was die Beurteilung des Verfahrens im Vergleich etwa zu den Linearisierungsmethoden des letzten Abschnitts - welcher natürlich

auf Chebyshev-Approximationsprobleme beschränkt ist - betrifft, muß man den Fall stark eindeutiger Lösung gesondert betrachten, in dem die Linearisierung ja in der Regel sehr gut arbeitet, während für Verfahren 5.3.12 die starke Eindeutigkeit keine Sonderrolle spielt. Im nicht stark eindeutigen Fall ist die modifizierte Linearisierungsmethode 5.3.9 ebenfalls in aller Regel besser. So benötigt Verfahren 5.3.12 beim Problem von Beispiel 5.3.8 etwa doppelt so viele Schritte wie diese, um dieselbe Genauigkeit zu erzielen, wozu der höhere Aufwand pro Schritt kommt. Vorteile ergeben sich gegenüber der Linearisierungsmethode mit λ-Strategie (5.3.4) im nicht stark eindeutigen Fall. Ein Vorteil der Verfahren zulässiger Richtungen ist natürlich ihre problemlose Anwendbarkeit auf allgemeine semi-infinite Probleme.

Zur Durchführung des Verfahrens noch einige Bemerkungen:

- Zunächst beachte man, daß (29) mit $\tilde{B} = E_\varepsilon(z)$ im semi-infiniten Fall wieder ein lineares semi-infinites Problem ist. In [45] wird ein Austauschverfahren zur Lösung vorgeschlagen, was sich im Sinne von 5.2 sicher verbessern läßt. Da wir den Algorithmus hauptsächlich für diskrete Probleme vorschlagen, bei denen dies Problem nicht auftritt, gehen wir nicht näher darauf ein.

- Auch das Problem der eindimensionalen Minimierung in Schritt (iv) des Verfahrens 5.3.12 behandeln wir hier nicht näher. Man vergleiche hierzu die Literatur zur nichtlinearen Optimierung (wie z.B. [56]). Zu beachten ist, daß die zu minimierende Funktion $\varphi(\lambda)$ nicht überall differenzierbar ist, was bei sog. Interpolationsverfahren zu Schwierigkeiten führen kann. Aufgrund der aufwendigen Berechnung von φ ist dies ein gravierender Mangel, der die einzelnen Iterationsschritte sehr aufwendig macht.

- Untersuchungen in [98] haben gezeigt, daß eine andere Wahl der Norm in der Nebenbedingung $||\xi||_\infty \leq 1$ in (29) die Zahl der Schritte in manchen Fällen stark reduzieren kann. Der Gewinn ist aber insgesamt zu gering um hier eine ausführliche Behandlung solcher Modifikationen zu rechtfertigen. Man vgl. hierzu auch [99], [50].

5.4. Superlinear konvergente Verfahren.

In diesem Abschnitt wenden wir uns Methoden der Phase 2 zu, die also insbesondere zur effizienten Verbesserung bereits vorhandener Näherungen eingesetzt werden können. Solche Verfahren kann man in einfacher Weise gewinnen, indem man das Problem lokal auf ein finites SIP_{red} (vgl. 3.3.A) reduziert und dann eines der zahlreichen Verfahren der finiten Optimierung mit entsprechend guten Konvergenzeigenschaften auf SIP_{red} anwendet. Drei Beispiele so gewonnener Verfahren werden in 5.4.A vorgestellt.

Nach einer Vorbereitung in 5.4.B schließen wir in 5.4.C zwei Lücken aus 5.3.A bzw. 5.2.B, indem wir zeigen, daß im stark eindeutigen Fall die Linearisierungs- wie auch Simultanaustauschmethoden (insbesondere das Remes-Verfahren) superlinear konvergieren. Dies wird gezeigt, indem man nachweist, daß diese Methoden im stark eindeutigen Fall in einem in 5.4.B präzisierten Sinn dem Newton-Verfahren aus 5.4.A äquivalent sind. Zugleich ergeben sich Aussagen über die Genauigkeit, mit der in jedem Schritt das linearisierte bzw. auf eine Referenz diskretisierte Problem zu lösen ist, ohne die superlineare Konvergenz zu verlieren. Solche Aussagen sind für die Entwicklung effizienter Algorithmen von großer Bedeutung.

5.4.A. Methoden zur Behandlung des lokal reduzierten Problems SIP_{red}

In 3.3.A hatten wir die Möglichkeit untersucht, in einer Umgebung U des optimalen Punktes $\bar{z}$ den zulässigen Bereich Z durch endlich viele differenzierbare Ungleichungsnebenbedingungen zu beschreiben und damit lokal das semi-infinite auf ein finites Problem zurückzuführen. Die Idee, die dies ermöglicht, bestand darin, die lokalen Maxima der Funktion $g(z,x)$ als Funktionen $x^l(z)$ des Parameters aufzufassen und dann die Nebenbedingung $g(z,x) \leq 0$, $x \in B$, zu ersetzen durch die Nebenbedingungen $g(z,x^l(z)) \leq 0$. Die Voraussetzung (V) (Definition 3.3.2) fordert gerade die Existenz solcher stetig differenzierbaren $x^l(z)$ zu den endlich vielen lokalen Maxima $x^l, l=1,\cdot\cdot,r$, von $g(\bar{z},\cdot)$. Das finite, SIP in U ersetzende Problem ist dann

SIP$_{red}$: Minimiere $F(z)$, $z \in U$, unter den Nebenbedingungen $g^1(z) = g(z,x^1(z)) \leq 0$, $1 \leq l \leq r$.

Nehmen wir an, ein Punkt $z^O \in U$ sei gegeben. Dann kann man über die Berechnung aller lokalen Maxima von $g(z^O,x)$ auf B die $x^1(z^O)$ und somit $g^1(z^O)$ bestimmen. Besonders wichtig ist, daß auch die Ableitungen $g_z^1(z^O)$ nach Lemma 3.3.7 einfach zu berechnen sind nach

$$g_z^1(z) = g_z(z,x^1(z)), \ 1 \leq l \leq r. \tag{1}$$

Dies eröffnet für die Phase 2 die Möglichkeit, Methoden der finiten Optimierung mit guter lokaler Konvergenz zur Lösung von SIP$_{red}$ und damit von SIP einzusetzen. Wir werden im folgenden drei solche Algorithmen kurz behandeln. Um diese übersichtlich darstellen zu können, stellen wir zunächst nochmals einige Bezeichnungen und Formeln zusammen. Es sei

$$L(z,u) = F(z) + \sum_{l=1}^{r} u_l g(z,x^1(z)) \tag{2}$$

die Lagrangefunktion zu SIP$_{red}$. Unter Beachtung von (1) wird

$$L_z(z,u) = F_z(z) + \sum_{l=1}^{r} u_l g_z(z,x^1(z)) \tag{3}$$

und

$$L_{zz}(z,u) = F_{zz}(z) + \sum_{l=1}^{r} u_l [g_{zz}(z,x^1(z)) + g_{zx}(z,x^1(z))x_z^1(z)]. \tag{4}$$

Unter Voraussetzung der (V) implizierenden Bedingung (V') (Definition 3.3.11) und der Bedingung (R) (S. 96) lassen sich die x_z^1 entsprechend Bemerkung 3.3.13 berechnen. Weiterhin sei wieder $G(z)$ die nxr-Matrix mit Spalten $g_z(z,x^1(z))$, also

$$G(z) = (g_z(z,x^1(z)) \ \cdots \ g_z(z,x^r(z)). \tag{5}$$

<u>5.4.1 Das Newton-Verfahren.</u> Aus der Kuhn-Tucker-Bedingung für SIP$_{red}$ folgt, daß der optimale Punkt $\bar{z}$ und die Lagrange-Parameter $u = (\bar{u}_1,\cdots,\bar{u}_1)^T$ dem Gleichungssystem

$$L_z(z,u) = 0 \tag{6}$$

$$g(z,x^1(z)) = 0 \ , \ l = 1,\cdots,r \tag{7}$$

genügen. Der (k+1)te Schritt des Verfahrens ist dann wie folgt:

Gegeben seien z^k, u^k.

(i) Berechne $x^{1k} = x^1(z^k)$ durch Bestimmung lokaler Maxima von $g(z^k,x)$ auf B (vgl. hierzu auch Bemerkung 5.4.4).

(ii) Berechne z^{k+1}, u^{k+1} durch Anwendung eines Newton-Schrittes zur Lösung des Gleichungssystems (6),(7), d.h. berechne Korrekturen Δz, Δu nach

$$\begin{pmatrix} L_{zz}(z^k,u^k) & G(z^k) \\ G^T(z^k) & O \end{pmatrix} \begin{pmatrix} \Delta z \\ \Delta u \end{pmatrix} = - \begin{pmatrix} L_z(z^k,u^k) \\ \vdots \\ g(z^k,x^{1k}) \\ \vdots \end{pmatrix}_{l=1,\cdots,r} \tag{8}$$

und setze $z^{k+1} = z^k + \Delta z$, $u^{k+1} = u^k + \Delta u$.

Aus Korollar 3.3.15 und Satz 3.3.8 folgt unmittelbar (vgl. Bemerkung 3.3.16), daß die Matrix in (8) für $z^k = \bar{z}, u^k = \bar{u}$ nichtsingulär ist, falls $G(\bar{z})$ vollen Rang hat. Somit gilt ([53])

5.4.2. Satz. Es sei eine der beiden hinreichenden Bedingungen (i) und (ii) aus Satz 3.3.14 für strikte lokale Minima von (SIP) erfüllt und $G(\bar{z})$ habe den Rang r. Dann ist das Newton-Verfahren 5.4.1 lokal superlinear konvergent, d.h. bei hinreichend guten Näherungen z^0, u^0 konvergiert das Verfahren und es ist mit

$$d_k = \begin{pmatrix} z^k \\ u^k \end{pmatrix} - \begin{pmatrix} \bar{z} \\ \bar{u} \end{pmatrix}$$

$$d_{k+1} = o\,(d_k)$$

5.4.3. Bemerkung. In [48] wurde für die Chebyshev-Approximation obiges Verfahren als Variante eines anderen eingeführt, bei dem $\bar{z}$, $\bar{u}$ die x^1 sowie die Lagrangeparameter $\bar{w}^l_j$ aus Voraussetzung (V$'$) (Definition 3.3.11) simultan mit dem Newton-Verfahren zur Lösung eines erweiterten Gleichungssystems bestimmt werden. Dieses erhält man, indem man den Gleichungen (6), (7) die Kuhn-Tucker-Bedingung für die Lösungen des Problems Max$\{g(z,x) \mid h^j(x) \leq 0, 1 \leq j \leq k\}$ hinzufügt und die x^1 nun als freie Variable betrachtet. Man erhält so das System

$$F_z(z) + \sum_{l=1}^{r} u_1 g_z(z,x^1) = O \tag{6'}$$

$$g(z,x^l) = 0, \quad l=1,\cdots,r \tag{7'}$$

$$g_x(z,x^l) - \sum_{j\in I(\bar{x}^l)} w_j^l h_x^j(x^l) = 0, \quad l=1,\cdots,r \tag{9}$$

$$h^j(x^l) = 0, \quad j\in I(\bar{x}^l), \quad l=1,\cdots,r. \tag{10}$$

In [48] wird gezeigt, daß unter der Voraussetzung (ii) von Satz 3.3.14 und der Bedingung, daß $G(\bar{z})$ den Rang r hat, das Newton-Verfahren zur Lösung dieses Systems wieder superlinear konvergiert. Verfahren 5.4.1 hat demgegenüber den Vorteil, daß es einsatzfähig bleibt, auch wenn die Voraussetzung (V') nicht erfüllt ist sondern nur (V) gilt. Ein praktisch noch wichtigerer Vorteil liegt darin, daß Verfahren 5.4.1 die Bestimmung der $x^l(z^k)$ mit einer beliebigen Methode zuläßt, während diese bei obigem Verfahren jeweils mit Newton-Schritten angepaßt werden, was oft fehlschlagen kann. Dies macht Verfahren 5.4.1 wesentlich robuster.

Wie die Bestimmung der $x^l(z^k)$ in Schritt (i) des Verfahrens 5.4.1 praktisch am besten durchgeführt werden kann, läßt sich allgemein nicht sagen; zumindest gibt es hierzu kein Standardverfahren. Folgende Punkte müssen beachtet werden:

- Da auf B alle lokalen Maxima benötigt werden (oder zumindest alle, für die der Wert von $g(z^k,\cdot)$ oberhalb einer gewissen Schranke liegt), ist ein globales Suchverfahren - etwa das Absuchen eines Gitters - unerläßlich.

- Angesichts der Zahl der pro Schritt anzupassenden Maxima, die in der Größenordnung von n liegt, sollten schnell konvergierende Verfahren wie Newton- oder Quasi-Newton-Methoden eingesetzt werden. Hierbei ist eine Kontrolle der aktiven Nebenbedingungen h^j notwendig ("active constraint"-Strategie, vgl. [36]).

- Insbesondere wenn in einem Iterationsschritt eine erneute globale Suche nötig ist, ist darauf zu achten, daß die $x^l(z^k)$ den u_l^k richtig zugeordnet werden.

5.4.4. <u>Bemerkung</u>. Angesichts des soeben dargelegten erheblichen Aufwands, den die Bestimmung der x^{lk} in Teilschritt (i) u. U. erfordert, liegt die Frage nahe, wie genau diese zu bestimmen

sind, ohne daß die superlineare Konvergenz des Verfahrens verlorengeht. In Abschnitt 5.4.C wird gezeigt, daß im stark eindeutigen
Fall unter Voraussetzung (V') (i) ersetzt werden kann durch

(i') Verbessere die Näherungen $x^{k-1,1}$, $w_j^{k-1,1}$ durch einen auf (9),
(10) angewandten Newtonschritt (hierbei ist $z = z^k$ fest).

In [127] konnte gezeigt werden, daß dies im nicht stark eindeutigen
Fall nicht notwendig gilt, daß aber zwei Newton-Schritte anstelle
des einen in (i') ausreichen. Wir wollen das hier nicht weiter
diskutieren.

<u>5.4.5. Bemerkung.</u> Das Newton-Verfahren 5.4.1 wird nur dann konver-
gieren, wenn hinreichend gute Näherungen für die $\bar{x}^1,\cdot\cdot,\bar{x}^r$ vorliegen, insbesondere sollte z^o so sein, daß $g(z^o,x)$ auf B r lokale
Maxima besitzt. Umfangreiche numerische Erfahrung hat gezeigt, daß
man diese Information bereits durch Lösung recht grob diskretisierter Probleme erhält. So reicht etwa die für Beispiel 5.3.8
mit der Methode 5.3.9 in 26 Iterationen gewonnene Näherungslösung
des auf 5 Punkten diskretisierten Problems zum Start des Newton-
Verfahrens für das Problem auf [0.25,1] aus. Man beachte, daß im
Gegensatz zu dem in Bemerkung 5.4.3 vorgestellten Verfahren die
Information über die $I(\bar{x}^1) = \{j \mid h^j(\bar{x}^1) \approx 0\}$ von untergeordneter
Bedeutung ist.

<u>5.4.6. Verfahren der quadratischen Approximation.</u> Wie wir gesehen
haben, geht im nicht stark eindeutigen Fall die superlineare Konvergenz der Linearisierungsmethode verloren. Eine Möglichkeit,
diese zu erhalten, besteht in der Berücksichtigung von Termen
zweiter oder auch höherer Ordnung in der Zielfunktion, so daß also in jedem Iterationsschritt eine nichtlineare Funktion unter linearen Nebenbedingungen zu minimieren ist. Für finite Probleme
findet man solche Verfahren etwa in [89], [90], [124]. Wendet man
diese auf SIP_{red} an, so folgt aus den Ergebnissen von R o b i n -
s o n [90], daß die so entstehenden Verfahren unter denselben
Voraussetzungen superlinear konvergieren, unter denen dies für das
Newtonverfahren 5.4.1 gilt. Wir geben zwei Beispiele:

<u>Methode von W i l s o n [124], [90].</u> In Schritt k seien z^k, $u_1^k \geq 0$,

185

$l=1,\cdots,r$, gegeben. $L(z,u) = F(z) + \sum\limits_{l=1}^{r} u_l g(z,x^l(z))$ bezeichne wieder die Lagrangefunktion von SIP_{red}. Dann bestimme man z^{k+1} und u_l^{k+1}, $l=1,\cdots,r$, als Lösung und optimale Lagrangemultiplikatoren des Problems in der Variablen z

Minimiere die quadratische Funktion

$$\tilde{F}(z) = F(z^k) + (z-z^k)^T F_z(z^k) + \frac{1}{2}(z-z^k)^T L_{zz}(z^k,u^k)(z-z^k) \qquad (11)$$

unter den linearen Nebenbedingungen

$$\tilde{g}(z,z^k) = g(z^k,x^l(z^k)) + (z-z^k)^T g_z(z^k,x^l(z^k)) \le 0, \quad l=1,\cdots,r. \qquad (12)$$

L_{zz} ist dabei durch (4) gegeben. Effiziente Algorithmen zur Lösung dieser linear beschränkten Probleme findet man vielfach in der Literatur (vgl. etwa [36]).

Das Verfahren läßt sich globalisieren, indem man zusätzlich zu (12) Nebenbedingungen $\tilde{g}(z,x^j) \le 0$ mit x^j aus einem festen Gitter aus B betrachtet und Nebenbedingungen (12) sukzessive mit dem Auftauchen lokaler Extrema von $g(z^k,x)$ auf B hinzufügt. Vgl. hierzu [51] , [60].

__Methode von R o b i n s o n [89], [90].__ Um die Berechnung zweiter Ableitungen zu vermeiden,kann man anstelle von (11) die Zielfunktion

$$\overset{\approx}{F}(z) = F(z) + \sum\limits_{l=1}^{r} u_l^k [g(z,x^l(z)) - \tilde{g}(z,z^k)] \qquad (13)$$

betrachten. Das entstehende Verfahren hat dieselben Konvergenzeigenschaften.

Für weitere Anwendungen solcher Verfahren in der semi-infiniten Optimierung vgl. [112], [84].

__5.4.7. Verfahren der erweiterten Lagrangefunktion.__ Ohne auf Einzelheiten einzugehen, sei noch auf eine dritte Klasse finiter Optimierungsmethoden verwiesen, die in [79] erfolgreich auf SIP_{red} angewandt wurden. Anstatt linear beschränkter Subprobleme wie in 5.4.6 löst man hierbei in jedem Schritt ein unrestringiertes

Problem. Minimiert wird die sog. erweiterte Lagrangefunktion, die
für SIP_{red} die Gestalt

$$L(z,u,c) = F(z) + \sum_{l=1}^{r} u_l g(z,x^l(z)) + c \sum_{l=1}^{r} g^2(z,x^l(z)) \qquad (14)$$

besitzt. Hierbei ist c eine Konstante. Sowohl die Minimierung von
L in z wie die Anpassung der Multiplikatoren u_l erfolgt mit Quasi-
Newton Techniken. Das in [79] betrachtete Verfahren ist wieder unter denselben Bedingungen wie die Verfahren 5.4.1 und 5.4.6 superlinear konvergent. Behandelt wird in [79] auch die Frage,mit welcher Genauigkeit die $x^l(z)$ zu berechnen sind. Hinreichend ist für
die Näherungen $\tilde{x}^l(z)$ von $x^l(z)$, daß $||\tilde{x}^l(z)-x^l(z)|| = O(||z-\bar{z}||)$.

5.4.B. Varianten des Newton-Verfahrens für spezielle Gleichungs-systeme

In diesem Abschnitt betrachten wir mit stetig differenzierbarem
$G : \mathbb{R}^n \rightarrow \mathbb{R}^n$ für das Gleichungssystem $G(v) = O$ Iterationsverfahren
des Typs

$$I_\varphi : v^{i+1} = \varphi(v^i) \ , \ \varphi : \mathbb{R}^n \rightarrow \mathbb{R}^n \text{ stetig.} \qquad (15)$$

Wie üblich heißt I_φ lokal superlinear konvergent gegen $\bar{v}$, wenn

$$||\varphi(v) - \bar{v}|| = o(||v - \bar{v}||). \qquad (16)$$

Sehr einfach zu zeigen ist

<u>5.4.8. Bemerkung.</u> Konvergiert I_φ lokal superlinear gegen $\bar{v}$, so
gibt es eine Umgebung $U(\bar{v})$, so daß für beliebiges $v^o \in U(\bar{v})$ gilt
$v^i \rightarrow \bar{v}$.

<u>5.4.9. Definition.</u> Die Verfahren I_φ, I_ψ heißen äquivalent, wenn

$$||\psi(v) - \varphi(v)|| = o(||v-\bar{v}||). \qquad (17)$$

Hiermit überlegt man sich sofort:

<u>5.4.10. Lemma.</u> Sind I_φ, I_ψ äquivalent, so konvergiert I_φ genau
dann superlinear gegen $\bar{v}$, wenn dasselbe für I_ψ gilt.

Wir bemerken, daß bzgl. 5.4.9 die superlinear konvergenten Verfahren die einzige Äquivalenzklasse bilden. Der Sinn der Definition liegt darin, daß man durch Nachweis von (17) die Konvergenz eines Verfahrens auf die eines anderen zurückführen kann. Dies ist eine manchmal bequeme Alternative etwa zum Nachweis, daß $\varphi'(\bar{v}) = 0$, $(\bar{v} = \varphi(\bar{v}))$, im Falle stetig differenzierbarer φ.

Ab jetzt gelte die folgende Bedingung

5.4.11. Voraussetzung (P). Es gebe eine Partition $G = \begin{pmatrix} X \\ Y \end{pmatrix}$, $v = \begin{pmatrix} x \\ y \end{pmatrix}$, $X(v)$, $x \in \mathbb{R}^{n_1}$, $Y(v)$, $y \in \mathbb{R}^{n_2}$, $n_1 + n_2 = n$, so daß gilt

(i) $X_x(v)$, $Y_y(v)$ sind regulär

(ii) Mit einer zur fest gewählten Vektornorm $||\cdot||$ passenden, ebenfalls mit $||\cdot||$ bezeichneten Matrixnorm ist

$$||X_y(v)|| = o(||v - \bar{v}||^0). \tag{18}$$

Hierbei bedeutet $\psi(t) = o(t^0)$ daß $\lim_{t \to 0} \psi(t) = 0$. Diese Voraussetzung ist dadurch motiviert, daß im stark eindeutigen Fall das Newton-Verfahren aus Bemerkung 5.4.3 auf ein Gleichungssystem dieser Struktur führt.

Wir betrachten nun eine Reihe von Verfahren I_φ mit $\varphi(v) = v + \Delta v$, wo Δv abhängig von v nach noch anzugebenden Regeln, in denen sich die folgenden Methoden (M1)-(M6) unterscheiden, bestimmt wird.

(M1) <u>Gewöhnliches Newtonverfahren</u>:

$$G_v(v)\,\Delta v = - G(v). \tag{19}$$

(M2) <u>Newton-Verfahren mit vereinfachter Matrix</u>:

$$\tilde{G}_v(v)\,\Delta v = \begin{pmatrix} X_x(v) & 0 \\ Y_x(v) & Y_y(v) \end{pmatrix} \Delta v = - G(v). \tag{20}$$

(M3) <u>Newton-(1,1)-Iteration</u> (Block-Einzelschrittverfahren):

$$X_x(x,y)\,\Delta x = - X(x,y) \tag{21}$$

$$Y_y(x+\Delta x,y)\,\Delta y = - Y(x+\Delta x,y). \tag{22}$$

Abwechselnd wird also ein Newtonschritt zur Lösung von $X(x,y) = O$
bei festem y und ein Newtonschritt zur Lösung von $Y(x,y) = O$ bei
festem x durchgeführt.

(M4) <u>Newton-(k,l)-Iteration:</u> Statt des einen Newtonschritts (21)
zur Lösung von $X(x,y) = O$ werden bei festem y $k \leq \infty$ solcher Schritte durchgeführt (die Gesamtkorrektur sei wieder Δx) gefolgt von
$l \leq \infty$ Newtonschritten (22) zur Lösung von $Y(x+\Delta x,y) = O$ bei festem
$x+\Delta x$.

(M5) <u>x-Linearisierung mit $(1,1)$-Iteration:</u>

$$X_x(x,y)\Delta x = - X(x,y) \tag{23}$$

$$\tilde{Y}_y(x,\Delta x,y)\Delta y = - \tilde{Y}(x,\Delta x,y) \tag{24}$$

mit $\qquad \tilde{Y}(x,\Delta x,y) = Y(x,y) + Y_x(x,y)\Delta x \tag{25}$

(M5) unterscheidet sich von (M3) darin, daß statt eines Newtonschritts zur Lösung von $Y(x+\Delta x,y) = O$, $x+\Delta x$ fest, ein solcher zur
Lösung von $\tilde{Y}(x,\Delta x,y) = O$ $(\Delta x,x$ fest) ausgeführt wird. Für (M5)
wie für das folgende Verfahren (M6) setzen wir voraus, daß Y_{xy}
existiert und stetig ist.

(M6) <u>x-Linearisierung:</u> Das Verfahren (M5) läßt sich so auffassen,
daß zu gegebenem (x,y) eine neue Näherung $(x+\Delta x,y+\Delta y)$ bestimmt
wird, indem man, (ausgehend von (O,y)), einen Schritt des (M3)-
Verfahrens auf das bezüglich der Variablen x im Punkt (x,y) linearisierte Problem

$$H(\Delta x,y) = G(x,y) + G_x(x,y)\Delta x = O \tag{26}$$

anwendet. Mit (M6) bezeichnen wir das Verfahren, bei dem in jedem
Schritt $\Delta v = (\overline{\Delta x}, \overline{y} - y)$ mit der exakten Lösung $(\overline{\Delta x}, \overline{y})$ von (26) gesetzt wird.

Es gilt nun der folgende Satz, für dessen Beweis wir auf [55] verweisen:

<u>5.4.12. Satz.</u> Unter der Voraussetzung (P) (5.4.11) sind die Ver-
fahren (M1) - (M6) äquivalent im Sinne der Definition 5.4.9 und
insbesondere alle lokal superlinear konvergent gegen $\overline{v}$.

189

<u>5.4.C. Newton-, Linearisierungs- und Austauschverfahren im stark
eindeutigen Fall.</u>

Wir machen in diesem Abschnitt folgende Generalvoraussetzung:

(GV) Die Regularitätsbedingung (R) an B (S.96) und Voraussetzung
(V') aus Definition 3.3.11 sind erfüllt und die Lösung $\bar{z}$ von (SIP)
ist lokal stark eindeutig. Mit $x = (x^1, \cdots, x^r)$
und

$$G(z,x) = (g_z(z,x^1) \cdots g_z(z,x^r)) \tag{27}$$

hat weiterhin die Matrix $G(\bar{z},\bar{x})$ den Rang r, woraus folgt, daß in
$\bar{z}$ auch (CQ) (S.47) erfüllt ist. Aus dem nachfolgenden Lemma folgt
überdies, daß r = n ist, also $\bar{E} = \{\bar{x}^1, \cdots, \bar{x}^n\}$.

Aus Satz 3.1.16 folgt sofort

<u>5.4.13. Lemma.</u> In $\bar{z}$ sei (CQ) erfüllt und $G(\bar{z},\bar{x})$ habe den Rang r.
Dann ist $\bar{z}$ genau dann lokal stark eindeutige Lösung von (SIP),
wenn r = n ist und es eindeutig bestimmte $\bar{u}_1 > 0$ gibt mit

$$F_z(\bar{z}) + \sum_{l=1}^{n} \bar{u}_1 g_z(\bar{z},\bar{x}^1) = 0. \tag{28}$$

Unter Voraussetzung (GV) ist das Newton-Verfahren zur Lösung des
Gleichungssystems (6'),(7'),(9),(10) konvergent. Wegen r = n vereinfacht sich dieses insofern, als die n Gleichungen (6'), die
als einzige die r=n Unbekannten u_1 enthalten, weggelassen werden
können, d.h. $\bar{z},\bar{x}^1,\bar{w}_j^1$ sind bereits durch (7'),(9),(10) eindeutig
festgelegt. Wir betrachten ein leicht verändertes System, welches
offensichtlich $\bar{z},\bar{x}^1,\bar{w}_j^1$ wieder als eindeutige Lösung besitzt:

$$\varphi^1(z,x^1,w^1) := g(z,x^1) - \sum_{j \in L_1} w_j^1 h^j(x^1) = 0 \tag{29}$$

$$\varphi_x^1(z,x^1,w^1) := g_x(z,x^1) - \sum_{j \in L_1} w_j^1 h_x^j(x^1) = 0 \tag{30}$$

$$h^j(x^1) = 0, j \in L_1 \tag{31}$$

jeweils für $l=1,\cdots,n$. L_1 ist die Indexmenge der zu $\bar{x}^1$ gehörigen
aktiven Nebenbedingungen des Problems max $\{g(\bar{z},x) \mid h^j(x) \leq 0,$
$j=1,\cdots,k\}$ (B ist wegen (V') gegeben durch

190

$$B = \{ x \mid h^j(x) \leq 0, \; j = 1,\cdots,k\}).$$

Für die Funktionalmatrix des zu $H(z,x,w) = 0$ zusammengefaßten Gleichungssystems (29), (30), (31) gilt

$$(H_z \mid H_{(x,w)}) = \left(\begin{array}{c|c} G^T(z,x) & B(z,x,w) \\ \hline * & A(z,\dot{x},w) \end{array} \right). \tag{32}$$

x und w fassen dabei die x^k bzw. die w^l_j in jeweils einem Vektor zusammen.

Nach Voraussetzung ist $G(\bar{z},\bar{x})$ regulär und aus (R) und (V') folgt sehr einfach, daß $||B(z,x,w)|| \rightarrow 0$ für $(z,x,w) \rightarrow (\bar{z},\bar{x},\bar{w})$ und daß $A(\bar{z},\bar{x},\bar{w})$ ebenfalls regulär ist (vgl. [55] für Details). Nach Satz 5.4.12 sind somit alle Methoden (M1) - (M6), angewandt auf das System (29), (30), (31) lokal superlinear konvergent und äquivalent im Sinne von Definition 5.4.9.

Wir werden nun zeigen, daß das folgende Simultanaustauschverfahren lokal mit der Newton-(∞,∞)-Iteration (d.h. mit (M4)) identifiziert werden kann.

<u>5.4.14. Simultanaustauschverfahren.</u> In Schritt i seien Näherungen $x^{1,i} \in B$ der $\bar{x}^1$, $l=1,\cdots,n$ und z^i von $\bar{z}$ gegeben. Bestimme z^{i+1} als lokal optimale Lösung des auf $B^i = \{x^{1,i} \mid l=1,\cdots,n\}$ diskretisierten Problems SIP(B^i). Bestimme neue Näherungen $x^{1,i+1}$, $l=1,\cdots,n$, als lokale Maxima von $g(z^{i+1},x)$ auf B.

Die Durchführbarkeit des Verfahrens bei hinreichend guter Ausgangsnäherung folgt unter Voraussetzung (GV) aus dem nachfolgenden Satz.

<u>5.4.15. Satz.</u>Unter der Voraussetzung (GV) gibt es Umgebungen $U(\bar{x}^1)$, $U(\bar{z})$ der $\bar{x}^1$ und von $\bar{z}$, so daß für $x^{1,0} \in U(\bar{x}^1)$, $l=1,\cdots,n$, und $z^0 \in U(\bar{z})$ gilt:

(i) Die in $U(\bar{z})$ eindeutig bestimmte Lösung $z^1 \in U(\bar{z})$ des auf $B^0 = \{x^{1,0} \mid l=1,\cdots,n\}$ diskretisierten Problems SIP(B^0) ist zugleich die in $U(\bar{z})$ eindeutige Lösung des Gleichungssystems

$$g(z,x^{1,0}) = 0, \; l=1,\cdots,n. \tag{33}$$

(ii) Für $l=1,\cdots,n$ existieren in $U(\bar{x}^l)\cap B$ eindeutig bestimmte Maxima x^l von $g(z^o,x)$, die zugleich eindeutig bestimmt sind als Lösungen $(x^l,w^l),w^l=(w^l_j)_{j\in L_l}$, der Gleichungssysteme (vgl. (30),(31))

$$\varphi^l_x(z^o,x^l,w^l) = 0 \;,\; h^j(x^l) = 0, \; j \in L_1. \tag{34}$$

(iii) Bei Start in $x^{1,o}\in U(\bar{x}^1), z^o\in U(\bar{z})$ sind die Iterationsfolgen $x^{1,i},z^i$ des Verfahrens 5.4.14 identisch mit denen der Newton-(∞,∞)-Iteration für das Gleichungssystem (29),(30),(31). Insbesondere konvergiert somit das Simultanaustauschverfahren superlinear gegen $\bar{z},\bar{x}^l,l=1,\cdots,n$.

Beweis. Entsprechend der durch (32) gegebenen Partition besteht das bereits als superlinear konvergent erkannte Verfahren (M4) gerade darin, abwechselnd die Gleichungssysteme (33) und (34) zu lösen. Es genügt somit, (i) und (ii) zu zeigen.

Da $G(\bar{z},\bar{x})$ den Rang n besitzt, gibt es nach dem Satz über inverse Funktionen Umgebungen $U(\bar{z})$, $U(\bar{x}^l),l=1,\cdots,n$, so daß die eindeutig bestimmte Lösung $z\in U(\bar{z})$ von (33) als stetige Funktion $z(x)$, $x\in U(\bar{x}^1)x\cdots xU(\bar{x}^n)$ aufgefaßt werden kann. Nach Lemma 5.4.13 gibt es $\bar{u}_l> 0$, so daß (28) gilt. Hieraus folgt, daß mit evtl. verkleinerten Umgebungen $U(\bar{x}^l)$ für $x^o\in U(\bar{x}^1)x\cdots xU(\bar{x}^n)$, $(x^o)^T = ((x^{1,o})^T,\cdots,(x^{n,o})^T)$, mit $u_1 > 0$ gilt

$$F_z(z(x^o)) + \sum_{1=1}^{n} u_1 g_z(z(x^o),x^{1,o}) = 0. \tag{35}$$

Nach Lemma 5.4.13 ist $z(x^o) \in U(\bar{z})$ damit eine lokal stark eindeutige Lösung von $SIP(B^o)$, $B^o = \{x^{1,o},\cdots,x^{n,o}\}$.

Ist $z \in U(\bar{z})$ andererseits eine Lösung von $SIP(B^o)$, so gibt es $u_1\geq 0$, für die die Kuhn-Tucker-Bedingung (35) erfüllt ist mit $u_1 g(z,x^{1,o}) = 0,l=1,\cdots,n$. Für hinreichend kleine $U(\bar{z})$, $U(\bar{x}^l)$ müssen die $u_1,l=1,\cdots,n$, wieder positiv sein, so daß (33) erfüllt ist. Dies zeigt (i).

(ii) wird ganz analog unter Benutzung der Voraussetzungen (R) und (V') gezeigt. ◊

Wir wollen den Spezialfall der Chebyshev-Approximation einer Funktion $f \in C^2[\alpha,\beta]$ durch Elemente eines linearen Haarschen Raumes

$A = \{a(p,\cdot) \mid p \in \mathbb{R}^N\} \subset C^2[\alpha,\beta]$ betrachten. Dann sind bis auf (V')alle Bedingungen von (GV) automatisch erfüllt, wenn nur

$\bar{E} = \{x \mid |f(x) - a(\bar{p},x)| = ||f-a(\bar{p},\cdot)||_\infty\}$ genau n=N+1 Punkte enthält. Die Regularität von $G(\bar{z},\bar{x})$ folgt dabei unter Beachtung von Satz 4.3.11. Im Falle $B=[\alpha,\beta]$ reduziert sich (V') aber auf

5.4.16. Voraussetzung. Für die zur besten Approximation $\bar{p}$ gehörige Fehlerfunktion $e(\bar{p},x)$ ist

$$
\begin{aligned}
e_{xx}(\bar{p},x) &\neq O, \quad x \in \bar{E} \cap (\alpha,\beta) \\
e_x(\bar{p},x) &\neq O, \quad x \in \bar{E} \cap \{\alpha,\beta\}.
\end{aligned}
\tag{36}
$$

Verfahren 5.4.14 stimmt in diesem Fall mit dem zweiten Algorithmus von Remes (5.2.8) überein. Damit erhalten wir (vgl. [121], [110])

5.4.17. Satz. Die Fehlerfunktion besitze genau N+1 Extremalen und die Bedingung 5.4.16 sei erfüllt. Dann ist der zweite Algorithmus 5.2.8 von Remes lokal superlinear konvergent.

Als nächstes identifizieren wir die Methode (M6) mit dem Linearisierungsverfahren 5.3.1, das wir der Deutlichkeit halber nochmals formulieren wollen:

Linearisierungsmethode 5.3.1. In Schritt i sei eine Näherung z^{i-1} von $\bar{z}$ gegeben. Dann wird $z^i = z^{i-1} + \xi^i$, wobei ξ^i die Lösung des in z^{i-1} linearisierten Problems $SIP_{lin}(z^{i-1})$ ist.

5.4.18. Satz. Unter der Voraussetzung (GV) gibt es eine Umgebung $U(\bar{z})$, so daß für $z^O \in U(\bar{z})$ gilt:

(i) Die Lösung ξ des Problems $SIP_{lin}(z^O)$ ist eindeutig bestimmt durch die Lösung ξ,x,w des Gleichungsystems

$$
g(z^O,x^l) \quad + \xi^T g_z(z^O,x^l) - \sum_{j \in L_1} w_j^l h^j(x^l) = O
\tag{37}
$$

$$
g_x(z^O,x^l) + \xi^T g_{zx}(z^O,x^l) - \sum_{j \in L_1} w_j^l h_x^j(x^l) = O
\tag{38}
$$

$$
h^j(x^l) = O, \quad j \in L_1
\tag{39}
$$

jeweils für $l=1,\cdots,n$, und es gilt $z = z_O + \xi \in U(\bar{z})$.

(ii) Bei Start in $z^O \in U(\bar{z})$ sind die Iterierten z^i des Linearisierungsverfahrens identisch zu den z^i-Komponenten der Iterierten $(z,x,w)^i$ des (M6)-Verfahrens für das Gleichungssystem (29(30)(31). Insbesondere ist das Linearisierungsverfahren superlinear konvergent gegen $\bar{z}$.

Beweis. Das Verfahren (M6) zur Lösung des Systems (29)(30)(31) besteht gerade im sukzessiven Lösen des Systems (37)(38)(39). Nach Satz 5.4.12 und Bemerkung 5.4.8 kann eine Umgebung

$$U(\bar{v}) = U(\bar{z})\,xU(\bar{x}^1)\,x\cdots xU(\bar{x}^n)\,xU(\bar{w}^1)\,x\cdots xU(\bar{w}^n)$$

so gewählt werden, daß für $z^o \in U(\bar{z})$ (37)(38)(39) eine eindeutige Lösung (ξ,x,w) mit $(z^o + \xi,x,w)$ in $U(\bar{v})$ besitzt und das (M6)-Verfahren in $U(\bar{v})$ konvergent und lokal superlinear konvergent gegen $\bar{v}$ ist. Da die Lösung von (37)(38)(39) zudem lipschitzstetig in z^o ist, folgt hieraus die superlineare Konvergenz der z-Komponenten von v^i gegen $\bar{z}$. Der Beweis ist damit beendet, wenn wir zeigen können, daß für $z^o \in U(\bar{z})$ die ξ-Komponente der Lösung von (37)(38)(39) die eindeutig bestimmte Lösung von $SIP_{lin}(z^o)$ ist.

Da (CQ) gilt, ist O nach Satz 3.1.19 stark eindeutige Lösung von $SIP_{lin}(\bar{z})$. Nach 3.1.16 ist somit $-\tilde{F}_\xi(o) = -F_z(\bar{z})$ im Innern des von den $\tilde{g}_\xi(O,\bar{x}^1) = g_z(\bar{z},\bar{x}^1)$ aufgespannten Kegels. Dies bleibt bei hinreichend kleiner Umgebung $U(\bar{z})$ für die Lösung (ξ,x,w) von (37)(38) (39) zu $z^o \in U(\bar{z})$ der Fall. Da die $x^k, k=1,\cdots,n$ aber genau die Maxima von $\tilde{g}(\xi,x)$ in B sind für $z^o \in U(\bar{z})$, $U(\bar{z})$ hinreichend klein, ist ξ zulässig für $SIP_{lin}(z^o)$ und somit stark eindeutige Lösung von $SIP_{lin}(z^o)$ nach 3.1.16. ◊

Auch hier wollen wir wieder den Spezialfall der Chebyshev-Approximation einer Funktion $f \in C^2[\alpha,\beta]$ durch ein Element der (nichtlinearen) Familie $A = \{a(p,\cdot) \mid p \in P\}$, $P \subset \mathbb{R}^N$ offen, $a : P \times B \to \mathbb{R}$ zweimal stetig differenzierbar, gesondert betrachten.

5.4.19. Satz. Für die beste Approximation $\bar{p} \in P$ sei der Tangentialraum $T(\bar{p})$ an A ein Haarscher Raum der Dimension N. Die Fehlerfunktion $e(\bar{p},x) = f(x) - a(\bar{p},x)$ besitze genau N+1 Extremalen (deren Vorzeichen dann alterniert!) und die Bedingung 5.4.16 sei erfüllt. Dann ist die Linearisierungsmethode lokal superlinear konvergent.

Beweis. Nachzuweisen ist (GV). (CQ) ist stets erfüllt und (V') ist durch Bedingung 5.4.16 gegeben. Die Regularität von $G(\bar{z},\bar{x})$ folgt nach Satz 4.3.11 aus der lokalen Haarschen Bedingung und daraus, daß es genau N+1 Punkte $\bar{x}^1$ gibt. Die lokal starke Eindeutigkeit der Lösung folgt schließlich aus Satz 4.2.2 (iii). ◊

5.4.20. <u>Bemerkung</u>. Satz 5.4.19 macht zusammen mit der globalen Konvergenzaussage von Satz 5.3.6 die Linearisierungsmethode mit λ-Strategie für Approximationsprobleme, in denen die im Satz genannten Bedingungen a priori angenommen werden können, interessant: Man kann in Phase 1 und Phase 2 dieselbe Methode verwenden. Überdies erlaubt es die Äquivalenz etwa zur Methode (M5), in jedem Schritt die linearisierten Probleme z.B. mit dem zweiten Verfahren von Remes nur näherungsweise etwa so weit zu lösen, daß entsprechend der Bemerkung im Anschluß an Lemma 5.3.5. die globale Konvergenz noch gesichert bleibt. Asymptotisch reicht es, nur einen Remes-Schritt pro Linearisierungsschritt durchzuführen (dies entspricht Verfahren (M5)), ohne die superlineare Konvergenz zu zerstören. Etwa für die Exponential- und die rationale Approximation (vgl. 6.2. und6.3.) führt dies zu außerordentlich effizienten Verfahren.

In dieser Überlegung zeigt sich der Vorteil des hier gewählten Zugangs zu Konvergenzaussagen: Cromme [26] konnte zwar die superlineare Konvergenz ohne die Beschränkung der Zahl der Extremalen auf N+1 und ohne die Bedingung 5.4.16 beweisen, jedoch führt sein direkter Zugang nicht zu Aussagen über die Art und Weise, wie die linearisierten Probleme zu lösen sind, eine Frage, die für die Effizienz der Verfahren natürlich von großer Bedeutung ist und die durch den hier gewählten Zugang umfassend beantwortet wird im Nachweis der Äquivalenz der Verfahren (M1) - (M6).

6. Spezielle Probleme und numerische Beispiele

Dieses letzte Kapitel dient einerseits der Illustration einiger
der behandelten Methoden und Probleme durch numerische Beispiele.
Zum anderen sollen zwei wichtige spezielle Probleme der Chebyshev-
Approximation, die rationale und die Exponential-Approximation,
die in den früheren Kapiteln nur gestreift wurden, etwas ausführlicher und vor allem im Hinblick auf ihre numerische Behandlung
dargestellt werden.

6.1. Lineare Probleme

6.1.A. Ein Beispiel zur Polynomapproximation im $\mathbb{R}^2$.

Wir wollen das bereits in 5.2.2 behandelte Problem nochmals auf-
greifen: Die Funktion $f(x) = (x_1)^{x_2}$ ist in $[1,2] \times [1,2]$ durch
Polynome $P_k(p,x)$ in zwei Variablen (vgl. 1.1.5) vom Grad k zu
approximieren. Auf 12 Stellen gerundet ergeben sich die optimalen
Koeffizienten für $P_2(p,x)$ zu

$$
\begin{aligned}
P_{00} &= 3.843\ 766\ 996\ 110 & P_{20} &= 0.485\ 042\ 175\ 589 \\
P_{10} &= -2.514\ 761\ 514\ 199 & P_{11} &= 2.013\ 750\ 044\ 704 \\
P_{01} &= -3.069\ 253\ 688\ 231 & P_{02} &= 0.314\ 110\ 102\ 720.
\end{aligned}
$$

Der Approximationsfehler ist 0.072 654... Dieses Resultat erhält
man z.B. in 5 Newton-Schritten (Verfahren 5.4.1), wenn man die
diskrete beste Approximation auf 21 x 21 Punkten als Startnäherung verwendet. Die gesamte Rechenzeit bleibt dann (auf der IBM
370/168) unter 2 sec. Es illustriert die Stärke der Methode, daß
eine Lösung auf dem festen 3-ten Gitter aus 5.2.2 (also ohne Ver-
feinerungsstrategie) bereits 8 sec beansprucht. Das Höhenlinien-
bild der Fehlerfunktion (Fig. 6.1), welches der in 5.2.2 mit dem
feinsten Gitter erhaltenen Näherung entspricht, illustriert ein-
drucksvoll die Schwierigkeiten der Bestimmung der Fehlerextrema
insofern, als das durch ein Ø hervorgehobene Maximum auf einem
sehr flachen Rücken dicht am Rand liegt, so daß eine sehr genaue
Rechnung notwendig ist, um entscheiden zu können, ob es im Innern
oder auf dem Rand liegt.

Für die exakte Lösung erhält man den Punkt $x = (1.521...,1.044..)^T$,
der also dicht am Rand liegt. Approximiert man mit Polynomen

$P_4(p,x)$, so verschärft sich das Problem noch: Es bildet sich ein Rücken, auf dem 2 Extrema durch einen auf nahezu gleicher Höhe liegenden Sattelpunkt getrennt werden (Fig. 6.2.).Die Zahl der aktiven Fehlerextrema ist hier 12, so daß von starker Eindeutigkeit der Lösung keine Rede sein kann (diese würde das Vorhandensein von mindestens 16 Extrema erfordern wegen $p \in \mathbb{R}^{15}$).

Die Diskretisierungsmethode 5.2.1 arbeitet wieder einwandfrei. Es ergibt sich die Tabelle (vgl. 5.2.2 für Erläuterungen)

I	$N(B_i)$	$N(B_i)$	NSIMP	Fehler $\cdot 10^2$
1	36	36	32	0.0983...
2	121	32	26	0.10519...
3	1 681	95	37	0.10756...
4	14 641	73	34	0.10766...

Erstaunlicherweise ändert sich die Rechenzeit gegenüber der für Polynome zweiten Grades kaum, obwohl die Dimension von p von 6 auf 15 anwächst. Dies erklärt sich daraus, daß der größte Teil der Rechenzeit für die auf jedem Gitter einmal vorzunehmende Auswertung der Fehlerfunktion verbraucht wird. Das Newton-Verfahren liefert die exakte Lösung ausgehend von der diskretisierten auf 1681 Punkten in 4 Schritten. Auf 9 Stellen exakt ergeben sich die Parameter.

$$P_{00} = 2.402\ 566\ 872$$
$$P_{10} = -1.887\ 523\ 036$$
$$P_{01} = -3.913\ 281\ 220$$
$$P_{20} = 0.625\ 584\ 615$$
$$P_{11} = 4.942\ 918\ 350$$
$$P_{02} = 1.797\ 893\ 016$$
$$P_{30} = -0.012\ 086\ 278$$
$$P_{21} = -1.316\ 045\ 678$$
$$P_{12} = -2.346\ 462\ 345$$
$$P_{03} = -0.226\ 116\ 472$$
$$P_{40} = -0.000\ 130\ 030$$
$$P_{31} = -0.004\ 980\ 136$$
$$P_{22} = 0.775\ 616\ 763$$
$$P_{13} = 0.156\ 936\ 021$$
$$P_{04} = 0.006\ 186\ 563$$

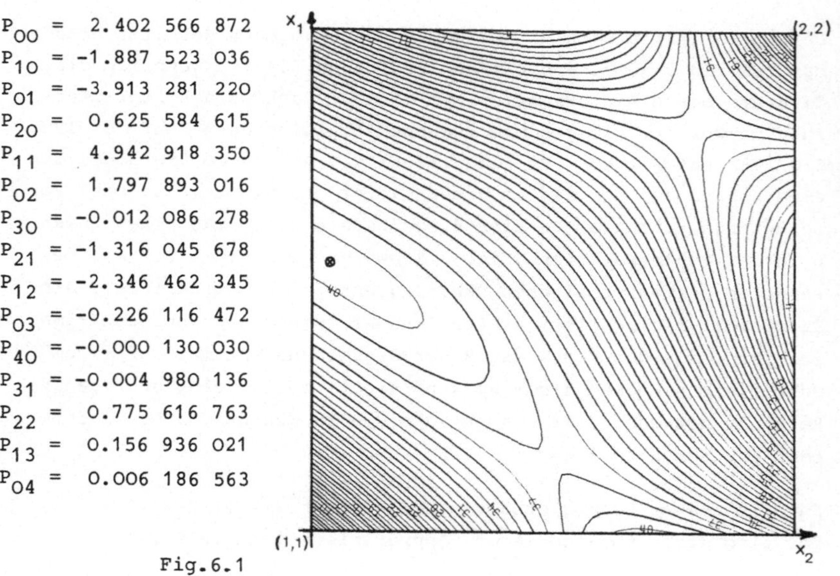

Fig.6.1

Als maximalen kon-
tinuierlichen Fehler
erhält man
0.001 077 004.. .

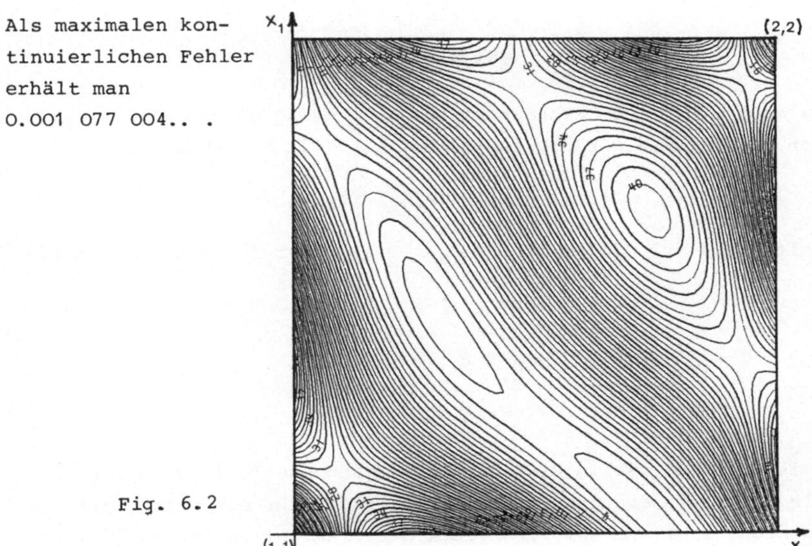

Fig. 6.2

6.1.B. Behandlung von Randwertproblemen

Wir wollen die bereits in 1.2.C beschriebene Möglichkeit zur Approximation der Lösungen von Randwertproblemen durch einige Beispiele illustrieren.

6.1.1. Beispiel. Wir betrachten das Torsionsproblem

$$- \Delta u = 1 \quad \text{in} \quad B = (-1,1) \times (-1,1) \in \mathbb{R}^2$$

$$u = 0 \quad \text{auf } \partial B, \text{ dem Rand von } B. \tag{1}$$

Aus Symmetriegründen kann man sich auf
das in Fig. 6.3 schraffierte Dreieck D
beschränken, wenn man Ansatzfunktionen
verwendet, die bzgl. der Achsen und der
beiden Diagonalen symmetrisch sind. Wir
machen den diese Symmetrien aufweisen-
den Polynomansatz

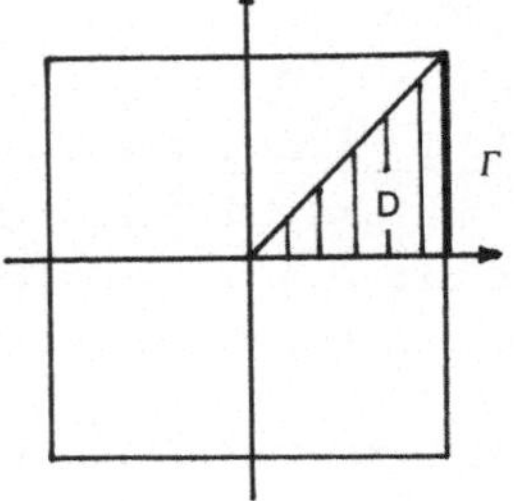

Fig. 6.3

$$a(p,x) = \sum_{i=0}^{5} p_{ii} x_1^i x_2^i + \sum_{i=1}^{4} \sum_{j=0}^{i-1} p_{ij} \left(x_1^{2i} x_2^{2j} + x_1^{2j} x_2^{2i} \right) \tag{2}$$

(also $p \in \mathbb{R}^{15}$). Um Näherungen für die Lösung u^* von (1) zu bestimmen, minimieren wir wie in 1.2.C(11) - (13) die Funktion

$$F(p, \varepsilon_1, \varepsilon_2, \delta_1, \delta_2) = ||w||_\infty \; (\varepsilon_1 + \varepsilon_2) + \delta_1 + \delta_2 \tag{3}$$

(mit w aus 1.2.C(10) ist $||w||_\infty = 0.5$) unter den Nebenbedingungen

$$- \varepsilon_1 \leq - \Delta a(p,x) - 1 \leq \varepsilon_2 \; , \; x \in D \cup \Gamma \tag{4}$$

$$- \delta_1 \leq \quad a(p,x) \quad \leq \delta_2 \; , \; x \in \Gamma \tag{5}$$

$$\varepsilon_i \geq 0, \; \delta_i \geq 0, \; i = 1,2. \tag{6}$$

Γ ist hierbei der in Fig. 6.3 hervorgehobene Teil des Randes ∂B. Die Diskretisierungsmethode 5.2.1 liefert für ein Gitter mit 161 Punkten auf Γ und 231 im Dreieck $B \cup \Gamma$ im Optimalpunkt

$$\bar{\varepsilon}_1 = \bar{\varepsilon}_2 = \bar{\delta}_2 = 0, \; \bar{\delta}_1 = 0.0018.$$

Es ergibt sich also das nicht selbstverständliche Resultat, daß die Näherungslösung im Rahmen der Diskretisierung der Differentialgleichung genügt. Tatsächlich erhält man fast dieselbe Näherungslösung wie mit dem Ansatz in 6.1.2.

Nach 1.2.C (9) gilt damit für die zugehörige Näherung $a(\bar{p},x)$

$$- 0.0018 \leq a(\bar{p},x) - u^*(x) \leq 0 \quad \text{für } x \in B \cup \Gamma \tag{7}$$

zumindest im Rahmen der durch die Diskretisierung gegebenen Genauigkeit.

6.1.2. <u>Beispiel.</u> Wir behandeln dasselbe Problem (1) mit einem Ansatz, für den die Differentialgleichung erfüllt ist, d.h. (4) gilt stets mit $\varepsilon_1 = \varepsilon_2 = 0$ (im Optimierungsproblem (3) - (6) kann dann (4) entfallen und es wird $F(p, \delta_1, \delta_2) = \delta_1 + \delta_2$):

$$a_k(p,x) = - (x_1^2 + x_2^2)/4 + \sum_{j=1}^{k} p_i \mathrm{Re}(x_1 + ix_2)^{4(j-1)} \tag{8}$$

(mit $i = \sqrt{-1}$, $\mathrm{Re}\; z = $ Realteil von $z \in \mathbb{C}$). Man beachte, daß die Sym-

metrieanforderungen wieder erfüllt sind. Bereits mit k=3 erhält
man mit 161 Punkten auf Γ

$$0 \le a_3(\bar{p},x) - u^*(x) \le 0.00246. \qquad (9)$$

mit $\bar{p}_1 = 0.295\ 926\ 209$, $\bar{p}_2 = -0.044\ 983\ 015$, $\bar{p}_3 = 0.001\ 508\ 858$.
Bei Verfeinerung der Diskretisisierung bleibt (9) erhalten. Die
Näherung ist somit fast ebenso gut wie die in 6.1.2 mit 15 Parametern. Mit k=8 erhält man bereits eine Näherung mit einem Fehler,
der in B ∪ Γ unterhalb 10^{-10} bleibt.

Es lohnt sich somit, Funktionen zu bestimmen, die bereits die
Differentialgleichung erfüllen. In [101] wird für eine große Klasse
elliptischer Operatoren ein Verfahren zur (zumindest näherungswei-
sen) Bestimmung solcher Funktionen angegeben.

Für allgemeinere Gebiete, insbesondere solche mit einspringenden
Ecken erhält man naturgemäß wie auch bei anderen Verfahren wesentlich schlechtere Resultate.

In [101] wird für das Problem

$$\Delta u - 4u = 0 \ , \ x \in B$$

$$u = 1, \quad x \in \partial B$$

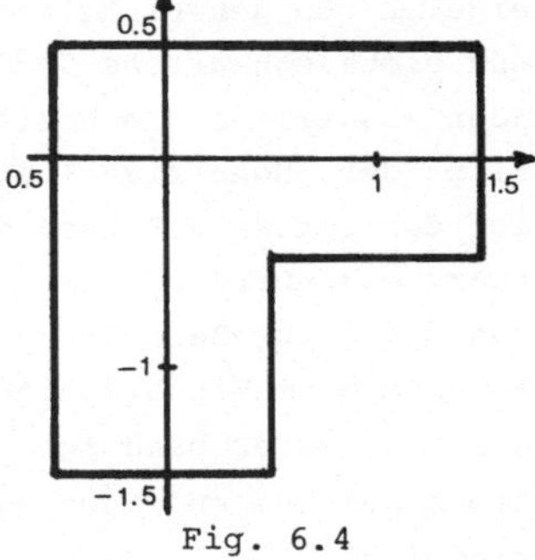

Fig. 6.4

wo B das L-förmige Gebiet in Fig. 6.4
ist, gezeigt, daß selbst bei Berücksichtigung der Singularität von u^* in der
einspringenden Ecke durch Terme im Ansatz für a(p,x) zwischen 20 und 30 An-
satzfunktionen - die die Differentialgleichung näherungsweise erfüllen - notwendig sind, um einen Fehler in B der Größenordnung
10^{-3} zu erhalten.

Angesichts der Tatsache, daß auch größere Probleme mit bis zu 30
Ansatzfunktionen mit den beschriebenen Methoden sehr effizient
lösbar sind (auf der 370/168 in ca. 5 sec), glauben wir trotzdem,
daß die Defektminimierung in gewissen Fällen durchaus eine Alternative zu Differenzenverfahren oder der Methode der finiten Elemente sein kann. Insbesondere ist es sicherlich ein Vorteil, daß
man unmittelbar glatte Näherungslösungen erhält im Gegensatz zu
den anderen Verfahren.

6.2 Exponentialapproximation

Wir diskutieren in diesem Abschnitt die numerische Behandlung des
Chebyshev-Approximationsproblems (vgl. 1.1.11)

$$(EAP) \qquad \text{Min}\{\,||f-E_N(p,\cdot)||_\infty\,|\,p \in \mathbf{R}^N x\, \Delta^N\},\Delta^N := \{\lambda \in \mathbf{R}^N | \lambda_1 < \ldots < \lambda_N\} \quad (1)$$

$$\text{zur Familie } E_N = \{E_N(p,x) = \sum_{i=1}^N \alpha_i e^{\lambda_i x} \mid p = (\alpha,\lambda) \in \mathbf{R}^N x \Delta^N\} \text{ der}$$

gewöhnlichen Exponentialsummen mit freien Frequenzen. Es ist dies
eine der möglichen (vgl.[10]) mathematischen Formulierungen der
Aufgabe aus unterschiedlichsten Anwendungsbereichen (vgl. [63]),
die Wachstumskomponenten $\alpha_i e^{\lambda_i x}$ einer empirischen Funktion f(x) zu
identifizieren. Da in den Anwendungen die linear auftretenden Parameter α_i i.a. physikalische Größen (Massen, Intensitäten) repräsen-
tieren, ist eine Einschränkung des Problems auf die positiven Expo-
nentialsummen $E_N^+ = \{E_N(p,\cdot)\,|\,p \in \mathbf{R}_+^N x \Delta^N\}$ von der Praxis her sinnvoll.

Die Familie E_N ist neben den gewöhnlichen rationalen Funktionen
eine der wenigen nichtlinearen Funktionenfamilien, die die lokale
und globale Haarsche Bedingung 4.4.2 erfüllt (vgl. [77]|, [24]).
Wenn zusätzlich die beste Approximation zu $E_N \backslash E_{N-1}$ gehört, so besitzt der zugehörige Tangentialraum $T(\bar{p})$ die Dimension 2N; dann
ist der optimale Parameter $\bar{p}$ auch eindeutig und nach 4.2.2 lokal
stark eindeutig bestimmt. Damit sind im Prinzip die Algorithmen
aus 5.4 C zur Berechnung der besten Approximation einsetzbar. Das
Problem beim Einsatz dieser Verfahren ist allerdings, daß sie
Startparameter benötigen, die oft in der erforderlichen Genauigkeit
nicht bekannt und auch nur in Spezialfällen einfach zu beschaffen
sind (vgl. [91]). Dies gilt vor allem, wenn auch die Anzahl N der
in der Funktion f verborgenen Wachstumskomponenten unbekannt ist.
In [14] hat B r a e s s vorgeschlagen, bei sukzessiver Erhöhung
des Grades N jeweils die beste Approximation aus der vorangegange-
nen Stufe E_{N-1}^+ als Start für die Approximation in E_N^+ zu verwenden.
Bei diesem Vorgehen kann die Konvergenz des Linearisierungsverfahrens bewiesen werden. Nach einem Satz von B r a e s s in [12]
kann außerdem bereits in der Stufe E_{N-1}^+ festgestellt werden, ob zu
einem höheren Grad überhaupt noch eine bessere positive Exponentialapproximation existiert. Theoretisch ist so die Möglichkeit gegeben, mit einem selbststartenden Verfahren automatisch bis zu der
besten positiven Approximation vom Grad $\bar{N}$ hochzurechnen, ab der

keine Verbesserung mehr möglich ist (oder bei erreichter Approximationsgenauigkeit abzubrechen). Wir wollen hier vor allem die praktische Realisierbarkeit dieses Verfahrens untersuchen und aufzei-
gen, welche Modifikationen notwendig sind, um zu einem effektiven
Algorithmus zu kommen.

Auf Beweise bekannter Eigenschaften der Exponentialsummen werden
wir unter Hinweis auf die Literatur verzichten. Als wichtigste nennen wir:

Beschreibung durch lineare Differentialgleichungen ([119], [62],
[126]): Gegeben sei eine lineare Differentialgleichung N-ter Ordnung mit konstanten Koeffizienten

$$L_a(f) := (D^N + \sum_{i=1}^{N} a_i\, D^{N-i})(f) = f^{(N)} + \sum_{i=1}^{N} a_i\, f^{(N-i)} \equiv 0, \quad a \in \mathbb{R}^N. \qquad (2)$$

Im allgemeinen besitzen Lösungen von (2) Schwingungskomponenten.
Schränken wir $a \in \mathbb{R}^N$ so ein, daß das zugehörige charakteristische
Polynom $P_a := x^N + \sum_{i=1}^{N} a_i x^{N-i}$ ausschließlich reelle, paarweise verschiedene Nullstellen $\lambda_1 < \ldots < \lambda_N$ besitzt, so wird der N-dimensio-
nale homogene Lösungsraum von (2) aufgespannt durch

$$\text{Kern } L_a = \{f \mid L_a(f) \equiv 0\} = L(\{e^{\lambda_1 x}, \ldots, e^{\lambda_N x}\}). \qquad (3)$$

Sind die Nullstellen von P_a zwar reell, aber nur $l < N$ von ihnen
paarweise verschieden mit Vielfachheiten $m_i \in \mathbb{N}$, so gilt

$$\text{Kern } L_a = L(\{e^{\lambda_i x}, x\, e^{\lambda_i x}, \ldots, x^{m_i-1} e^{\lambda_i x} \mid 1 \le i \le l\}). \qquad (3')$$

Nullstelleneigenschaften von Exponentialsummen ([12], [13], [64],
[126]). Mit der Darstellung (3) und den sogenannten variationsver-
mindernden Eigenschaften der Operatoren L_a (d.h. $L_a(f)$ hat mindestens k Nullstellen, wenn f N+k Nullstellen hat) folgert man die
Descartes'sche Zeichenregel: Eine Exponentialsumme $\sum_{i=1}^{N} \alpha_i e^{\lambda_i x}$,
$\lambda_1 < \ldots < \lambda_N$, besitzt höchstens so viele Nullstellen, wie Zeichenwech-
sel in der Koeffizientenfolge $(\alpha_1, \ldots, \alpha_N)$ vorkommen. Insbesondere
sind die Räume (3) und auch (3') Haarsche Räume.

Mit diesem Resultat beweist man den folgenden Hauptsatz zur gewöhnlichen Exponentialapproximation (die Aussage (ii) folgt aus (i) und
Satz 4.4.3, die Aussage (iii) zeigt man mit Hilfe der Descartes'
schen Zeichenregel (vgl. [12]).

6.2.1 Hauptsatz

(i) Die Familie E_N erfüllt die lokale und globale Haarsche Bedingung, wobei der Tangentialraum $T(\bar{p})$ zu $\bar{p} = (\bar{\alpha},\bar{\lambda}) \in R^N x \Delta^N$ der Dimension $d(\bar{p}) = N + k(\bar{p})$, $k(\bar{p}) := |\{i|\bar{\alpha}_i \neq 0\}|$ gegeben ist durch

$$T(\bar{p}) = L(\{e^{\bar{\lambda}_i x}, \bar{\alpha}_i x\, e^{\bar{\lambda}_i x} \mid 1 \leq i \leq N\}). \tag{4}$$

(ii) Die beste Approximation $E_N(\bar{p},\cdot) \in E_N$ an ein $f \in C[B]\backslash E_N$ ist eindeutig bestimmt und charakterisiert durch die Existenz einer Alternante der Länge $N + k(\bar{p}) + 1$ mit Vorzeichen $\sigma \in \{-1,1\}$:

$$\sigma(-1)^{N+k(\bar{p})+1-i}(f(\bar{x}_i) - E_N(\bar{p},\bar{x}_i)) = ||f - E_N(\bar{p},\cdot)||_\infty. \tag{5}$$

(iii) Ist die beste Approximation $E_N(\bar{p},\cdot)$ positiv und vom Grad $k(\bar{p})=N$, so gilt die Alternative:

a) Es gibt eine Alternante der Länge $2N+1$ mit negativem Vorzeichen $\sigma = -1$. In diesem Fall gibt es überhaupt keine bessere, positive Approximation in irgendeinem $E_{N'}^+$, $N' \in \mathbb{N}$.

b) Es gilt nicht Fall a). Dann ist in E_{N+1} eine Verbesserung des Approximationsfehlers möglich, und alle besseren Approximationen in E_{N+1} sind positiv.

6.2.2 Bemerkung

B sei ein Intervall oder eine hinreichend feine Diskretisierung eines Intervalls und für die beste Approximation $E_{N-1}(\bar{p},\cdot)$ in E_{N-1}^+ gelte in 6.2.1(iii) Alternative b). Dann zeigt man mit elementaren analytischen Methoden, daß die Niveaumenge $N(\psi,p_0) = \{p \in R^N x \Delta^N \mid \psi(p) \leq \psi(p_0)\}$ des Funktionals $\psi(p)=||f-E_N(p,\cdot)||_\infty$ kompakt ist, wenn $\psi(p_0) < ||f-E_{N-1}(\bar{p},\cdot)||_\infty$ gilt. Ein solches p_0 kann man nach Braess mit der Einbettungsmethode gewinnnen: Sei $\tilde{p} \in R^N x \Delta^N$ mit $E_N(\tilde{p},\cdot) = E_{N-1}(\bar{p},\cdot)$ beliebig. Da $T(\tilde{p})$ die Dimension $2N-1$ besitzt und $f-E_{N-1}(\bar{p},\cdot)$ nach Voraussetzung nur $(2N-1)$-mal alterniert, ist $\tilde{p}$ nicht kritisch und eine Lösung des tangentialen Approximationsproblems liefert eine Abstiegsrichtung in $\tilde{p}$, die zu einem p_0 mit der gewünschten Eigenschaft führt. Da außerdem wegen 6.2.1 die kompakte Niveaumenge $N(\psi,p_0)$ genau einen kritischen Punkt enthält, den Parameter der besten (positiven) Approximation in E_N, und dieser nach 4.2.2 lokal stark eindeutig ist, können wir die Sätze 5.3.11 und 5.4.18 anwenden und erhalten

<u>6.2.3 Satz</u> Es seien die Voraussetzungen aus 6.2.2 erfüllt. Wird
dann in E_N nach der Einbettungsmethode gestartet, so konvergiert
das Linearisierungsverfahren mit λ-Strategie 5.3.4 gegen den Parameter der besten (positiven) Exponentialapproximation $E_N(\bar{p}, \cdot) \in E_N$.
Besitzt die neue Fehlerfunktion außerdem genau 2N+1 Extrema und
ist die Bedingung 5.4.16 erfüllt, so ist die Konvergenz lokal superlinear.

<u>6.2.4 Bemerkung</u> Wir gehen im folgenden von der Voraussetzung von
Satz 6.2.3 aus, daß zum Grad N-1 Bedingung 6.2.1(iii) b) erfüllt
ist. Andernfalls werden die Verhältnisse wesentlich komplizierter.
Man muß zum Abschluß $\bar{E}_N$ von E_N übergehen, der gegeben ist durch

$$\bar{E}_N = \{ \sum_{i=1}^{l} P_i(x) e^{\lambda_i x} \mid \lambda_1 < \ldots < \lambda_l, \ P_i(x) \in P_{m_i-1}, \ \sum_{i=1}^{l} m_i = N \} \ ,$$

um weiterhin die Existenz bester Approximationen zu garantieren
(vgl. [118]). Bei dieser Erweiterung geht allerdings die Eindeutigkeit bester Approximationen verloren (vgl. [12]). Tritt zu einem
$N \in \mathbb{N}$ erstmalig in 6.2.1(iii) der Fall a) auf, so existieren in
$\bar{E}_{N+1}$ genau N+1 lokal beste Approximationen, von denen höchstens
eine zu E_{N+1} gehört, und auch diese ist nicht positiv. Es ist in
der Regel schwierig, wenn nicht praktisch unmöglich, diese lokal
besten Approximationen auf der Suche nach der global besten zu berechnen, da sie im Approximationsfehler oft nur noch minimale Ver-
besserungen gegenüber der besten Approximation in E_N^+ bringen (vgl.
[126]). In vielen praktischen Anwendungen kann das erstmalige Auftauchen einer negativen Alternante im Grad N als Hinweis darauf
verstanden werden, daß die Grenzen der Modellanpassung mit Exponentialsummen erreicht sind, sei es,
- weil die richtige Exponentialsumme identifiziert wurde und der
Fehler nur noch zufälligen Störungen unterliegt,
- weil die Meßgenauigkeit zur Identifizierung weiterer Frequenzen
nicht ausreicht,
- weil die Beobachtungen Schwingungskomponenten enthalten, die mit
gewöhnlichen Exponentialsummen nicht erfaßt werden können.

Satz 6.2.3 sagt natürlich wenig über die tatsächliche Konvergenz-
güte des Linearisierungsverfahrens beim Start nach der Einbettungsmethode aus. Um diese zu testen, haben wir die Methode auf eine
Klasse von 18 Beispielfunktionen vom Typ $f(x) = \int e^{\lambda x} d\mu(\lambda)$ mit po-

sitiven Maßen μ angewandt (vgl.[126]).Es wurden auf 101 äquidistan-
te Punkte diskretisierte Probleme über [0,1] gelöst. Bei der Auswertung der folgenden Tabelle wurde ein Iterationslauf als Erfolg
gewertet, wenn Konvergenz in weniger als 100 Iterationsschritten
erzielt wurde. Die durchschnittliche Iterationszahl Iter und die
durchschnittliche Schrittlänge Lambda bei der eindimensionalen Mi-
mimierung sind dann über die erfolgreichen Läufe gemittelt. Um
einen stärkeren Abstieg in jedem Linearisierungsschritt zu erzielen,
wurde das Linearisierungsverfahren auch noch modifiziert, indem nur
die $\Delta\lambda$-Komponente einer Abstiegsrichtung $\pi = (\Delta\alpha,\Delta\lambda)$ aus dem in
einem Punkt $p^i = (\alpha^i,\lambda^i)$ linearisierten Problem verwandt und die
linearen Parameter durch Lösen der linearen Approximationsprobleme
$\underset{\alpha}{\mathrm{Min}}\{||f-E_N((\alpha,\lambda),\cdot)||_\infty\}$ nachoptimiert wurden. Es ergibt sich die folgende Tabelle

	ohne Nachoptimierung			mit Nachoptimierung		
N	Erfolg	Iter	Lambda	Erfolg	Iter	Lambda
1	18	5.6	0.9	18	4.9	1.0
2	14	25.6	0.2	17	10.7	0.4
3	2	83.7	0.07	15	19.4	0.3
4	0	-	-	8	23.8	0.2
5	0	-	-	2	34.8	0.1

Offensichtlich ist die starke Reduzierung der Schrittlänge bei der
1-dimensionalen Minimierung längs der Abstiegsrichtungen für die
äußerst unbefriedigende Konvergenz verantwortlich. Den Grund für
diese Reduktion können wir dem folgenden Plotbild (Fig. 6.5a) ent-
nehmen, das Niveaulinien der Funktion $\varphi(\lambda) = \underset{\alpha}{\mathrm{min}}||f-E_2((\alpha,\lambda),\cdot)||_\infty$
(zu f(x) = 1/1+x) zeigt. Außerdem ist das Richtungsfeld der Lösun-
gen der linearisierten Probleme sowie ein Iterationsverlauf des Linearisierungsverfahrens mit λ-Strategie angegeben. Man sieht, daß
das Verfahren Schwierigkeiten hat, den stark gekrümmten Tälern der
Funktion $\varphi(\lambda)$ zu folgen, ein Effekt, der generell bei Abstiegsverfahren der nichtlinearen Optimierung auftreten kann, und der hier
noch durch die Nichtdifferenzierbarkeit der Zielfunktion verstärkt
wird.
Glücklicherweise ist in diesem Fall die 'schlechte Geometrie' des
Optimierungsproblems durch einen Parameterwechsel behebbar. Be-

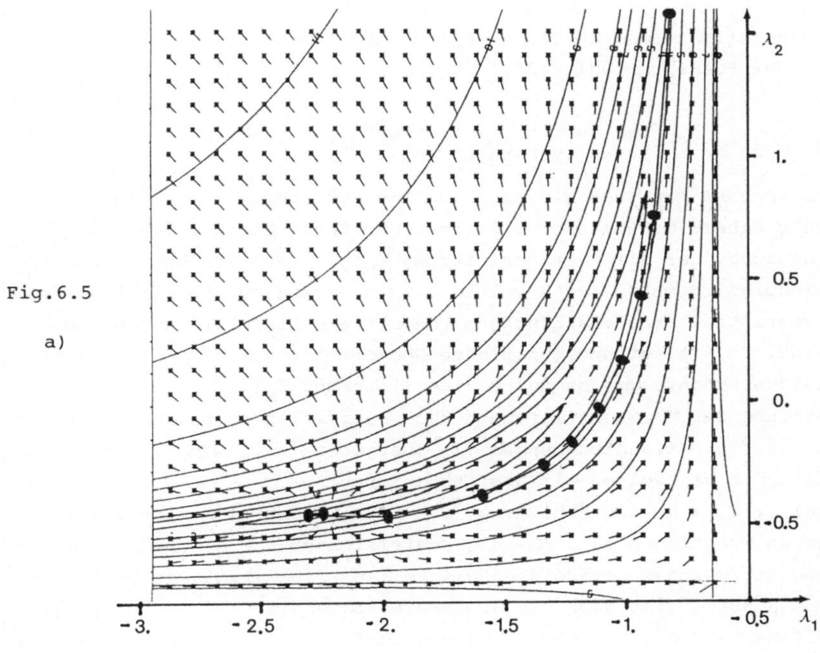

Fig.6.5

a)

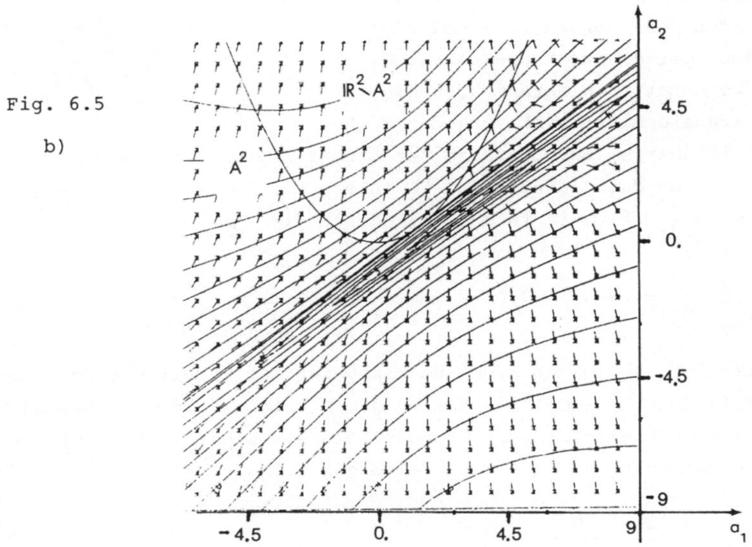

Fig. 6.5

b)

trachtet man nämlich das entsprechende Plotbild (vgl. Fig. 6.5b)
zu der Funktion (vgl. (3'))

$$\overset{\sim}{\varphi}(a) := \min_{y \in \text{Kern } L_a} ||f-y||_\infty, \tag{6}$$

so erkennt man, daß die ursprünglich gekrümmten Niveaulinien nun-
mehr nahezu geradlinig verlaufen. Der Grund hierfür liegt in der
Tatsache, daß die Parametrisierung $E_N(p,\cdot)$ auf dem Rand von $R^N \times \Delta^N$
Singularitäten besitzt, welche beim Übergang zur Darstellung der
Exponentialsumme als Lösungen von Differentialgleichungen hebbar
sind. Um die weitaus günstigere Geometrie des Problems (6) auszu-
nutzen, könnte man von der Parametrisierung $E_N(p,\cdot)$ zur Parametrisierung der Exponentialsummen über Koeffizienten und Anfangswerte
der Differentialgleichungen (2) übergehen (vgl. [126]). Einen ein-
facheren Weg wollen wir hier skizzieren:
Sei $\rho: R^N \to R^N$ die Abbildung, die mittels der elementarsymmetri-
schen Funktionen zu $\lambda \in R^N$ die Koeffizienten $a \in R^N$ des Polynoms P_a
angibt, welches gerade die Nullstellen λ_i besitzt. Die Restriktion
von ρ auf Δ^N ist dann ein Homöomorphismus $\rho: \Delta^N \overset{\sim}{\to} A^N \subset R^N$ auf das
offene Bild A^N, bestehend aus den Koeffizienten von Polynomen mit
paarweise verschiedenen reellen Nullstellen.
Die beiden Abbildungen $\varphi(\lambda)$ und $\overset{\sim}{\varphi}(a)$
sind dann gerade durch das nebenste-
hende kommutative Diagramm verbunden.

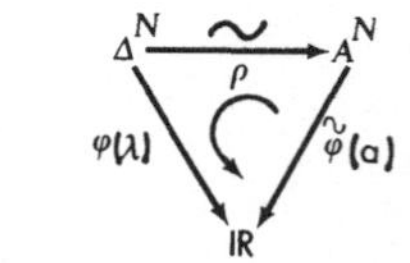

Daher transformiert sich auch das Rich-
tungsfeld über Δ^N der Lösungen des Linearisierungsverfahrens für
$E_N(p,\cdot)$ durch das Differential $\frac{d\rho}{d\lambda}$ in ein Richtungsfeld über A^N,
wobei $\Delta a = \frac{d\rho}{d\lambda}(\bar{\lambda}) \cdot \Delta\lambda$ in $\bar{a} = \rho(\bar{\lambda})$ durch die Formel

$$\sum_{j=1}^{N} \Delta a_j (\bar{\lambda}_i)^{N-j} = - \Delta\lambda_i \, P_a'(\bar{\lambda}_i) \, , \quad 1 \le i \le N \tag{7}$$

bestimmt ist. Man macht sich nun klar, daß das resultierende Richtungsfeld über A^N identisch ist zu dem Richtungsfeld, welches die
Lösungen der linearisierten Approximationsprobleme zu der folgenden Parametrisierung $\tilde{E}((\alpha,a),\cdot)$ erzeugen

$$\tilde{E}: \quad R^N \times A^N \to E_N \tag{8}$$
$$(\alpha, \, a) \mapsto E_N((\alpha,\rho^{-1}(a)),\cdot).$$

Der folgende Algorithmus leistet im Prinzip dasselbe wie das Linearisierungsverfahren zu der Parametrisierung $\tilde{E}((\alpha,a),\cdot)$, verwendet diese allerdings nur implizit. Er verlangt gegenüber der ursprünglichen Version des Linearisierungsverfahrens 6.2.3 an Mehraufwand neben der Lösung des Interpolationsproblems (7) die Berechnung von $\rho^{-1}(a)$, d.h. die Bestimmung sämtlicher Nullstellen von P_a. Dies ist zwar allgemein ein durchaus aufwendiges Problem, kann aber hier einfach gelöst werden. Mit dem L a g u e r r e-Verfahren (vgl. [86], S. 368, [126]) ist nämlich ein Iterationsverfahren verfügbar, das im Fall $\{a+\xi\Delta a \mid \xi\in[0,1]\}\subset A^N$ bei Start in der i-ten Nullstelle von P_a unbedingt gegen die entsprechende Nullstelle von $P_{a+\Delta a}$ konvergiert, wobei die Konvergenzordnung sogar kubisch ist.

6.2.5 Linearisierungsverfahren mit Variablentransformation Der Algorithmus wird unter den Voraussetzungen von Satz 6.2.3 ebenfalls mit der Einbettungsmethode gestartet (zur genaueren Realisierung vgl. [128]). Im i-ten Iterationsschritt seien Parameter $(\alpha^i,\lambda^i) \in \mathbb{R}_+^N \times \Delta^N$, $a^i = \rho(\lambda^i)$ und eine Referenz $x_1^i < \ldots < x_{2N+1}^i$ in B gegeben. Dann lautet die Verfahrensvorschrift:

__Schritt 1__ Berechne die Lösung $(\bar{\delta},\bar{\gamma}) \in \mathbb{R}^{2N}$ des linearen (AP)

$$\underset{\delta,\gamma}{\text{Min}} \left\| f - \sum_{j=1}^{N} (\delta_j + x\gamma_j)e^{\lambda_j^i x} \right\|_\infty \text{ mit dem Remes-Simultan-Austauschver-}$$

fahren. Starte dieses in der Referenz X^i. X^{i+1} sei die Referenz der Lösung.

__Schritt 2__ Löse das Interpolationsproblem

$$\sum_{k=1}^{N} \Delta a_k (\lambda_j^i)^{N-k} = - \gamma_j/\alpha_j \quad P'_{a^i}(\lambda_j^i), \quad 1 \le j \le N.$$

Setze $\xi = 1$.

__Schritt 3__ Setze $a^{i+1} = a^i + \xi\Delta a$. Berechne die Nullstellen λ_j^{i+1} von $P_{a^{i+1}}$ mit dem Laguerre-Verfahren, ausgehend von den λ_j^i. Werden Nullstellen komplex, so halbiere ξ.

__Schritt 4__ Berechne lineare Parameter α^{i+1} durch Lösen des linearen (AP) $\underset{\alpha}{\text{Min}} \| f - E_N((\alpha,\lambda^{i+1}),\cdot) \|_\infty$. Falls

$$\| f - E_N((\alpha^{i+1},\lambda^{i+1}),\cdot) \|_\infty \ge \| f - E_N((\alpha^i,\lambda^i),\cdot) \|_\infty \quad \text{gilt,}$$

halbiere ξ und gehe nach Schritt 3.

Zur Dokumentation der Leistungsfä-
higkeit dieses Algorithmus geben
wir die Vergleichsdaten zu den zu-
vor benutzten 18 Testfunktionen
an. Die Gesamtrechenzeit betrug
für alle 18 Funktionen auf einer
IBM 370/ 68 weniger als eine Se-
kunde,wobei allerdings bei der Realisierung des Verfahrens noch

N	Erfolg	Iter	Lambda
1	18	5.	1.
2	18	6.	0.99
3	18	6.5	0.98
4	18	6.7	0.96
5	18	6.7	0.94

einige zusätzliche, hier nicht dokumentierte Techniken verwandt
wurden (vgl. [128])(So genügt es asymptotisch, in Schritt 1 nur
einen Remesaustausch vorzunehmen (vgl. 5.4.20), und in Schritt 4
$\alpha^{i+1} = \emptyset$ zu setzen).

6.3. Rationale Chebyshev-Approximation

6.3.A Einführung und grundlegende Definitionen

In diesem Abschnitt geben wir eine Auswahl von Resultaten zur Theorie und Numerik der Chebyshev-Approximation mit polfreien verallgemeinerten rationalen Funktionen der Form (vgl. 1.1.9)

$$a(p,x) = \sum_{i=1}^{N_1} p_i \varphi_i(x) \ / \ \sum_{j=1}^{N_2} p_{N_1+j} \psi_j(x) : \ = \frac{v(p,x)}{w(p,x)} \tag{1}$$

unter der Positivitätsforderung an den Nenner

$$p \in P_o = \{p \in \mathbb{R}^N \mid w(p,x) > 0, \ x \in B\}. \tag{2}$$

Hierbei seien $\varphi_1, \ldots, \varphi_{N_1} \in C[B]$ und $\psi_1, \ldots, \psi_{N_2} \in C[B]$ jeweils linear unabhängige Funktionen in $C[B]$ und $N = N_1 + N_2$.

Ist $B = [\alpha, \beta]$ ein Intervall und $\varphi_i(x) = x^{i-1}$, $1 \leq i \leq N_1$,
$\psi_j(x) = x^{j-1}$, $1 \leq j \leq N_2$, so sprechen wir von der <u>gewöhnlichen</u>
<u>rationalen Approximation</u> mit rationalen Funktionen

$$R_{N_1-1,N_2-1}(p,x) = \sum_{i=1}^{N_1} p_i x^{i-1} \ / \ \sum_{j=1}^{N_2} p_{N_1+j} x^{j-1} \text{ vom Zählergrad}$$

$d_1(p) := \max\{-\infty, i \mid 0 \leq i \leq N_1-1, \ p_{i+1} \neq 0\} \leq N_1-1$ und vom entsprechend definierten Nennergrad $d_2(p) \leq N_2-1$.

Die rationale Funktion $R_{N_1-1,N_2-1}(p,\cdot)$ heißt <u>normal</u>, falls die
Zähler- und Nennerpolynome teilerfremd sind und falls $d_1(p) = N_1-1$
oder $d_2(p) = N_2-1$ ist. Wir sprechen vom <u>Normalfall</u>, wenn die beste
Approximation normal ist. Es bestehen in Theorie und Numerik der
gewöhnlichen rationalen Approximation starke Analogien zur Polynomapproximation. So existiert nach W a l s h [111] immer eine beste Approximation. Diese ist, da wie bei der gewöhnlichen Exponentialapproximation die lokale und globale Haarsche Bedingung erfüllt ist,
eindeutig, im Normalfall auch stark eindeutig und durch das Alternantenkriterium charakterisiert. Das Alternantenkriterium war auch
Anlaß zu ersten Verallgemeinerungen des Remesverfahrens (vgl.
W e r n e r [114], [113], [117], F r a s e r - H a r t [33] und
R a l s t o n [85]), die wir im Zusammenhang mit den Ergebnissen
aus 5.4.C diskutieren werden.

Bei der allgemeinen rationalen Approximation liegen die Verhältnisse schwieriger. Die Haarsche Bedingung ist i.a. nicht mehr erfüllt, so
daß in der Regel auch die lokal starke Eindeutigkeit der besten
Approximation verlorengeht. Auch ist die Existenz einer besten
Chebyshev-Approximation nicht mehr allgemein gesichert. Dies liegt
daran, daß Zähler- und Nennerfunktionen einer verallgemeinerten
rationalen Funktion gemeinsame Nullstellen besitzen können, die
sich nicht wie im Polynomfall einfach ausdividieren. Um diese Kom-
plikationen auszuschließen, verlangen wir an Stelle der Restriktion
(2) eine Nennereinschließung

$$1 \le w(p,x) = \sum_{j=1}^{N_2} p_{N_1+j}\psi_j(x) \le \gamma, \quad x \in B, \tag{3}$$

wobei γ groß gegen 1 ist. Bei Vorliegen guter Ausgangsnäherungen,
welche wiederum durch Diskretisierung gewonnen werden können, kann
dieses Problem mit den Verfahren aus 5.4.A gelöst werden. Zur Behandlung der diskretisierten Probleme stellen wir eine von
S p e i c h [102] entwickelte Modifikation des <u>differential-correc-
tion Algorithmus</u> von C h e n e y und L o e b [21] (siehe auch [19]
S. 171 ff) bzw. des <u>Einschließungsverfahrens</u> von K r a b s [67]
(siehe auch [24], S. 139 ff) vor, die im Unterschied zu den oben
genannten Verfahren superlineare Konvergenzeigenschaften selbst
bei nicht eindeutiger Lösung besitzt.

Bei diesem Verfahren wird jeder Schätzung λ der Minimalabweichung

ρ des rationalen Approximationsproblems mit Nennerbeschränkung

(RAP) $\text{Min } \{ \| f - a(p,\cdot) \|_\infty \mid 1 \le w(p,x) \le \gamma , \ x \in B \}$

ein lineares Problem

LRAP(λ) $\underset{x \in B}{\text{Min}} \{ \text{Max } (|f(x)-a(p,x)| - \lambda) w(p,x) \mid 1 \le w(p,x) \le \gamma, \ x \in B \}$

zugeordnet. Der Zielwert desselben kann als Funktion $\mu(\lambda)$ von λ aufgefaßt werden, welche die Nullstelle $\lambda = \rho$ besitzt. Krabs betrachtet das Problem LRAP(λ) ohne die obere Nennerschranke γ, das dann für $\lambda > \rho$ unlösbar ist, und gibt ein Bisektionsverfahren zur Bestimmung von ρ an. Cheney und Loeb behandeln das Problem LRAP(λ) ohne die untere Nennerschranke und erzeugen mit Hilfe der Lösungen von LRAP(λ) eine monton fallende, linear gegen ρ konvergente Folge λ_i (C h e n e y , L o e b [21]). Durch die beidseitige Nennerbeschränkung im obigen Ansatz ist dagegen die Funktion $\mu(\lambda)$ überall definiert, und sie besitzt als einzige Nullstelle die Minimalabweichung $\lambda = \rho$. Wir geben ein unbedingt und in der Regel superlinear konvergentes Verfahren zur Nullstellenbestimmung der Funktion $\mu(\lambda)$ an, welches Schätzungen der Ableitung von $\mu(\lambda)$ aus der Lösung von LRAP(λ) berechnet und außerdem in jedem Schritt eine Einschließung von ρ sowie eine Näherung für die beste rationale Approximation liefert.

6.3.B. Gewöhnliche rationale Chebyshev-Approximation

Die Familie der gewöhnlichen rationalen Funktionen auf einem Intervall $[\alpha,\beta]$ mit maximalem Zählergrad $l = N_1-1$ und Nennergrad $r=N_2-1$ bezeichnen wir abkürzend mit $\mathfrak{R}_{l,r}$, die einzelnen Funktionen mit $a(p,\cdot) = R_{l,r}(p,\cdot)$. Der Parameterbereich P ist wieder durch die Forderung der Positivität des Nenners auf $[\alpha,\beta]$ definiert. Im Fall $r = 0$ ist $R_{l,0}$ ein Polynom. O.B.d.A. sei deshalb $r \ge 1$.

Unter dem __Defekt__ $\delta(p)$ der Funktion $R_{l,r}(p,\cdot)$ verstehen wir im Falle $R_{l,r}(p,\cdot) \ne 0$ das maximale $k \in Z$, $0 \le k \le \min\{l,r\}$, für das die Funktion $R_{l,r}(p,\cdot)$ nach Kürzung gemeinsamer Teiler noch in $R_{l-k,r-k}$ liegt. Für $R_{l,r}(p,\cdot) \equiv 0$ wird $\delta(p) = r$ gesetzt. $R_{l,r}(p,\cdot)$ ist damit genau dann normal, wenn $\delta(p) = 0$.

Wie bereits in 6.3.A. erwähnt, stützen sich die bekannten, speziellen Verfahren zur gewöhnlichen rationalen Chebyshev-Approximation wesentlich darauf, daß im Normalfall die beste Approximation eindeutig, lokal stark eindeutig und durch eine Alternante der Länge N charakterisiert ist. Dies folgt mit den Sätzen von Kapitel 4 daraus, daß $\mathfrak{R}_{1,r}$ die lokale und globale Haarsche Bedingung erfüllt:

__6.3.1 Lemma__ (i) In $\bar{p} \in P$ ist der Tangentialraum $T(\bar{p}) = \{\Pi^T a_p(p,\cdot) \mid \Pi \in \mathbb{R}^N\}$ an $\mathfrak{R}_{1,r}$ gegeben durch

$$T(\bar{p}) = \{\frac{1}{w(\bar{p},\cdot)\bar{w}} (v(\Pi,\cdot)\bar{w} - \bar{v}w(\Pi,\cdot)) \mid \Pi \in \mathbb{R}^N\}, \tag{4}$$

wo $\frac{\bar{v}}{\bar{w}}$ eine teilerfremde Darstellung von $R_{1,r}(\bar{p},\cdot)$ ist.

(ii) $T(\bar{p})$ ist ein Haarscher Raum der Dimension

$$d(\bar{p}) = N - 1 - \delta(\bar{p}) . \tag{5}$$

(iii) Jede Differenz $R_{1,r}(p,\cdot) - R_{1,r}(\bar{p},\cdot) \neq 0$ besitzt in $[\alpha,\beta]$ höchstens $d(\bar{p}) - 1$ Nullstellen.

__Beweis.__ (i) ergibt sich durch einfaches Ausrechnen von $\Pi^T a_p(\bar{p},\cdot)$.
(ii) Für $\bar{v} \equiv 0$ (also $\delta(\bar{p}) = r = N_2-1$) ist $T(\bar{p})$ der Raum der mit der festen Funktion $\frac{1}{w(\bar{p},\cdot)}$ multiplizierten Polynome $v(\Pi,\cdot)$ der Dimension $N_1 = N - 1 - \delta(\bar{p})$ und somit ein Haarscher Raum. Sei also $\bar{v} \neq 0$. Dann gilt

$$S = \{v(\Pi,\cdot)\bar{w} - \bar{v}\,w(\Pi,\cdot) \mid \Pi \in \mathbb{R}^N\} = \mathcal{P}_{1+r-\delta(\bar{p})} \quad ,$$

($\mathcal{P}_k$ der Raum der Polynome vom Höchstgrad k). $S \subset \mathcal{P}_{1+r-\delta(\bar{p})}$ ist offensichtlich. Weiterhin zeigt man leicht

$$\dim \{\Pi \in \mathbb{R}^N \mid v(\Pi,\cdot)\bar{w} - \bar{v}\,w(\Pi,\cdot) \equiv 0\} = \delta(\bar{p}) + 1,$$

woraus $\dim S = N - 1 - \delta(\bar{p}) = 1 + r + 1 - \delta(\bar{p}) = \dim \mathcal{P}_{1+r-\delta(\bar{p})}$ und somit $S = \mathcal{P}_{1+r-\delta(\bar{p})}$ folgt. Da sich die Elemente von S und $T(\bar{p})$ nur um den Faktor $\frac{1}{w(\bar{p},\cdot)\bar{w}}$ (dies ist eine in $[\alpha,\beta]$ null- und polstellenfreie Funktion) unterscheiden, ist (ii) bewiesen.

(iii) folgt aus (ii) und der leicht zu verifizierenden Beziehung

$$a(p,\cdot) - a(\bar{p},\cdot) = \frac{w(\bar{p},\cdot)}{w(p,\cdot)}((p-\bar{p})^T a_p(\bar{p},\cdot)) \ . \qquad \diamond \quad (6)$$

Lemma 6.3.1 ergibt zusammen mit Satz 4.4.3 sofort den

<u>6.3.2 Hauptsatz.</u> Die beste Approximation $R_{1,r}(\bar{p},\cdot) \in \mathcal{R}_{1,r}$ an ein $f \in C[\alpha,\beta]$ ist als Funktion eindeutig bestimmt. $\bar{p} \in P$ ist global optimal genau dann, wenn $\bar{p}$ kritisch ist, also im Tangentialraum $T(\bar{p})$ die Nullfunktion beste Approximation an $f - R_{1,r}(\bar{p},\cdot)$ ist. Dies wiederum ist genau dann der Fall, wenn eine Alternante $\alpha \le \bar{x}_1 <..< \bar{x}_k \le \beta$ der Länge $k = N - \delta(\bar{p})$ existiert, d.h. mit einem $\sigma \in \{-1,1\}$ gilt

$$\sigma(-1)^{k+1-i}(f(\bar{x}_i) - R_{1,r}(\bar{p},\bar{x}_i)) = ||f - R_{1,r}(\bar{p},\cdot)||_\infty \ . \qquad (7)$$

Wegen $R_{1,r}(\lambda p,\cdot) = R_{1,r}(p,\cdot)$ für $\lambda \in \mathbb{R}\backslash\{0\}$ ist selbst im Normalfall die beste Approximation im Parameterraum nicht eindeutig. Normiert man den Nenner etwa durch $w(p,\alpha) = 1$, so reduziert sich die Dimension des Parameterraumes auf $N-1$. Im Tangentialraum ist dann die Nebenbedingung $w(\Pi,\alpha) = 0$ zu berücksichtigen. Trotz dieser Einschränkung erhält man aber denselben, durch (4) gegebenen Tangentialraum: Im Beweis von Lemma 6.3.1 wird

$$\dim\{\Pi \in \mathbb{R}^N \mid v(\Pi,\cdot)\bar{w} - \bar{v}\, w(\Pi,\cdot) \equiv 0, \ w(\Pi,\alpha) = 0\} = \delta(\bar{p})$$

und daher bleibt S und also auch $T(\bar{p})$ unverändert. Im Normalfall, d.h. wenn $\delta(\bar{p}) = 0$, hat somit $T(\bar{p})$ nun die Dimension des Parameterraumes und ist ein Haarscher Raum, so daß jede beste Approximation aus $T(\bar{p})$ stark eindeutig wird. Mit Satz 4.2.2 (iii) folgt also

<u>6.3.3 Satz.</u> Im Normalfall ist die beste Approximation $\bar{p} \in P$ unter der Normierung $w(p,\alpha) = 1$ lokal stark eindeutig.

<u>6.3.4 Bemerkung.</u> (6) gilt allgemein für rationale Funktionen $a(p,x) = v(p,x)/w(p,x)$. Da (6) die Vorzeichenbedingung aus Satz 4.4.1 impliziert, folgt aus diesem, daß auch bei allgemeiner rationaler Approximation $a(\bar{p},\cdot)$ genau dann global beste Approximation

ist, wenn $\bar{p} \in P$ kritisch ist. Wir können auch direkt schließen:
gilt für zwei Parameter $p, \bar{p} \in P$

$$\psi(p) = ||f - a(p, \cdot)||_\infty < ||f - a(\bar{p}, \cdot)||_\infty = \psi(\bar{p}) , \qquad (8)$$

so genügt $\Pi = p - \bar{p}$ wegen (6) der Ungleichung $\sigma(\bar{x}) \Pi^T a_p(\bar{p}, \bar{x}) < 0$ für
$\bar{x} \in \bar{E}$ (zu den Bezeichnungen siehe 4.1.A). Damit ist in $\bar{p}$ das lokale
Kolmogoroffkriterium verletzt und mithin $\bar{p}$ nicht kritisch.
Lemma 4.1.2 zeigt darüber hinaus, daß die Richtung $\Pi = p - \bar{p}$ unter
Voraussetzung (8) eine Abstiegsrichtung des Funktionals $\psi(p)$ in $\bar{p}$
ist. Es ist nicht schwer, aus dieser Eigenschaft den folgenden Satz
abzuleiten:

6.3.5 Satz. Die Niveaumengen $N(\psi, p) \subset P$ des Funktionals
$\psi(p) = ||f - R_{1,r}(p, \cdot)||_\infty$ sind konvex. Man sagt auch, die Funktion
$\psi(p)$ ist <u>quasikonvex</u> (B a r r o d a l e [5]).

Der Satz 6.3.5 zeigt, daß die Geometrie des rationalen Approximationsproblems als sehr gutartig angesehen werden kann, im Gegensatz
zur ursprünglichen Formulierung des Exponentialapproximationsprob-
lems in 6.2. Aus diesem Grund treten auch die dort beobachteten
Konvergenzschwierigkeiten der Linearisierungsmethoden aus 5.3 bei
der gewöhnlichen rationalen Approximation nicht auf, vorausgesetzt,
daß in kompakten Niveaumengen gestartet wird. Das folgende Lemma
zeigt, wie solche Niveaumengen konstruiert werden. Wir verzichten
auf den recht elementaren Beweis, der die bekannte Schlußweise zum
Nachweis der Existenz bester gewöhnlicher rationaler Approximationen benutzt (vgl. [77], [111]).

6.3.6 Lemma Sei $\rho_{1-1, r-1}$ die Minimalabweichung von $f \in C[\alpha, \beta]$ zu
$\mathfrak{R}_{1-1, r-1}$. Dann ist zu jedem $\tilde{p} \in P$ mit $||f - R_{1,r}(\tilde{p}, \cdot)||_\infty < \rho_{1-1, r-1}$
nach Normierung des Nenners die Niveaumenge

$$N_n(\psi, \tilde{p}) := \{p \in P \,|\, \psi(p) \leq \psi(\tilde{p}) \,|\, w(p, \alpha) = 1\} \text{ von } \psi(p) \text{ kompakt.}$$

Es ist klar, daß ein Parameter $\tilde{p}$ wie in 6.3.6 genau dann existiert,
wenn die beste Approximation in $\mathfrak{R}_{1-1, r-1}$ nicht auch schon optimal
für $\mathfrak{R}_{1,r}$ ist, d.h. wenn die beste Approximation in $\mathfrak{R}_{1,r}$ normal ist.
Nach Satz 6.3.2 enthält daher die Niveaumenge $N_n(\psi, \tilde{p})$ genau einen
kritischen Punkt, nämlich den nach Normierung des Nenners eindeuti-

214

gen und lokal stark eindeutigen optimalen Parameter $\bar{p}$. Wie im Falle der Exponentialapproximation impliziert dies nach Satz 5.3.6 und Satz 5.4.19 die globale und lokal superlineare Konvergenz des Linearisierungsverfahrens mit λ-Strategie 5.3.4 bei Start in $\tilde{p}$, wenn zusätzlich die Fehlerfunktion $e(\bar{p},x) = f(x) - R_{1,r}(\bar{p},x)$ genau N Extrema $\bar{x}^i \in \bar{E}$ besitzt und die Bedingung 5.4.16 erfüllt:

$$e_{xx}(\bar{p},\bar{x}) \neq 0 \text{ für } \bar{x} \in \bar{E} \cap (\alpha,\beta) \text{ und } e_x(\bar{p},\bar{x}) \neq 0 \text{ für } \bar{x} \in \bar{E} \cap \{\alpha,\beta\}.$$

Zu beachten ist, daß entsprechend der Vorbemerkung zu 6.3.3 die Nebenbedingung $w(\Pi,\alpha) = 0$ in das linearisierte Approximationsproblem $\text{Min}\{||f - a(p,\cdot) - \Pi^T a_p(p,\cdot)||_\infty | \Pi \in \mathbb{R}^N, w(\Pi,\alpha) = 0\}$ mit aufgenommen wird, was wir im folgenden annehmen wollen. Die Iterationsfolge $p^i = p^{i-1} + \lambda_i \Pi^i$ des Linearisierungsverfahrens erfüllt dann die Nebenbedingung $w(p^i,\alpha) = 1$. Somit gilt der Satz

<u>6.3.7 Satz</u> Sei $p^O \in P$ ein Parameter mit $||f-R_{1,r}(p^O,\cdot)||_\infty < \rho_{1-1,r-1}$ und $w(p^O,\alpha) = 1$. Die Fehlerfunktion $e(\bar{p},\cdot)$ zur besten Approximation in $R_{1,r}$ besitze genau N Extrema und erfülle die Bedingung 5.4.16. Dann konvergiert die Linearisierungsmethode mit λ-Strategie 5.3.4 bei Start in p^O gegen den nach Normierung des Nenners eindeutigen optimalen Parameter $\bar{p}$. Die Konvergenz ist lokal superlinear und es gibt ein i_O, so daß für $i > i_O$ die Schrittweite $\lambda_i = 1$ wird. Weiterhin ist das Linearisierungsverfahren lokal äquivalent zu den folgenden, ebenfalls superlinear konvergenten Verfahren:

- dem Linearisierungsverfahren mit $(1,1)$-Iteration, bei dem in jeder Linearisierung nur ein Remes-Simultanaustauschschritt durchgeführt wird,

- dem Newtonverfahren aus 5.4.C,

- der Newton-$(1,1)$-Iteration, bei der im Tangentialraum ein diskretes Approximationsproblem über N Punkten gelöst und anschließend näherungsweise neue lokale Extrema der Fehlerfunktion $f-R_{1,r}(p^i + \Pi,\cdot)$ gesucht werden,

- dem nichtlinearen Remesverfahren, bei dem in jedem Schritt zu einer Referenz $\alpha \leq x_1^i < \ldots < x_N^i \leq \beta$ die nichtlineare Gleichung
$$f(x_j^i) - R_{1,r}(p^i,x_j^i) = (-1)^{N-j} \cdot \eta^i, 1 \leq j \leq N, \tag{9}$$
gelöst und anschließend aus den lokalen Extrema der Fehlerfunktion

eine neue Referenz $\alpha \leq x_1^{i+1} < \ldots < x_N^{i+1} \leq \beta$ bestimmt wird.

6.3.8 Bemerkung. Die Anwendung des Linearisierungsverfahrens auf die rationale Approximation diskutieren O s b o r n e; W a t s o n [82], C r o m m e [26] und in einer vergleichenden numerischen Studie L e e und R o b e r t s [72]. Die erste Formulierung des Newtonverfahrens für Approximationsprobleme überhaupt stammt von W e t t e r l i n g [121], wo auch ausführlich auf die rationale Approximation eingegangen wird. Das Newtonverfahren mit $(1,1)$-Iteration für die rationale Approximation hat W e r n e r (siehe auch M e i n a r d u s [77]) unter dem Namen 'Gradientenmethode' oder 'linearisierter Remes' in [114] eingeführt und hierfür unter den Voraussetzungen von Satz 6.3.7 in [115] den Nachweis der globalen und lokal superlinearen Konvergenz erbracht, wobei bestimmte Ausnahmefälle gesondert behandelt werden. Für das nichtlineare Remesverfahren hat R a l s t o n [85] die (lineare) Konvergenz bewiesen, sofern hinreichend gute Startnäherungen für die Alternante der Lösung gegeben sind. Wie beim Remesverfahren für Polynome bilden dabei die diskreten Approximationsfehler η^i eine monoton wachsende Folge unterer Abschätzungen für die Minimalabweichung. Die Hauptschwierigkeit beim nichtlinearen Remesverfahren besteht in der Lösung des nichtlinearen Gleichungssystems (9), das nicht lösbar zu sein braucht und auch keine über $[\alpha,\beta]$ polfreie Lösung besitzen muß. W e r n e r behandelt das System (9) durch Zurückführen auf ein allgemeines Eigenwertproblem mit symmetrischen Matrizen [116], [117]. Ein Algol-Programm zum nichtlinearen Remesverfahren findet sich bei C o d y und S t o e r [22], eine modifizierte Form des 'linearisierten Remesverfahren' bei W e r n e r, S t o e r, B o m m a s [120].

6.3.9 Bemerkung. Zur Beschaffung einer Startnäherung $\tilde{p}$, die der Voraussetzung aus Satz 6.3.7 genügt, haben C o l l a t z und W e r n e r [115] vorgeschlagen, schrittweise die Approximationsprobleme in $\mathcal{R}_{1-k,r-k}$ für $k = \min\{1,r\},\ldots,0$ zu lösen.

Ist zu einem k die beste Approximation $\frac{v}{w} \in \mathcal{R}_{1-k,r-k}$ normal mit einer Alternante der Länge $N - 2k + s$, $s \geq 0$, so ist diese nach 6.3.2 auch optimal in $\mathcal{R}_{1',r'}$, $1' = 1-k+s$, $r' = r - k + s$, aber nicht in $\mathcal{R}_{1'+1,r'+1}$, und zu einem p mit $R_{1'+1,r'+1}(p,\cdot) = \frac{v}{w}$ kann im Tangentialraum $T(p)$ eine Abstiegsrichtung π gefunden werden, so daß

$p + \lambda\pi = \tilde{p}$ eine Startnäherung für das Problem in $\mathcal{R}_{l'+1,r'+1}$ ist. Diese Strategie ist praktisch sinnvoll, da man die Graderhöhung abbrechen kann, wenn die gewünschte Approximationsgenauigkeit erreicht ist, und zahlt sich in der Regel durch die mit ihr verbundenen hohen Konvergenzsicherheit aus. Schwierigkeiten können allerdings bei fast ausgearteten Problemen auftreten, bei denen Zähler- und Nennerpolynome nahezu gemeinsame Faktoren besitzen und entsprechend die Tangentialraumprobleme schlecht konditioniert sind (siehe L e e - R o b e r t s [72]).

6.3.C Zur verallgemeinerten rationalen Chebyshev-Approximation

Wir kommen nun auf das bereits am Ende von 6.3.A skizzierte Verfahren zurück, wobei wir uns auf die Behandlung des diskretisierten Problems (RAP) beschränken (vgl. [102], [103] für den semi-infiniten Fall). Das Problem LRAP(λ) aus 6.3.A kann in naheliegender Weise umgeschrieben werden zu

LRAP(λ): Minimiere $F(z) = \mu$, $z^T = (p^T,\mu) \in \mathbb{R}^n$, $n = N+1 = N_1+N_2+1$, unter den Nebenbedingungen

$$(f(x) - \lambda)\, w(p,x) - v(p,x) - \mu \leq 0, \quad x \in B \qquad (10)$$
$$(-f(x) - \lambda)\, w(p,x) + v(p,x) - \mu \leq 0, \quad x \in B \qquad (11)$$
$$- w(p,x) + 1 \leq 0, \quad x \in B \qquad (12)$$
$$w(p,x) - \gamma \leq 0, \quad x \in B . \qquad (13)$$

$\mu(\lambda)$ bezeichne den Wert dieses Problems als Funktion in λ. Wir setzen die Existenz einer Funktion $w(p_0,\cdot)$ mit $1 < w(p_0,\cdot) < \gamma$ für $x \in B$ voraus, wasdie Slaterbedingung für die Probleme LRAP(λ) impliziert. Ist $B = \{x_1,\ldots,x_d\}$ endlich, so können wir LRAP(λ) in Matrixform schreiben

$$\text{LRAP}(\lambda) \qquad\qquad \text{Min}\{c^T z,\ A(\lambda)z \leq b\}, \qquad\qquad (14)$$

mit $c^T = (0,\ldots,0,1) \in \mathbb{R}^n$, $b \in \mathbb{R}^M$, $A(\lambda) \in M(M \times n)$, $M := 4d$, wobei die Gleichungen (10)-(13) jeweils hintereinander d Zeilen von $A(\lambda)$ und b erzeugen. Unter LRAP(λ) verstehen wir ab jetzt ausschließlich dieses Problem (14). Eine nicht entartete Lösungsecke $\bar{z}$ von

LRAP$(\bar{\lambda})$ definiert vermöge der Indexmenge $I(\bar{z}) = I = \bigcup\limits_{j=1}^{4} I_j$,

$I_j \subset \{d(j-1) + 1,\ldots,dj\}$, der aktiven Nebenbedingungen eine nxn-Basismatrix $A_I(\bar{\lambda})$. $\bar{z}$ und die zugehörige duale Lösung $\bar{u} \in \mathbb{R}^M$, $\bar{u} \geq o$, sind dann durch $A_I(\bar{\lambda})\bar{z} = b_I$ und $A_I^T(\bar{\lambda})\bar{u}_I = -c$ eindeutig bestimmt.

Der Algorithmus zur Lösung des Problems RAP$(\{x_1,\ldots,x_d\})$ ist dann nach S p e i c h [102] wie folgt:

6.3.10 Einschließungsalgorithmus mit Newtonanpassung in λ

Das Verfahren liefert in jedem Schritt ein Einschließungsintervall $\alpha_i \leq \rho \leq \beta_i$ für die Minimalabweichung ρ, eine verbesserte Schätzung $\lambda_i \in [\alpha_i,\beta_i]$ für ρ sowie eine rationale Approximation $a(p^i,\cdot)$ mit $||f-a(p^i,\cdot)||_\infty \leq \beta_i$. ε_0 sei eine gegebene Abbruchkonstante.

<u>Start i = 0</u> Ist p_0 eine bekannte Näherungslösung, so setze $\alpha_0 = 0$, $\beta_0 = ||f-a(p^0,\cdot)||_\infty$, $\lambda_0 = \beta_0$. Ist keine Startnäherung bekannt, so setze $\alpha_0 = \lambda_0 = 0$, $\beta_0 = ||f||_\infty$.

<u>Schritt(i + 1)</u> Wende das Simplexverfahren (V_D) aus 5.1.D auf das zu LRAP(λ_i) duale Problem an. Dieses liefere eine Lösungsecke $\bar{z}^T = (\bar{p}^{T},\mu(\lambda_i))$ von LRAP(λ_i) mit Indexmenge $I = \bigcup\limits_{j=1}^{4} I_j$ sowie eine zugehörige duale Lösung $\bar{u} \geq o$.

Setze $\quad \alpha_{i+1} = \max\{\alpha_i, \min\{\lambda_i+\mu(\lambda_i), \lambda_i + \mu(\lambda_i)/\gamma\}\}$

$$\beta_{i+1} = \min\{\beta_i,||f-a(\bar{p},\cdot)||_\infty\}$$

$$p^{i+1} = \begin{cases} \bar{p} & \text{falls } \beta_{i+1} < \beta_i \\ p^i & \text{sonst} \end{cases}$$

$$\lambda_{i+1} = \begin{cases} \varphi(\lambda_i) & \text{falls } \varphi(\lambda_i) \in [\alpha_{i+1},\beta_{i+1}] \\ \text{beliebig in } [\alpha_{i+1},\beta_{i+1}] & \text{sonst} \end{cases}$$

wobei $\varphi(\lambda_i) := \lambda_i + \mu(\lambda_i) \Big/ \big(\sum\limits_{j\in I_1} \bar{u}_j\, w(\bar{p},x_j) + \sum\limits_{j\in I_2} \bar{u}_j\, w(\bar{p},x_{j-d})\big). \quad (15)$

Falls $\beta_{i+1} - \alpha_{i+1} \leq \varepsilon_0\, ||f-a(p^{i+1},\cdot)||_\infty$, so breche man ab.

<u>Bemerkung.</u> Ist $\mu(\lambda)$ in λ_i differenzierbar, so definiert (15) gerade einen Newtonschritt $\varphi(\lambda_i) = \lambda_i-\mu(\lambda_i)/\mu'(\lambda_i)$. Dies werden wir

etwas später diskutieren. Allgemein gilt wegen $\sum\limits_{j\in I_1 \cup I_2} \bar{u}_j = 1$ und
$1 \leq w(\bar{p}, x_j) \leq \gamma$, daß $\varphi(\lambda_i)$ zwischen den Werten $\lambda_i + \mu(\lambda_i)/\gamma$ und
$\lambda_i + \mu(\lambda_i)$ liegt. Für den folgenden Konvergenzsatz benötigen wir
nur die Eigenschaft $\lambda_{i+1} \in [\alpha_{i+1}, \beta_{i+1}]$.

6.3.11. Satz zur linearen Konvergenz Die Unterprobleme LRAP(λ)

des Algorithmus 6.3.10 sind für jedes $\lambda \in \mathbb{R}$ lösbar. Bei beliebigem
Start $\alpha_o \leq \rho \leq \beta_o$, $\lambda_o \in [\alpha_o, \beta_o]$ konvergiert die Folge λ_i mindestens linear gegen ρ, die Parameterfolge p^i bleibt beschränkt und
jeder Häufungspunkt der p^i ist Lösung von RAP. In jedem Iterationsschritt gilt außerdem die Einschließung $\alpha_i \leq \rho \leq \beta_i$ sowie
die Abschätzung $|\lambda_i - \rho| \leq \beta_i - \alpha_i \leq (\beta_o - \alpha_o)(\frac{\gamma-1}{\gamma})^i$.

Beweis Ähnlich wie im Existenzbeweis 4.3.4 für lineare AP zeigt
man, daß die Probleme LRAP(λ_i) die äquivalenten Bedingungen aus
Satz 3.2.7 erfüllen, also insbesondere lösbar sind, und daß mit
3.2.11 Lösungsfolgen p^i von LRAP(λ_i) für $\lambda_i \to \rho$ als Häufungspunkte Lösungen von LRAP(ρ) besitzen. Wie eine einfache Rechnung zeigt,
ist $z^T = (p^T, \varepsilon\gamma)$ zulässig für LRAP(ρ) für ein p mit $1 \leq w(p, \cdot) \leq \gamma$
und $||f - a(p, \cdot)||_\infty \leq \rho + \varepsilon$, und umgekehrt gilt $||f - a(p, \cdot)||_\infty \leq \rho - \varepsilon\gamma$
für ein zulässiges $z^T = (p^T, -\varepsilon)$, $\varepsilon > o$, von LRAP(ρ). Hieraus
folgt $\mu(\rho) = O$ sowie die Gleichheit der Lösungsmengen von (RAP)
und LRAP(ρ).
Zu zeigen bleibt die Einschließung $\alpha_{i+1} \leq \rho \leq \beta_{i+1}$ sowie die Abschätzung $(\beta_{i+1} - \alpha_{i+1}) \leq (\beta_i - \alpha_i)(\frac{\gamma-1}{\gamma})$. Hierzu diskutieren wir
den Verlauf der Funktion $\mu(\lambda)$. Zunächst zeigt man für beliebige
$\lambda, \bar{\lambda} \in \mathbb{R}$ die Abschätzung

$$\mu(\lambda) \leq \begin{cases} \mu(\bar{\lambda}) - (\lambda - \bar{\lambda}) & \text{falls } (\lambda - \bar{\lambda}) \geq O \\[2mm] \mu(\bar{\lambda}) - \gamma(\lambda - \bar{\lambda}) & \text{falls } (\lambda - \bar{\lambda}) \leq O \end{cases} , \qquad (16)$$

indem man für eine Lösung $\bar{z}^T = (\bar{p}^T, \mu(\bar{\lambda}))$ von LRAP($\bar{\lambda}$) nachweist,
daß für $\lambda \geq \bar{\lambda}$ der Punkt $(\bar{p}^T, \mu(\bar{\lambda}) - (\lambda - \bar{\lambda}))$ und für $\lambda \leq \bar{\lambda}$ der
Punkt $(\bar{p}^T, \mu(\bar{\lambda}) - \gamma(\lambda - \bar{\lambda}))$ für LRAP(λ) zulässig ist.
Da dies für alle $\lambda, \bar{\lambda} \in \mathbb{R}$ gilt, verläuft der Graph von $\mu(\lambda)$ für
beliebiges $\bar{\lambda}$ zwischen den sich in $\lambda = \bar{\lambda}$ schneidenden Geraden
$g^1(\lambda) = \mu(\bar{\lambda}) - (\lambda - \bar{\lambda})$ und $g^2(\lambda) = \mu(\bar{\lambda}) - \gamma(\lambda - \bar{\lambda})$.
(vgl. Fig. 6.6 nächste Seite)

Hieraus folgt insbesondere, daß
$\mu(\lambda)$ monoton fällt und daher ρ als
einzige Nullstelle besitzt, für
die sich überdies durch Auswerten
von $\mu(\lambda)$ in einem beliebigen $\bar{\lambda}$
die Einschließungen (beachte,
daß $\mu(\bar{\lambda}) \geq 0$ genau dann, wenn
$\bar{\lambda} \leq \rho$ gilt)

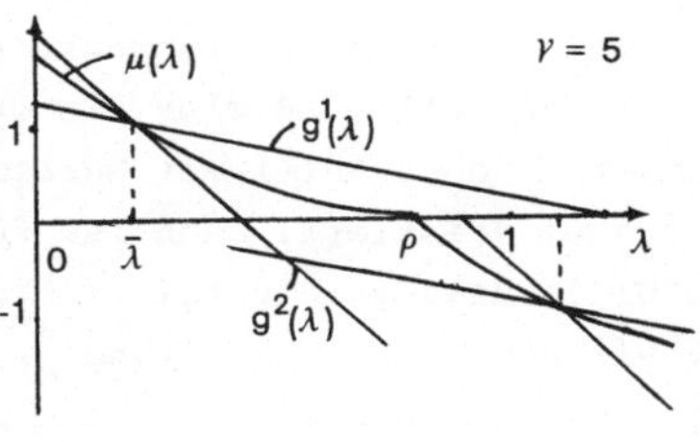

Fig. 6.6

$$\bar{\lambda} + \mu(\bar{\lambda})/\gamma \;\leq\; \rho \;\leq\; \bar{\lambda} + \mu(\bar{\lambda}) \qquad \text{falls } \mu(\bar{\lambda}) \geq 0, \tag{17}$$

bzw.
$$\bar{\lambda} + \mu(\bar{\lambda}) \;\leq\; \rho \;\leq\; \bar{\lambda} + \mu(\bar{\lambda})/\gamma \quad \text{falls } \mu(\bar{\lambda}) \leq 0, \tag{18}$$

ergeben. Sei nun im i-ten Iterationsschritt $\alpha_i \leq \rho \leq \beta_i$,
$\lambda_i \in (\alpha_i, \beta_i]$ beliebig und eine Lösung $\bar{z}^T = (\bar{p}^T, \mu(\lambda_i))$ von LRAP(λ_i)
gegeben. Wir unterscheiden zwei Fälle: Sei $\alpha_i \leq \lambda_i \leq \rho$. Dann gilt
mit (17) für die Werte α_{i+1}, β_{i+1} im nächsten Iterationsschritt

$$\alpha_{i+1} = \lambda_i + \mu(\lambda_i)/\gamma \leq \rho \leq ||f - a(\bar{p}, \cdot)||_\infty \leq \lambda_i + \mu(\lambda_i), \text{ also}$$

$\alpha_{i+1} \leq \rho \leq \beta_{i+1}$, und für die Länge des neuen Einschließungsinter-
valls folgt die Abschätzung

$$\beta_{i+1} - \alpha_{i+1} \leq \beta_i - \lambda_i - \mu(\lambda_i)/\gamma \leq \beta_i - \alpha_i - \mu(\lambda_i)/\gamma$$

$$= \beta_i - \alpha_i - \frac{1}{\gamma-1}\,(\mu(\lambda_i) - \mu(\lambda_i)/\gamma) \leq \beta_i - \alpha_i - \frac{1}{\gamma-1}(\beta_{i+1} - \alpha_{i+1}),$$

also $\beta_{i+1} - \alpha_{i+1} \leq \frac{\gamma}{\gamma-1}(\beta_i - \alpha_i)$. Eine analoge Abschätzung gilt
mit (18) im Fall $\rho \leq \lambda_i \leq \beta_i$. $\qquad\qquad\qquad\qquad\qquad\qquad\diamond$

Wir bemerken, daß in einer Lösung $\bar{z}$ von LRAP$(\bar{\lambda})$ zu $\bar{\lambda} < \rho$ auf jeden
Fall eine Nenneruntergrenze $1 \leq w(\bar{p}, x)$, $x \in B$, aktiv wird und zu
$\bar{\lambda} > \rho$ auf jeden Fall eine Nennerobergrenze $w(\bar{p}, x) \leq \gamma$, da man
sonst durch skalare Multiplikation von $\bar{z}$ eine Verkleinerung von
$c^T \bar{z}$ erreichen könnte. Im Fall $\bar{\lambda} = \rho$ wird in der Regel, falls nicht
beide Nennerrestriktionen (12) und (13) zugleich aktiv sind, mit
$(\bar{p}^T, 0)$ auch das Intervall $\{\xi(\bar{p}^T, 0) | 1/\min_{x \in B} w(\bar{p}, x) \leq \xi \leq \gamma/\max_{x \in B} w(\bar{p}, x)\}$
zur Lösungsmenge von LRAP(ρ) gehören. Es wäre daher auch zu ein-
schränkend, bei der Analyse der superlinearen Konvergenzeigenschaften von Algorithmus 6.3.10 etwa von der (starken) Eindeutigkeit der Lösung von LRAP(ρ) auszugehen.

Zur Motivation der Verfahrensvorschrift (15) diskutieren wir zunächst den Fall, daß eine eindeutig bestimmte, nicht entartete Lösungsecke $\bar{z}$ von LRAP($\bar{\lambda}$) mit Basismatrix $A_I(\bar{\lambda})$ und Lagrangeparameter $\bar{u}$, $\bar{u}_I > 0$, existiert. Dann ist für kleine $\Delta\lambda$ die Lösung $z(\bar{\lambda} + \Delta\lambda)$ des Gleichungssystems $A_I(\bar{\lambda} + \Delta\lambda)z = b_I$ eine Lösung von LRAP($\bar{\lambda}+\Delta\lambda$), und wir können die Ableitung $\frac{d}{d\lambda} z(\bar{\lambda}) = - A_I^{-1}(\bar{\lambda})\frac{d}{d\lambda} A_I(\bar{\lambda})z(\bar{\lambda})$ bilden Mit $z(\lambda)$ ist auch die Funktion $\mu(\lambda) = c^T z(\lambda)$ in $\bar{\lambda}$ stetig differenzierbar nach der Formel

$$\mu'(\bar{\lambda}) = c^T \frac{d}{d\lambda} z(\bar{\lambda}) = \bar{u}^T \frac{d}{d\lambda} A(\bar{\lambda})z(\bar{\lambda}) \tag{19}$$

$$= - \sum_{j\in I_1} \bar{u}_j w(\bar{p},x_j) - \sum_{j\in I_2} \bar{u}_j w(\bar{p},x_{j-d}) . \tag{19'}$$

In diesem Fall gibt daher (15) gerade eine Newtoniteration $\varphi(\bar{\lambda}) = \bar{\lambda} - \mu(\bar{\lambda})/\mu(\bar{\lambda})'$ zur Nullstellenbestimmung der Funktion $\mu(\lambda)$ an.

Wir wollen nun annehmen, daß zwar das Problem LRAP(ρ) nicht eindeutig lösbar ist, also ein kompaktes Lösungspolyeder $L(\rho) = \{\bar{z}\in\mathbb{R}^n \mid A(\rho)\bar{z} \leq b, c^T\bar{z} = 0\}$ besitzt, daß aber eine eindeutige duale Lösung $\bar{u}$ von LRAP(ρ) existiert.

Wir setzen $$\eta^T = \bar{u}^T \frac{d}{d\lambda} A(\rho) . \tag{20}$$

Nun ist der Term $\eta^T\bar{z}$ aus der Ableitungsformel (19) bei variierendem $\bar{z} \in L(\rho)$ in der Regel nicht konstant, was der Nichtdifferenzierbarkeit der Funktion $\mu(\lambda)$ in ρ entspricht.
Tatsächlich existieren aber noch die einseitigen Ableitungen $\mu'_-(\rho)$ und $\mu'_+(\rho)$, und diese werden durch die Werte der beiden linearen Optimierungsprobleme

$$\operatorname*{Max}_{\bar{z}\in L(\rho)} \eta^T\bar{z} \quad \text{und} \quad \operatorname*{Min}_{\bar{z}\in L(\rho)} \eta^T\bar{z} \tag{21}$$

geliefert. Wir zeigen dies für den Spezialfall, daß die Lösungen dieser beiden Probleme eindeutig bestimmt sind. Es ist dies der Fall, für den wir zugleich die superlineare Konvergenz des Algorithmus 6.3.10 beweisen können.

6.3.12 Satz zur superlinearen Konvergenz Die Iterationsfolge λ_n von Algorithmus 6.3.10 konvergiert superlinear gegen ρ, wenn die duale Lösung $\bar{u}$ von LRAP(ρ) eindeutig bestimmt ist und die beiden Optimierungsprobleme (21) zwei nicht entartete Ecken $\bar{z}_-, \bar{z}_+ \in L(\rho)$ als eindeutige Lösung besitzen.

Bemerkung: Die Voraussetzungen von 6.3.12 sind insbesondere dann erfüllt, wenn die Lösung des diskreten (RAP), d.h. des LRAP(ρ), bis auf Normierung eindeutig bestimmt ist, die Fehlerfunktion $f-a(\bar{p},\cdot)$ genau N Extremale besitzt und für eine Lösung aus dem Lösungsinter-vall $L(\rho) = \{\xi\,(\bar{p}^T,0)\,|\,1/\min_{x \in B} w(\bar{p},x) \leq \xi \leq \gamma/\max_{x \in B} w(\bar{p},x)\}$ höchstens eine der Nebenbedingungen (12), (13) aktiv wird. Die beiden nicht ent-arteten Ecken von $L(\rho)$ sind dann wegen (19') gerade die beiden ein-deutigen Lösungen der Probleme (21).

Beweis Für die superlineare Konvergenz des Newtonverfahrens zur Berechnung der Nullstelle ρ von $\mu(\lambda)$ benötigt man nicht unbedingt die stetige Differenzierbarkeit von $\mu(\lambda)$, hinreichend ist vielmehr die stetige Differenzierbarkeit auf einer punktierten Umgebung $U_\varepsilon(\rho)\setminus\{\rho\}$ sowie die Existenz der Grenzwerte $0 \neq \mu'_+(\rho) = \lim_{\rho \searrow \lambda} \mu'(\lambda)$ und $0 \neq \mu'_-(\rho) = \lim_{\lambda \nearrow \rho} \mu'(\lambda)$. Sind außerdem die Lösungen von LRAP(λ) für $\lambda \in U_\varepsilon(\rho)\setminus\{\rho\}$ eindeutig und nicht entartet, so ist die Iterations-vorschrift (15) nach (19) identisch zur Newtoniteration $\lambda_{i+1} = \lambda_i - \mu(\lambda_i)/\mu'(\lambda_i)$, was die superlineare Konvergenz der Folge λ_i gegen ρ zeigt.
Wir behandeln nur den Fall $\lambda > \rho$, analoge Schlüsse gelten für $\lambda < \rho$.
Sei $\bar{z}_+$ die nichtentartete Lösungsecke mit $\eta^T\bar{z}_+ < \eta^T\bar{z}$ für alle $\bar{z} \neq \bar{z}_+$, $\bar{z} \in L(\rho)$, $I = I(\bar{z}_+)$ die Indexmenge der aktiven Nebenbedingungen. Die Lösung des Gleichungssystems $A_I(\rho + \Delta\lambda)z = b_I$ ist für hinrei-chend kleine $\Delta\lambda > 0$ zulässig für LRAP$(\rho+\Delta\lambda)$. Wir zeigen, daß sie auch (stark) eindeutige Lösung von LRAP$(\rho+\Delta\lambda)$ ist. Hierfür ist die strikte Positivität des Vektors $u_I = (A_I^T)^{-1}(\rho+\Delta\lambda)(-c)$ nachzuweisen. Die Matrix $A(\lambda)$ ist affin linear in λ, so daß $A(\rho+\Delta\lambda) = A(\rho) + \frac{d}{d\lambda}A(\rho)\Delta\lambda$. Für hinreichende kleine $\Delta\lambda$ besitzt dann u_I die absolut konvergente Reihenentwicklung

$$u_I = \sum_{i=o}^{\infty} (-\Delta\lambda)^i ((A_I^T)^{-1}(\rho)\frac{d}{d\lambda}A_I^T(\rho))^i (A_I^T)^{-1}(\rho)(-c) \ .$$

Somit gilt wegen $\bar{u}_I = (A_I^T)^{-1}(\rho)(-c)$ und (20)

$$u_I = \bar{u}_I - \Delta\lambda (A_I^T)^{-1}(\rho)\eta + o(\Delta\lambda). \tag{22}$$

Daher ist u_I für hinreichende kleine $\Delta\lambda > 0$ strikt positiv, falls $A_I^{T-1}(\rho)(-\eta)$ in jeder Komponente strikt positiv ist, in der $\bar{u}_I \geq 0$ verschwindet. Letzteres bleibt nochzu zeigen. Sei $i \in I$ mit $\bar{u}_i = 0$. Dann existiert eine Lösung $\bar{z}$ von LRAP(ρ) mit $I\setminus\{i\}$ als Indexmenge der aktiven Nebenbedingungen. Weiter ist

$$\eta^T\bar{z} = ((A_I^T)^{-1}(\rho)\eta)^T A_I(\rho)\bar{z} = \eta^T\bar{z}_+ - ((A_I^T)^{-1}(\rho)\eta)^T (b_I - A_I(\rho)\bar{z}).$$

Nach Voraussetzung gilt $\eta^T\bar{z} > \eta^T\bar{z}_+$. Dann muß $(A_I^T)^{-1}(\rho)(-\eta)$ in der zum Index i gehörenden Komponente strikt positiv sein, da genau in dieser Komponente der Vektor $b_I - A_I(\rho)\bar{z}$ nach Konstruktion nicht verschwindet und dort positiv ist.

Damit ist gezeigt, daß die Lösung von LRAP(λ) für $\lambda > \rho$ aus einer hinreichend kleinen Umgebung $U_\varepsilon(\rho)$ eindeutig und außerdem ebenso wie die duale Lösung stetig in λ ist.
Also berechnet sich die Ableitung $\mu'(\lambda)$ nach Formel (18), diese ist ebenfalls stetig in λ und es gilt $\lim_{\lambda \searrow \rho} \mu'(\lambda) = \eta^T\bar{z}_+ \neq 0.$ $\diamond$

<u>6.3.13 Beispiel</u> Zu approximieren ist die Eulersche Betafunktion $f(x_1,x_2) = \Gamma(x_1)\cdot\Gamma(x_2)/\Gamma(x_1+x_2)$ über dem diskretisierten Rechteck $B = \left\{ (1+0.1\nu,\ 1+0.1\mu)\,|\,\nu,\mu \in \mathbb{N}\cup\{0\},\ 1 \leq \nu,\mu \leq 0\right\}$ durch rationale Funktionen der Form

$$a(p,(x_1,x_2)) = \frac{p_1 + p_2(x_1+x_2) + p_3\,x_1\cdot x_2 + p_4(x_1+x_2)^2}{p_5 + p_6(x_1+x_2) + p_7(x_1+x_2)^2}.$$

Mit Verfahren 6.3.10 ergibt sich der Iterationsverlauf:

Krabs erreicht mit seinem Einschließungsalgorithmus, der die λ_i durch Bisektion bestimmt, bei gleichem Start erst in 11 Iterationen dieselbe Genauigkeit in λ (vgl. [24], S. 146). Dies demonstriert die Konvergenzverbesserung, die durch die Newtonanpassung in λ erzielt wird.

iter	α_i	λ_i	β_i
0	0.	0.	1
1	0.0001218	0.0071673	0.0121896
2	0.0001218	0.0034375	0.0063203
3	0.0034375	0.0038632	0.0049159
4	0.0038632	0.0038836	0.0039380
5	0.0038834	0.0038835	0.0038836

Literatur
===

[1] Achieser, N.I.: On extremal properties of certain rational functions (Russ.), DAN (1930), 495-499

[2] Achieser, N.I.: Vorlesungen über Approximationstheorie, Berlin 1953

[3] Andreasson, D.O.; Watson, G.A.: Linear Chebyshev approximation without Chebyshev sets, BIT, 16 (1976), 349-362

[4] Bard, Y.: Nonlinear parameter estimation, New York - San Francisco-London 1974

[5] Barrodale, I.: Best rational approximation and strict quasi-convexity, M.R.C. Rep. 1157, Univ. of Wisconsin, Madison, Wisc. 1971

[6] Bartels, R.H.; Golub, G.H.: Stable numerical methods for obtaining the Chebyshev solution to an overdetermined system of equations, Comm. ACM 11 (1968), 401-406

[7] Bartels, R.H.; Golub, G.H.: The simplex method of linear programming using LU-decompositions, Comm. ACM 12 (1969), 266-268

[8] Bittner, L.: Das Austauschverfahren der linearen Tschebyscheff-Approximation bei nicht erfüllter Haarscher Bedingung, ZAMM 41 (1961), 238-256

[9] Bland, R.G.: New finite pivoting rules for the simplex method, Center for Oper.Res.-Econometrics, Université de Louvain, 1976

[10] Blumenfeld, M.; Eichner, L.; Hainthaler, B.: Ausgleichsmethoden für Exponentialsummen, Freie Universität Berlin, Preprint No. 73/78, 1978

[11] De Boor, C.: A practical guide to splines, New York-Heidelberg-Berlin 1978

[12] Braess, D.: Über die Approximation mit Exponentialsummen, Computing 2 (1967), 309-321

[13] Braess, D.: Über die Vorzeichenstruktur der Exponentialsummen, J. Approx. Theory 3 (1970),110 -113

[14] Braess, D.: Die Konstruktion der Tschebyscheff-Approximierenden bei der Anpassung mit Exponentialsummen, J. Approx. Theory 3 (1970), 261-273

[15] Braess, D.: Geometrical characterizations for nonlinear uniform approximation, J. Approx. Theory 11 (1974), 260-274

[16] Brosowski, B.; Wegmann, R.: Charakterisierung bester Approximationen in normierten Räumen, J. Approx. Theory 3 (1970), 369-397

[17] Charnes, A.; Cooper, W.W.; Kortanek, K.O.: Duality, Haar programs and finite sequence spaces, Proc. Nat. Acad. Sci. U.S. 48 (1962), 783-786

[18] Charnes, A.; Cooper, W.W.; Kortanek, K.O.: Semiinfinite programs which have no duality gap, Management Sci. 12 (1965),113-121

[19] Cheney, E.W.: Introduction to approximation theory, New York -St. Louis-San Francisco-Sidney, 1966

[20] Cheney, E.W.; Goldstein, A.A.: Newton's method for convex programming and Tchebycheff approximation, Numer. Math. 1 (1959), 253 -268

[21] Cheney, E.W.; Loeb, H.L.: On rational Chebyshev approximation
Numer. Math. 4 (1962), 124-127

[22] Cody, W.J.; Stoor, J.: Rational Chebyshev approximation using
interpolation, Numer. Math. 9 (1966), 177-188

[23] Collatz, L.: Funktionalanalysis und Numerische Mathematik,
Berlin-Göttingen-Heidelberg, 1964

[24] Collatz, L.; Krabs, W.: Approximationstheorie, Stuttgart, 1973

[25] Collatz, L.; Wetterling, W.: Optimierungsaufgaben, 2. Aufl.,
Berlin-Heidelberg-New York, 1971

[26] Cromme, L.: Eine Klasse von Verfahren zur Ermittlung bester
nicht-linearer Tschebyscheff-Aproximationen, Numer.Math. 25 (1976),
447-459

[27] Curtis, A.R.; Powell, M.J.D.: Necessary conditions for a minimax approximation, Computer J. 8 (1966), 358-361

[28] Dieudonné, J.: Foundations of modern analysis, New York
-London 1960

[29] Dunham, C.B.: Characterizability and Uniqueness in real Chebyshev Approximation, J. Approx. Theory 2 (1969), 374-383

[30] Dunham, C.B.: Efficiency of Chebyshev approximation on finite
subsets, J. Assoc. Comp. Mach. 21 (1974), 311-313

[31] Elzinga, J.; Moore, Th.G.: A central cutting plane algorithm
for the convex programming problem, Mathem. Programming 8 (1975),
134-145

[32] Fox, L.; Henrici, P.; Moler, C.: Approximations and bounds
for eigenvalues of elliptic operators, SIAM J. Num. Anal. 4 (1967),
89-102

[33] Fraser, W.; Hart, J.F.: On the computation of rational approximations to continuous functions, Comm. ACM 5 (1962), 401-403

[34] Geiger, C.: Zur Konvergenz eines Abstiegsverfahrens für nichtlineare gleichmäßige Approximationsaufgaben, Univ. Hamburg, preprint 77/14, 1977

[35] Gill, Ph.E.; Murray, W.: A numerically stable form of the
simplex algorithm, Linear Algebra Appl. 7 (1973), 99-138

[36] Gill, Ph.E.; Murray, W. (eds.): Numerical methods for constrained optimization. London-New York-San Francisco 1974

[37] Girsanov, J.V.: Lectures on mathematical theory of extremum
problems, Berlin-Heidelberg-New York 1972

[38] Glashoff, K.; Gustafson, S.A.: Einführung in die lineare Optimierung, Darmstadt 1978

[39] Goberna, M.A.; López, M.A.; Pastor, J.; Vercher, E.: An ap-
proach to semi-infinite programming via consequence relations, paper presented at: Intern. Symp. on Semi-Inf. Progr. Appl., Austin,
Sept. 1981

[40] Gribik, P.R.: A central cutting plane algorithm for semi-infinite programming problems, in [49], 66-82

[41] Gruver, W.A.; Sachs, E.: Algorithmic methods in optimal con-
trol, Boston-London-Melbourne, 1980

[42] Gustafson, S.A.: On semi-infinite programming in numerical analysis, in [49], 137-153

[43] Gustafson, S.A.; Kortanek, K.O.: Numerical treatment of a class of semi-infinite programming problems, Nav.Res.Log.Quart. 20 (1973), 477-504

[44] Gutknecht, M.: Ein Abstiegsverfahren für gleichmäßige Approximation mit Anwendungen, Diss. ETH Zürich, 1973

[45] Gutknecht, M.: Ein Abstiegsverfahren für nicht-diskrete Tschebyscheff-Approximationsprobleme,in: Collatz et al.(eds.),Numer. Meth. der Approximationstheorie 4, ISNM 42 (1978), 154-171

[46] Haar, A.: Die Minkowskische Geometrie und die Annäherung an stetige Funktionen, Math. Ann. 78 (1918), 294-311

[47] Hald, J.; Madsen, K.: A 2-stage algorithm for minimax optimization, TH Lyngby, Rep. NI-78-11, 1978

[48] Hettich, R.: A Newton method for nonlinear Chebyshev approximation, in: Schaback, Scherer (eds.): Approximation Theory, Berlin-Heidelberg-New York 1976, 222-236

[49] Hettich, R. (ed.): Semi-infinite programming, Proc. of a Workshop, Bad Honnef Sept. 1978, Berlin-Heidelberg-New York, 1979

[50] Hettich, R.; Berges, U.: On improving the directions of search of steepest descent methods, in Methods of Oper. Res. 37 (1980), 153-163

[51] Hettich, R.; van Honstede, W.: On quadratically convergent methods for semi-infinite programming, in [49], 97-111

[52] Hettich, R.; Jongen, H.Th.: On first and second order conditions for local optima for optimization problems in finite dimensions, in Methods of Oper. Res. 23 (1977), 82-97

[53] Hettich, R.; Jongen, H.Th.: Semi-infinite programming: conditions of optimality and applications, in: Optimization Techniques 2 (Stoer, ed.), Berlin-Heidelberg-New York (1978), 1-11

[54] Hettich, R.; Wetterling, W.: Nonlinear Chebyshev approximation by H-polynomials, J. Approx. Theory 7 (1973), 198-211

[55] Hettich,R., Zencke,P.: Superlinear konvergente Verfahren für semi-infinite Optimierungsprobleme im stark eindeutigen Fall, Universität Bonn, Preprint SFB No. 354, 1980

[56] Himmelblau, D.M.: Applied nonlinear programming,New York 1972

[57] Hoffmann, K.H.; Klostermaier, A.: A semi-infinite programming procedure, in: Lorentz et al. (eds): Approximation Theory II, New York-San Francisco-London 1976, 379-389

[58] Hoffmann, K.H.; Klostermaier, A.: Approximation mit Lösungen von Differentialgleichungen, selber Band wie [48], 237-273

[59] Holmes, B.R.: A course on optimization and best approximation, Berlin-Heidelberg-New York 1972

[60] van Honstede, W.: An approximation method for semi-infinite problems, in [49], 126-136

[61] Judin, D.B.; Golstein, E.G.: Lineare Optimierung I, Berlin 1968

[62] Kammler, D.W.: Existence of best approximations by sums of exponentials, J. Approx. Theory 9 (1973), 78-90

[63] Kammler, D.W.; McGlinn, J.: A bibliography for approximation with exponential sums, J. Comp. Appl. Math. 4 (1978), 167-173

[64] Karlin, S.; Studden, W.J.: Tchebycheff systems: with applications in Analysis and Statistics, New York 1966

[65] Kelley, J.E. Jr.: The cutting plane method for solving convex programs, J. Soc. Indust. Appl. Math. 8 (1960), 703-712

[66] Klostermair, A.: Austauschalgorithmen zur Lösung konvexer Optimierungsaufgaben, Diplomarbeit, Univ. München, 1976

[67] Krabs, W.: Ein Verfahrung zur Lösung der diskreten rationalen Approximationsaufgabe, ZAMM 46 (1966), 63-66

[68] Krabs, W.: Über die Reichweite des lokalen Kolmogoroff-Kriteriums bei der nicht-linearen gleichmäßigen Approximation, J.Approx. Theory 2 (1969), 258-264

[69] Krabs, W.: Optimierung und Approximation, Stuttgart 1975

[70] Laurent, P.J.: Approximation et optimisation, Paris 1972

[71] Laurent, P.J.; Carasso, C.: An algorithm of successive minimization in convex programming, R.A.I.R.O. Numer. Anal. 12 (1978), 377-400

[72] Lee, C.M.; Roberts, F.D.K.: A comparison of algorithms for rational approximation, Math.Comp. 27 (1973), 111-121

[73] Madsen, K.: An algorithm for minimax solution of overdetermined systems of non-linear equations, J. Inst. Maths. Applics. 16 (1975), 321-328

[74] Mairhuber, J.C.: On Haar's theorem concerning Chebyshev approximation problems having unique solutions, Proc. AMS 7 (1956), 609-615

[75] McBride, W.E.; Rigler, A.K.: A modification of the Osborne and Watson algorithm for nonlinear minimax approximation, Computer J. 19 (1974), 79-81

[76] McCormick, G.P.: Second order conditions for constrained minima, SIAM J. Appl. Math. 15 (1967), 641-652

[77] Meinardus, G.: Approximation von Funktionen und ihre numerische Behandlung, Berlin-Göttingen-Heidelberg-New York 1964

[78] Meinardus, G.; Schwedt, D.: Nicht-lineare Approximationen, Arch. Rat. Mech. Anal. 17 (1964), 297-326

[79] Oettershagen, K.: Ein superlinear konvergenter Algorithmus zur Lösung semi-infiniter Optimierungsprobleme, Univ. Bonn, in Vorbereitung

[80] Opfer, G.: An algorithm for the construction of best approximations based on Kolmogorov's criterion, J. Approx. Theory 23 (1978), 299-317

[81] Osborne, M.R.: An algorithm for discrete, nonlinear best approximation problems, in: Numerische Methoden der Approximationstheorie I, ISNM Nr. 16, Basel-Stuttgart 1972

[82] Osborne, M.R.; Watson, G.A.: An algorithm for minimax approximation in the nonlinear case, Computer J. 12 (1969), 63-68

[83] Pagel, J.: Die Approximation von Meßdaten durch Polynome unter Nebenbedingungen, Diplomarbeit, Univ. Bonn 1980

[84] Polak, E.; Tits, A.L.: A recursive quadratic programming algorithm for semi-infinite optimization problems, paper presented at: International Symp. on Semi-infinite Progr. Appl., Austin, Sept. 1981

[85] Ralston, A.: Rational Chebyshev approximation by Remes algorithms, Numer. Math. 7 (1965), 322-330

[86] Ralston, A.: A first course in Numerical Analysis, New York 1965

[87] Reemtsen, R.; Lozano, C.: An approximation technique for the numerical solution of a Stefan problem, AMI, Techn. Rep. 57A, Univ. of Delaware, Newark 1979

[88] Rice, J.R.: The approximation of functions I, Reading (Mass.) 1964

[89] Robinson, S.M.: A quadratically-convergent algorithm for general nonlinear programming problems, Mathem. Programming 3 (1972), 145-156

[90] Robinson, S.M.: Perturbed Kuhn-Tucker points and rates of convergence for a class of nonlinear-programming problems, Mathem. Programming 7 (1974), 1-16

[91] Robitzsch, H.; Schaback, R.: Die numerische Berechnung von Startnäherungen bei der Exponentialapproximation, Univ. Göttingen, NAM Bericht Nr. 21, 1978

[92] Roleff, K.: A stable multiple exchange algorithm for linear SIP, in [49], 83-96

[93] Rosen, J.B.: The gradient projection method for nonlinear programming, SIAM J. Appl. Math. 8 (1960), 180-217

[94] Schaback, R.: Bemerkungen zur Fehlerabschätzung bei linearer Tschebyscheff-Approximation, Univ. Göttingen, NAM-Bericht 24, 1979

[95] Schaback, R.: Globale Konvergenz von Verfahren zur nichtlinearen Approximation, selber Band wie [48], 352-363

[96] Schaback, R.; Braess, D.: Eine Lösungsmethode für die lineare Tschebyscheff-Approximation bei nicht erfüllter Haarscher Bedingung, Computing 6 (1970), 289-294

[97] Schäfer, E.: Ein Konstruktionsverfahren bei allgemeiner linearer Approximation, Numer. Math. 18 (1971), 113-126

[98] Schuck, E.: Ein Abstiegsverfahren zur Tschebyscheff-Approximation, Diplomarbeit, Bonn 1980

[99] Schultz, R.: Ein Abstiegsverfahren für Approximationsaufgaben in normierten Räumen, Diss. Univ. Hamburg 1977

[100] Schumaker, L.L.: Fitting surfaces to scatterd data, in: G.G. Lorentz et al. (eds.): Approximation Theory II, New York 1976, 203-268

[101] Schryer, N.L.: Constructive approximation of solutions to linear elliptic boundary value problems, SIAM J. Num. Anal. 9 (1972), 546-572

[102] Speich, G.: Ein Algorithmus zur Lösung allgemeiner rationaler Approximationsprobleme, in Vorbereitung

[103] Speich, G.; Zencke, P.: Ein verbesserter differential-correction Algorithmus mit Newton-Anpassungen, in Vorbereitung

[104] Stiefel, E.: Über diskrete und lineare Tschebyscheff-Approximationen, Numer. Math. 1 (1959), 1-28

[105] Stiefel, E.: Note on Jordan elimination, linear programming and Tschebyscheff-approximation, Numer. Math. 2 (1960), 1-17

[106] Stoer, J.: Einführung in die numerische Mathematik I, Berlin-Heidelberg-New York 1972

[107] Sturm, N.: Semi-infinite Optimierung: Lösungsvorschlag mittels der Momentenmethode von Markov, Schwarzenbek 1978

[108] Töpfer, H.J.: Tschebyscheff-Approximation bei nicht erfüllter Haarscher Bedingung, ISNM 7 (1967), 71-89

[109] Tschebyscheff, P.L.: Sur les questions de minima qui se rattachent à la réprésentation approximative des fonctions, Oeuvres Bd. I, St. Petersbourg (1899), 273-378

[110] Veidinger, L.: On the numerical determination of the best approximations in the Chebyshev sense, Numer. Math. 2 (1960), 99-105

[111] Walsh, J.L.: The existence of rational functions of best approximation, Trans. AMS 33 (1931), 668-689

[112] Watson, G.A.: A multiple exchange algorithm for multivariate Chebyshev approximation, SIAM J. Num. Anal. 12 (1975), 46-52

[113] Watson, G.A.: Numerical experiments with globally convergent methods for semi-infinite programming problems, paper presented at: Intern. Symp. on Semi-inf. Progr. Appl., Austin, Sept. 1981

[114] Werner, H.: Tschebyscheff-Approximation im Bereich der rationalen Funktionen bei Vorliegen einer guten Ausgangsnäherung, Arch. f. Rat. Mech. Anal. 10 (1962), 205-219

[115] Werner, H.: Die konstruktive Ermittlung der Tschebyscheff-Approximierenden im Bereich der rationalen Funktionen, Arch. f. Rat. Mech. Anal. 11 (1962), 368-384

[116] Werner, H.: Rationale Tschebyscheff-Approximation, Eigenwerttheorie und Differenzenrechnung, Arch. f. Rat. Mech. Anal. 13 (1963), 330-347

[117] Werner, H.: Vorlesung über Approximationstheorie, Berlin-Heidelberg-New York, 1966

[118] Werner, H.: Der Existenzsatz für das Tschebyscheffsche Approximationsproblem mit Exponentialsummen, in: Funktionalanalytische Methoden der Numerischen Mathematik, Basel (1969), 133-143.

[119] Werner, H.: Tschebyscheff-Approximation with sums of exponentials, in: Approximation Theory (edit. A. Talbot), New York-London 1970, 109-136.

[120] Werner, H.; Stoer, J.; Bommas, W.: Rational Chebyshev approximation, Numer. Math. 10 (1967), 289-306

[121] Wetterling, W.: Anwendung des Newtonschen Iterationsverfahrens bei der Tschebyscheff-Approximation, insbesondere mit nichtlinear auftretenden Parametern, MTW Teil I: 61-63, Teil II: 112-115, 1963

[122] Wetterling, W.: Definitheitsbedingungen für relative Extrema bei Optimierungs- und Approximationsaufgaben, Numer. Math. 15 (1970), 122-136

[123] Wetterling, W.: Quotienteneinschließung bei Eigenwertaufgaben mit partieller Differentialgleichung, ISNM 38 (1977), 213-218

[124] Wilson, R.B.: A simplicial algorithm for concave programming, Diss., Harvard Univ., Cambridge (Mass.) 1963

[125] Young, J.W.: General theory of approximation by functions involving a given number of arbitrary parameters, Trans. AMS 8 (1907), 331-344

[126] Zencke, P.: Theorie und Numerik der Tschebyscheff-Approximation mit reell-erweiterten Exponentialsummen, Bonner Math. Schriften 135, 1981

[127] Zencke, P.: Algorithms related to the Newton-method for semi-infinite programming, paper presented at: Intern. Symp. on Semi-inf. Progr. Appl., Austin, Sept. 1981

[128] Zencke, P.: Numerical methods for Chebyshev fitting by positive exponential sums, in Vorbereitung

[129] Zencke,P., Hettich, R.: Discretization methods for semi-infinite programming, in Vorbereitung

[130] Zoutendijk, G.: Mathematical programming methods, Amsterdam-New York-Oxford 1976

[131] Zuhovickii, S.I.: Ein Algorithmus zur Lösung des Tschebyscheffschen Approximationsproblems im Falle eines endlichen überbestimmten linearen Gleichungssystems (Russ.), Dokl. Adadem. Nauk 79 (1951), 561-564

Sachverzeichnis

Teubner Studienbücher

Mathematik

Ahlswede/Wegener: **Suchprobleme**
328 Seiten. DM 29,80

Ansorge: **Differenzenapproximationen partieller Anfangswertaufgaben**
298 Seiten. DM 29,80 (LAMM)

Bohl: **Finite Modelle gewöhnlicher Randwertaufgaben**
318 Seiten. DM 29,80 (LAMM)

Böhmer: **Spline-Funktionen**
Theorie und Anwendungen. 340 Seiten. DM 30,80

Bröcker: **Analysis in mehreren Variablen**
einschließlich gewöhnlicher Differentialgleichungen und des Satzes von Stokes
VI, 361 Seiten. DM 29,80

Clegg: **Variationsrechnung**
138 Seiten. DM 18,80

Collatz: **Differentialgleichungen**
Eine Einführung unter besonderer Berücksichtigung der Anwendungen
6. Aufl. 287 Seiten. DM 29,80 (LAMM)

Collatz/Krabs: **Approximationstheorie**
Tschebyscheffsche Approximation mit Anwendungen. 208 Seiten. DM 28,—

Constantinescu: **Distributionen und ihre Anwendung in der Physik**
144 Seiten. DM 19,80

Dinges/Rost: **Prinzipien der Stochastik**
294 Seiten. DM 34,—

Fischer/Sacher: **Einführung in die Algebra**
2. Aufl. 240 Seiten. DM 19,80

Floret: **Maß- und Integrationstheorie**
Eine Einführung. 360 Seiten. DM 29,80

Grigorieff: **Numerik gewöhnlicher Differentialgleichungen**
Band 1: Einschrittverfahren. 202 Seiten. DM 18,80
Band 2: Mehrschrittverfahren. 411 Seiten. DM 29,80

Hainzl: **Mathematik für Naturwissenschaftler**
3. Aufl. 376 Seiten. DM 29,80 (LAMM)

Hässig: **Graphentheoretische Methoden des Operations Research**
160 Seiten. DM 26,80 (LAMM)

Hettich/Zencke: **Numerische Methoden der Approximation und semi-infiniten
Optimierung**
232 Seiten. DM 24,80

Hilbert: **Grundlagen der Geometrie**
12. Aufl. VII, 271 Seiten. DM 25,80

Jeggle: **Nichtlineare Funktionalanalysis**
Existenz von Lösungen nichtlinearer Gleichungen. 255 Seiten. DM 26,80

Kall: **Mathematische Methoden des Operations Research**
Eine Einführung. 176 Seiten. DM 24,80 (LAMM)

Fortsetzung auf der 3. Umschlagseite